FRANK BOFFER / STEFAN EISNER / THOMAS GERLACH / MARINA ROMASCHIN

EINFÜHRUNG IN DIE INVESTITIONSRECHNUNG

3. überarbeitete, erweiterte Auflage

Herausgegeben vom

NSI

Kommunale Hochschule
für Verwaltung in Niedersachsen

Maximilian Verlag
Hamburg

SCHRIFTENREIHE
KOMMUNALE HOCHSCHULE FÜR VERWALTUNG IN NIEDERSACHSEN

FRANK BOFFER
STEFAN EISNER
THOMAS GERLACH
MARINA ROMASCHIN

EINFÜHRUNG IN DIE INVESTITIONSRECHNUNG

3. überarbeitete, erweiterte Auflage

Vorliegende Ausgabe erscheint als Band 7 in der Schriftenreihe der Kommunalen Hochschule für Verwaltung in Niedersachsen, herausgegeben von Prof. Dr. Michael Koop und Prof. Holger Weidemann.

Bibliografische Information der Deutschen Nationalbibliothek
Die Deutsche Nationalbibliothek verzeichnet diese Publikation in der Deutschen Nationalbibliografie; detaillierte bibliografische Daten sind im Internet über https://portal.dnb.de abrufbar.

Redaktionsstand: 01.11.2020

ISBN 978–3-7869–1237-8

Ein Unternehmen der TAMMMEDIA

Layout und Produktion: Inge Mellenthin
Druck und Bindung: Plump Druck & Medien GmbH

Printed in Germany

INHALTSVERZEICHNIS

AUFGABENSAMMLUNG AB SEITE 171

LÖSUNGSSKIZZEN ZU DEN AUFGABEN ab Seite 245

A EINFÜHRUNG – GRUNDLAGEN

Die Investitionsrechnung dient als eine mögliche rationale Entscheidungsgrundlage für kommunale Investitionsentscheidungen. Mit ihrer Hilfe können wirtschaftliche Beurteilungen zur Verdeutlichung der Vorteilhaftigkeit einzelner Investitionsalternativen vorgenommen werden. Im Wesentlichen wird die Frage beurteilt „Lohnt eine Investition?". 1

Insbesondere mit der Hervorhebung des Grundsatzes der Sparsamkeit und Wirtschaftlichkeit[1] ist der öffentlichen Hand nicht nur bei Entscheidungen mit erheblichem Finanzvolumen eine Anwendung von Investitionsrechenverfahren vorgegeben, auch bei geringem finanziellem Volumen ist eine wirtschaftliche Beurteilung vorzunehmen. Dieses ist in den einzelnen Haushaltsverordnungen der Länder auch entsprechend manifestiert.[2] Die zeitliche Betrachtung der Investition soll angemessen Berücksichtigung finden in der Bewertung zum Anschaffungs- oder Herstellungszeitpunkt sowie in der Folgekostenbetrachtung. Die Komplexität des zum Einsatz kommenden Verfahrens ist von der kommunalen Bedeutung der Investitionsalternative abhängig, um auch ein wirtschaftliches Verhältnis von Nutzen und Opfer bei der Beurteilung zu unterstellen. 2

Exkurs: Öffentliche Finanzwirtschaft 3

Investitionen der öffentlichen Hand erfahren bereits in der Planung des Haushaltes eine besondere Berücksichtigung. Sie werden im Finanzhaushalt als Auszahlungen[3] veranschlagt und in einem Investitionsprogramm gesondert dargestellt.[4] Der verantwortungsvolle Umgang mit den Ressourcen einer Kommune erfordert entsprechende Wirtschaftlichkeitsbetrachtungen in der Planung und in der Ausführung eines Hauhaltsplanes. Um von dem Investitionsvolumen der öffentlichen Hand ein Bild zu erhalten liefern die Haushaltspläne des Landes Niedersachsen der Jahre 2018–2020 geeignete Daten. Die Ansätze für Investitionen betrugen für das Haushaltsjahr 2018 1,41 Milliarden €. Im Jahr 2019 lag die Investitionsquote bei 5 % und es standen 1,63 Milliarden € zur Verfügung. Für das Jahr 2020 stieg das Volumen auf knapp 2 Milliarden € (Investitionsquote 5,8 %).

I. INVESTITIONSBEGRIFF

Eines ist klar: es gibt keine allgemein anerkannte und eindeutige Definition für den Begriff 4
„Investition". Den kann es aber auch nicht geben, denn die begriffliche Festlegung dessen, was unter Investition zu verstehen ist, wird von der betriebswirtschaftlichen Theorie und Praxis nicht als Selbstzweck betrachtet. Sie dient vielmehr der Werkzeugerstellung für Probleme bzw. Problemlösungen und hat somit unter Zweckmäßigkeitsgesichtspunkten zu erfolgen.

1 Vgl. § 110 II NKomVG
2 Vgl. § 12 KomHKVO
3 Vgl. § 3 KomHKVO
4 Vgl. § 9 II KomHKVO

5 In der Literatur wird der Investitionsbegriff unterschiedlich weit gefasst.

6 Im engsten Sinne versteht man unter einer Investition nur die Herstellung und den Erwerb von Sachgütern des Anlagevermögens.

7 Inhaltlich weiter gesteckt ist der folgende Investitionsbegriff: Demnach ist eine Investition eine Bindung des betrieblichen Kapitals (Passivseite der Bilanz) in betriebliche Vermögensgegenstände (Aktivseite der Bilanz). Dieser Investitionsbegriff schließt sowohl Auszahlungen für Sach- als auch für Finanzvermögen ein.

8 Im weiteren Sinne wird unter einer Investition ein Strom von Auszahlungen für die Anschaffung eines Gutes verstanden, durch dessen Nutzungen Einzahlungen oder Minderungen der Auszahlungsverpflichtungen erzielt werden. Dieser Investitionsbegriff umfasst sowohl die Umwandlung von Zahlungsmitteln in materielle Güter (z. B. Grundstücke) als auch in immaterielle Güter (z. B. Patente). Der auszahlungsorientierte Investitionsbegriff eignet sich besonders für die Beurteilung der Wirtschaftlichkeit einer Investition mit Hilfe finanzmathematischer Methoden, wenn eine vollständige Gegenüberstellung aller Ein- und Auszahlungen des Investitionsobjektes möglich ist.

9 Ganz allgemein ist eine Investition eine für längere Zeit beabsichtigte Bindung finanzieller Mittel in Objekten, mit der Intention, diese Objekte in Verfolgung einer individuellen, entscheidungsträgerbezogenen Zielsetzung zu nutzen.

10 Zusammengefasst können folgende Definitionen des Investitionsbegriffs formuliert werden:

- Eine Investition ist eine Maßnahme zur Verwendung von Finanzmitteln in der Gegenwart für ein längerfristig nutzbares Gut, das zukünftig einen Nutzen stiften soll und einen bestimmten Mindestbetrag überschreitet.

- Eine Investition beinhaltet die Umwandlung von Geld in andere Formen von Vermögen. Bilanztechnisch liegt ein Aktivtausch vor (vermögensbestimmter Investitionsbegriff).

11 Eine Investition I_j beschreibt eine Zahlungsreihe, die mit einer Auszahlung (Initialauszahlung) $-I_0$ beginnt und innerhalb des Planungszeitraums (unsichere) Einzahlungsüberschüsse c_t *mit* $t \in [1, n]$ erwarten lässt.

$$I_j\colon \{-I_0, c_1, c_2, \ldots, c_n + L_n\}$$

L_n beschreibt einen potenziellen Liquidationserlös

12 Unter einer Investition wird ein Strom von in bestimmter Weise finanzierten Auszahlungen für die Anschaffung eines Vermögensgegenstandes verstanden, durch dessen Nutzungen Einzahlungen oder Minderungen der Auszahlungsverpflichtungen erzielt werden.

Exemplarisch lässt sich die Installation eines Solariums in einer Badeanstalt anführen, die zunächst eine Auszahlung erfordert, dann aber künftige Nutzungsentgelte erwarten lässt. 13

Investition und Finanzierung hängen eng zusammen. Während eine Investition ohne eine entsprechende Finanzierung nicht möglich ist, ergibt eine Finanzierung ohne anschließende Mittelverwendung (Investition) keinen Sinn. Es folgen ausgewählte Definitionen des Finanzierungsbegriffs 14

- Finanzierung beinhaltet die Beschaffung des für die Durchführung betriebsnotwendiger Investitionen erforderlichen Kapitals.

- Eine Finanzierung F_i wird durch eine Zahlungsreihe beschrieben, die mit einer Einzahlung F_0 beginnt, der zukünftige planmäßige Annuitäten a_t innerhalb des Finanzierungszeitraums $t\epsilon[1, n]$ folgen.

$$F_i = \{F_0, -a_1, -a_2, \dots, -a_n\}$$

- Verkauf eines Finanztitels des Finanzmittelnehmers an den Finanzmittelgeber. Ein Finanztitel beschreibt eine Reihe zukünftiger Zahlungen. Der Käufer des Finanztitels erwirbt Ansprüche auf diese Zahlungen, der Verkäufer ist verpflichtet diese Zahlungen zu leisten.

II. INVESTITIONSARTEN

Nach dem Gegenstand des Investitionsobjektes kann in Sachinvestition und Finanzinvestition unterschieden werden. **Materielle Sachinvestitionen** implizieren Auszahlungen für materielle Realgüter wie z. B. Grundstücke, Maschinen Fuhrpark, während **immaterielle Sachinvestitionen** Mittelverwendungen für immaterielle Realgüter wie z. B. Patente, Lizenzen, Ausbildung, F&E beinhalten. Finanzinvestitionen beinhalten die Verwendung finanzieller Mittel zum Erwerb von Finanztiteln in langfristiger Halteabsicht (z. B. Aktie, Anleihe). Der Käufer eines Finanztitels erwirbt das Recht auf künftige Einzahlungen bestimmter Sicherheit und zeitlicher Struktur. 15

Nach dem Wirkungsbezug können Ersatz-, Erweiterungs- und Rationalisierungsinvestitionen unterschieden werden. Bei einer **Ersatzinvestition** wird ein stillgelegtes Investitionsobjekt durch ein Neues ersetzt mit dem Ziel das bisherige Nutzenpotenzial zu konservieren (z. B. Ersatz eines alten Linienbusses durch einen Neuen). Bei einer **Rationalisierungsinvestition** weist das Investitionsobjekt eine höhere Wirtschaftlichkeit gegenüber dem Vorgängerobjekt auf. Rationalisierungsinvestitionen dienen der Effizienzsteigerung sowie der Kostenreduktion des Leistungsprozesses. (z. B. Fahrkartenautomaten, Software). **Erweiterungsinvestitionen** bestehen in der Realisierung zusätzlicher Investitionsobjekte, welche das bisherige Nutzenpotenzial erweitern (z. B. Bau einer Riesenrutsche im Schwimmbad, Erweiterung des Straßenbahnnetzes, Erhöhung der technischen Kapazität eines Aggregates). 16

17 Nach der Wiederholungshäufigkeit kann eine Investition **einmalig** (z. B. Grundstückskauf) bzw. durch **laufende Wiederholungen** gekennzeichnet sein. Letztere ist zum Beispiel im ÖPNV der Fall, wo langfristig der Personentransport sicherzustellen ist (laufender Ersatz der Linienbusse etc.)

III. RISIKEN BEI INVESTITIONSENTSCHEIDUNGEN

18 Investitionsentscheidungen sind generell wegen ihres langfristigen Charakters und ihrer Irreversibilität mit hohen Risiken verbunden. Zum einen sind sie mit einer langfristigen Kapitalbindung verbunden, was insbesondere bei Fremdfinanzierung die finanzielle Flexibilität einschränkt. Stellt sich eine fremdfinanzierte Spezialmaschine als Fehlinvestition heraus, so entsteht wegen stark unterwertiger oder im Extremfall gar keiner Liquidierungsmöglichkeit ein hoher Verlust. Investitionsobjekte weisen in der Regel hohe Fixkosten auf, wodurch insbesondere das Gewinnrisiko erhöht wird, weil entsprechend hohe Deckungsbeiträge erwirtschaftet werden müssen. Auch sind die Transaktionskosten im Vorfeld einer Investitionsentscheidung (Planung, Ausschreibung, Koordination, etc.) recht hoch.

IV. INVESTITIONSENTSCHEIDUNGSTATBESTÄNDE

19 Unter einer Entscheidung ist allgemein die Auswahl einer Handlungsalternative aus einer Menge von zwei oder mehreren Alternativen zu verstehen. Je nach Spezifikation dieser Alternativenmenge lassen sich typische Investitionsentscheidungstatbestände ableiten.

20 Bei einer **Akzeptanzentscheidung** ist aus den Alternativen Durchführung und Unterlassung einer bestimmten Investition I_j zu selektieren. Einzige Alternative zu der Investitionsinitiierung ist die Unterlassungs- oder Basisalternative I_U. Exemplarisch lassen sich Bau oder Nichtbau einer Umgehungsstraße anführen.

21 Bei einer **Selektionsentscheidung** ist aus einer Menge $I = \{I_1, \ldots, I_n\}$ mehrerer Investitionsalternativen die im Hinblick auf die jeweilige Zielsetzung optimale Alternative auszuwählen. Als Beispiel sei die Auswahl eines geeigneten Dienstwagenmodells genannt.

22 Die **Nutzungsdauerentscheidung** beinhaltet die Bestimmung der optimalen Nutzungsdauer einer Investition vor der möglichen Durchführung (Ex-ante Entscheidung). Bei der Überprüfung der Vorteilhaftigkeit einer Anschaffung eines beispielsweise neuen Linienbusses wird **vor der Entscheidung** die voraussichtlich optimale Nutzungsdauer kalkuliert.

23 Handlungsoptionen bei einer **Ersatzentscheidung** sind Weiterbetrieb oder Ersatz eines bereits in Nutzung befindlichen Aggregates. Das bezüglich eines Ersatzes zur Disposition gestellte Investitionsobjekt wurde bereits realisiert, somit liegt eine Ex-post Entscheidung vor. Ein Ersatzentscheidungsproblem könnte z. B. die Frage sein, ob es sinnvoll ist, einen fünfjährigen Dienstwagen zum jetzigen Zeitpunkt zu ersetzen oder weiterhin in Betrieb zu halten.

Steht die Realisierung mehrerer Investitionsalternativen bei begrenzten finanziellen Mitteln zur Disposition, so liegt eine **Programmentscheidung** vor. Die Planung und Entscheidung von Investitions- und Finanzierungsprogrammen erfolgen simultan; hierbei kommen Verfahren der Linearen Optimierung zum Einsatz. 24

V. SYSTEMATIK DER INVESTITIONSRECHNUNGSVERFAHREN

Bei der Investitionsentscheidungsfindung gilt es das Wirtschaftlichkeitsprinzip zu beachten. 25 Da eine Investitionsdurchführung immer mit einem anfänglichen Opfer, dem zukünftige Nutzen folgen, verbunden ist, gilt es die entsprechende Nutzen-Opfer Relation zu optimieren. Je nach konkreter Datenlage können dabei ausgewählte Investitionsrechnungsverfahren hilfreich sein. Diese können nach unterschiedlichen Kriterien systematisiert werden.

Nach der Dimensionalität der berücksichtigten Investitionskonsequenzen werden mo- 26 netäre und nichtmonetäre Verfahren unterschieden. Während **monetäre Verfahren** sich ausschließlich auf die monetären Konsequenzen einer Investition (i. d. R. die ausgelösten Zahlungen) beziehen, berücksichtigen **nichtmonetäre Verfahren** auch nutzen- und opferrelevante Konsequenzen, die keine geldliche Dimension aufweisen (z. B. ökologische Wirkungen, soziale Aspekte, externe Effekte, etc.) im Kalkül. Bekannte nichtmonetäre Verfahren sind Kosten-Nutzen-Analyse, Nutzwertanalyse sowie Kosten-Wirksamkeits-Analyse.

Nach der Berücksichtigung der Zeitstruktur der Investitionskonsequenzen kann in statische 27 und dynamische Verfahren differenziert werden. Während bei den **statischen Verfahren** Periodendurchschnittsgrößen berechnet werden, erfolgt bei den **dynamischen Verfahren** eine finanzmathematisch exakte Berücksichtigung der Zeitpunkte der Investitionskonsequenzen. Die statischen Verfahren beinhalten Kostenvergleichs-, Gewinnvergleichs-, Rentabilitätsvergleichs- und statische Amortisationsrechnung. Bei den dynamischen Verfahren sind im Wesentlichen Kapitalwertmethode, Annuitätenmethode, Interne Zinssatzmethode und Finalwertmethode zu nennen.

Nach dem Grad der Sicherheit der Investitionskonsequenzen wird in deterministische und 28 stochastische Investitionsrechnungsverfahren unterschieden. Bei den **deterministischen Verfahren** wird eine Sicherheit der Investitionskonsequenzen angenommen, **stochastische Verfahren** berücksichtigen dagegen die Unsicherheit der investitionsrelevanten Zukunftsdaten im Kalkül. Stochastische Verfahren beinhalten Korrekturverfahren, Sensitivitätsanalyse und Risikoanalyse.

B INVESTITIONSRECHNUNGSVERFAHREN

I. STATISCHE VERFAHREN

29 Die statischen Verfahren finden wegen ihrer relativ einfach handhabbaren Struktur und ihres relativ geringen Anwendungsaufwands in der Praxis häufige Verwendung. Sie werden auch als Hilfsverfahren der Praxis bezeichnet. Die Verfahren heißen statisch, weil sie zeitliche Unterschiede im Auftreten von Ein- und Auszahlungen einer Investition nicht berücksichtigen.

30 Charakteristisch für die statischen Verfahren ist der Bezug der Investitionskonsequenzen auf eine fiktive Durchschnittsperiode. Dabei wird i. d. R. als Bezugszeitraum ein Jahr fixiert. Da die Ein- und Auszahlungen nicht gleichmäßig während der Nutzungsdauer anfallen (z. B. hohe Anschaffungsauszahlungen am Anfang, über die Investitionslaufzeit steigende Betriebsausgaben und schwankende Erlöse), ist kein Jahr repräsentativ für die gesamte Nutzungsdauer. Es wird daher ein fiktives Durchschnittsjahr konstruiert.

31 Da man nicht die gesamte Nutzungsdauer, sondern nur eine fiktive Durchschnittsperiode zu Grunde legt, rechnet man auch mit periodisierten Größen. So wird statt mit den tatsächlichen Anschaffungsauszahlungen für eine Investition mit den periodisierten Anschaffungsauszahlungen, konkret den Abschreibungen und kalkulatorischen Zinsen gerechnet.

1. KOSTENVERGLEICHSRECHNUNG

32 Zu optimierende Zielvariablen in der Kostenvergleichsrechnung sind die durchschnittlichen periodischen (i. d. R. jährlichen) dispositionsrelevanten Kosten K_j bezüglich einer Investitionsalternativen I_j. Dispositionsrelevant sind die Kosten, die dann und nur dann entstehen, wenn eine bestimmte Investitionsalternative I_j realisiert wird, oder m. a. W. dann genau vermieden werden, wenn die entsprechende Realisation unterbleibt.

I_j wird realisiert → K_j entsteht

I_j wird nicht realisiert → Entstehung von K_j wird genau vermieden

33 Soll unter mehreren Investitionen eine ausgewählt werden, besteht die Möglichkeit die Kosten jeder möglichen Investition zu berechnen und sie dann miteinander zu vergleichen (Kostenvergleichsrechnung).

34 Bei der Frage nach der Durchführung oder Nichtdurchführung einer **einzelnen** Investition bietet dieses Verfahren für den Fall eine Entscheidungshilfe, dass eine Kostenobergrenze

existiert. Im Fall eines Unterschreitens dieser Obergrenze wäre das Akzeptanzkriterium erfüllt.

Die Entscheidungskriterien der Kostenvergleichsrechnung lauten: 35

Akzeptanzkriterium: Eine Investition ist akzeptanzwürdig, wenn ihre Kosten kleiner 36
sind als die Kostenobergrenze.

Selektionskriterium: Diejenige Investition aus einer Menge mehrerer Investitionsalter- 37
nativen ist selektionswürdig, die die minimalen Kosten aufweist.

Die durchschnittlichen jährlichen entscheidungsrelevanten Kosten ergeben sich aus der 38
Summe der Betriebskosten und Kapitalkosten.

Kostenarten	
• Materialkosten • Personalkosten • Instandhaltungs- und Reparaturkosten • Energiekosten • Mietkosten	Betriebskosten [BK]
• Kalkulatorische Abschreibungen • Kalkulatorische Zinsen	Kapitalkosten [KK]

Die durchschnittlichen jährlichen dispositionsrelevanten Kosten einer Investition I_j erge- 39
ben sich zu

$$K_j = KK + BK + sonstige\ K_F + sonstige\ K_v$$

wobei,

$$KK = A + Z$$

mit

$$A = \frac{I_0 - L_n}{n} \text{ und } Z = \frac{I_0 + L_n}{2} \cdot i$$

Die kalkulatorischen Abschreibungen einer Durchschnittsperiode (A) werden ermittelt, 40
indem man die Initialauszahlung (Anschaffungsauszahlung) I_0 um den Liquidationserlös (Restwert) am Ende der Nutzungsdauer L_n vermindert und anschließend gleichmäßig auf die Jahre der Nutzung n verteilt (lineare Abschreibung):

41 Die kalkulatorischen Zinsen (*Z*) sind auf das Kapital zu beziehen, das durchschnittlich während der Nutzungsdauer in der Investition gebunden ist. Die Rückflüsse, mit denen die Anschaffungsauszahlung gedeckt wird, gehen kontinuierlich ein. Das gebundene Kapital nimmt kontinuierlich ab. Die kalkulatorischen Zinsen werden dann durch Multiplikation des durchschnittlich gebundenen Kapitals mit dem kalkulatorischen Zinssatz berechnet.

42 Bei Selektionsentscheidungen ist die relative Vorteilhaftigkeit häufig von der Auslastung der betreffenden Aggregate abhängig. Voraussetzung für die Existenz einer kritischen Menge ist, dass die Alternative mit den höheren Fixkosten die niedrigeren stückvariablen Kosten aufweist. Ab einer bestimmten Menge haben sich dann höhere Fixkosten durch Einsparung an variablen Kosten amortisiert. Diese Menge wird **kritische Menge** genannt.

43 Eine kritische Menge beschreibt die Menge $\hat{x}$, bei der die Kosten beider Alternativen identisch sind. Sie ergibt sich für 2 Investitionsalternativen I_A *und* I_B gemäß

$$K_A = K_B \leftrightarrow K_{FA} + k_{vA} \cdot x = K_{FB} + k_{vB} \cdot x \leftrightarrow \hat{x} = \frac{K_{FA} - K_{FB}}{k_{vB} - k_{vA}}$$

44 Ersatzentscheidungen können ebenfalls mit einer Kostenvergleichsrechnung unterstützt werden. Sei $t \in [0, n]$ ein potenzieller Ersatzzeitpunkt, dann gilt für die durchschnittlichen jährlichen dispositionsrelevanten Kosten bei Nichtersatz

$$K_{NE} = \frac{1}{n-t} \cdot (L_t - L_n) + \frac{1}{2} \cdot (L_t + L_n)i + K_F^S + K_v^S$$

45 L_t beschreibt den Liquidationserlös zum Zeitpunkt t. K_F^S, K_v^S stehen für die sonstigen fixen und variablen Kosten. Bezogen auf den Restnutzungszeitraum wird die durchschnittliche jährliche Reduktion des Liquidationserlöses L_t ermittelt. Die kalkulatorischen Zinsen werden in diesem Fall auf Basis des Liquidationserlöses zum potenziellen Ersatzzeitpunkt t (und wie vorher auf Basis des Liquidationserlöses bei geplanter Nutzung) ermittelt.

46 **Beurteilung der Kostenvergleichsrechnung**

- Die Kostenvergleichsrechnung arbeitet mit Durchschnittswerten. Für die Ermittlung des Durchschnitts aus den voraussichtlichen Kosten während der Nutzungsdauer des Investitionsobjekts benötigt man umfangreiches Datenmaterial. Bei längeren Nutzungsdauern ist die Gefahr von Fehlprognosen hoch. Es werden deshalb oft die erwarteten Kosten des ersten Jahres als Durchschnittskosten verwendet. Bei dieser Methode werden Veränderungen der Kosten im Zeitablauf nicht berücksichtigt.

- Das Konzept der *kalkulatorischen Zinsen* beruht auf groben Annahmen und kann erheblich von den tatsächlichen Zinsen abweichen.

- Erlöse werden nicht berücksichtigt, was im Fall erfolgsorientierter Unternehmensführung einen Mangel darstellt.

- Aussagen über die Rentabilität des eingesetzten Kapitals sind nicht möglich.
- Eine Auswahlentscheidung zwischen zwei Investitionsobjekten führt nur dann zum richtigen Ergebnis, wenn für beide die gleichen Erlöse unterstellt werden.

Beispiel 1 47

Im städtischen Fuhrpark ist ein neuer Dienstwagen anzuschaffen. Folgende Daten (Geldbeträge in Geldeinheiten GE) liegen vor:

Daten	PKW A	PKW B
Anschaffungswert (I_0)	28.000	32.000
Planungszeitraum (n)	4 Jahre	4 Jahre
Liquidationserlös (L_n)	12.000	14.000
Steuern/Versicherung (SV)	1.800	1.400
Variable Kosten/km (k_v)	0,32	0,3
Jahreskilometer (x)	20.000	20.000
Kalkulationszinssatz (i)	0,07	0,07

Entscheidungstatbestand: Selektionsentscheidung, Alternativenmenge $I = \{A, B\}$

Ziel: Minimierung der durchschnittlichen jährlichen dispositionsrelevanten Kosten $min\{K_A, K_B\}$

Dispositionsrelevante Kosten	K_A	K_B
Kalkulatorische lineare Abschreibungen $A = \frac{I_0 - L_n}{n}$	4.000	4.500
Kalkulatorische Zinsen $Z = \frac{I_0 + L_n}{2} \cdot i$	1.400	1.610
Sonstige Fixkosten SV	1.800	1.400
Variable Kosten $k_v \cdot x$	6.400	6.000
SUMME	13.600	13.510

48 Die Anwendung des Entscheidungskriteriums der KVR führt zu:

$$min\{ K_{A,} K_B \} = K_B \rightarrow B \succ A$$

49 Dies Ergebnis zeigt eine wirtschaftliche Vorteilhaftigkeit der Alternative B auf Basis der minimalen durchschnittlichen, periodisierten Gesamtkosten.

50 **Beispiel 2**

Es ist auf Basis der Daten des Beispiels 1 eine kritische Kilometerleistung zu ermitteln. Es gilt: $K_{FA} = A_A + Z_A + SV_A = 7.200$

$$K_{FB} = A_B + Z_B + SV_B = 7.510$$

$$K_A = K_B \leftrightarrow 7.200 + 0{,}32x = 7.510 + 0{,}30x \leftrightarrow \hat{x} = 15.500$$

51 **Beispiel 3**

Ein Händler biete für einen 2 Jahre alten Wagen Typ A einen Inzahlungnahmepreis von 20.000 für den Fall eines Neukaufs von B an. Ist ein Ersatz wirtschaftlich?

$$K_{NE} = \frac{1}{4-2}(20.000 - 12.000) + 0{,}5(20.000 + 12.000) \cdot 0{,}07 + 1.800 + 0{,}32 \cdot 20.000 = 13.320$$

$$min\ \{K_{NE}, K_B\} = min\ \{13.320, 13.510\} = K_{NE} \rightarrow NE \succ B$$

Eine Weiternutzung erscheint wirtschaftlich indiziert.

Beispiel 4 52

Das Grünflächenamt der Stadt Eisenhausen plant die Anschaffung eines neuen Kleintransporters. Dieser soll im Sommer für die Pflege der Grünanlagen genutzt werden und im Winter zum Schneeräumen eingesetzt werden. Zwei technisch ähnliche Modelle kommen grundsätzlich in Frage und sollen nun auf ihre Wirtschaftlichkeit hin geprüft werden. Folgende Daten stehen zur Beurteilung der Investition zur Verfügung:

	Transporter A	Transporter B
Kaufpreis in €	25.000	30.000
Geplante Nutzungsdauer in Jahren	9	9
Zinssatz in Prozent:	5	5
Verkaufserlös (Schrottwert) in €	2.000	3.000
Wartungskosten pro Jahr in €	800	900
Verbrauch in Litern auf 100 km	12	10
Jahreslaufleistung in km	18.000	18.000
Benzinkosten je Liter in €	1,40	1,10
Steuern & Versicherung pro Jahr in €	2.400	2.200
Sonstige Fixkosten pro Jahr in €	1.000	2.000
Sonstige variable Kosten je km in €	0,8	0,6

Beurteilen Sie mit Hilfe der Kostenvergleichsrechnung die Vorteilhaftigkeit der obigen Investition.

$$K = KK + BK + sonstige\ K_F + sonstige\ K_v$$

$$K = \frac{I_0 - L_n}{n} + \frac{I_0 + L_n}{2} \cdot i + BK + K_F + k_{v \cdot x}$$

	Transporter A	Transporter B
Summe Betriebskosten:[5]	6.224	5.080
Summe Kapitalkosten:[5]	3.230,6	3.825
Kalkulatorische Abschreibungen:	2.555,6	3.000
I_0 =	25.000	30.000
L_n =	2.000	3.000
n =	9	9
Kalkulatorische Zinsen:	675	825
I_0 =	25.000	30.000
L_n =	2.000	3.000
i =	0,05	0,05
Sonstige Fixkosten:[2]	1.000	2.000
Sonstige variable Kosten:[2]	14.400	10.800
Gesamtkosten:	**24.855**	**21.705**

53 **Transporter A**

Summe Betriebskosten [*BK*] ergibt sich durch die Addition folgender Größen:

Wartungskosten pro Jahr		**Benzinverbrauch pro Jahr**		**Steuern und Versicherung pro Jahr**
800	+	$\frac{18.000}{100} \cdot 12 \cdot 1{,}4$	+	2.400
800		3.024		2.400

= 6.224

Summe Kapitalkosten [*KK*] ergibt sich durch die Addition der kalkulatorischen Abschreibungen [*A*] und der kalkulatorischen Zinsen [*Z*]:

$$\mathbf{KK} = A + Z = 2.555{,}6 + 675 = \mathbf{3.230{,}6}$$

[5] Detaillierte Erläuterungen für Transporter A und Transporter B

Kalkulatorische Abschreibungen: $A = \frac{I_0 - L_n}{n}$

$I_0 = 25.000$

$L_n = 2.000$ $A = \frac{25.000-2.000}{9}$

$n = 9$ **A = 2.555,6**

Kalkulatorische Zinsen: $Z = \frac{I_0 + L_n}{2} \cdot i$

$I_0 = 25.000$

$L_n = 2.000$ $Z = \frac{25.000+2.000}{2} \cdot 0{,}05$

$i = 5\% = \frac{5}{100} = 0{,}05$ **Z = 675**

Sonstige Fixkosten: **1.000**

Sonstige variable Kosten ergeben sich durch Multiplikation der sonstigen variablen Kosten je km in € mit der Jahreslaufleistung:

Sonstige variable Kosten je km in €	+	Jahreslaufleistung in km
0,8		18.000

= 14.400

Transporter B 54

Summe Betriebskosten [*BK*] ergibt sich durch die Addition folgender Größen:

Wartungskosten pro Jahr		Benzinverbrauch pro Jahr		Steuern und Versicherung pro Jahr
900	+	$\frac{18.000}{100} \cdot 10 \cdot 1{,}1$	+	2.200
900		1.9804		2.200

= 5.080

Summe Kapitalkosten [*KK*] ergibt sich durch die Addition der kalkulatorischen Abschreibungen [*A*] und der kalkulatorischen Zinsen [*Z*]:

KK = *A* + *Z* = *3.000* + *825* = **3.825**

Kalkulatorische Abschreibungen: $A = \frac{I_0 - L_n}{n}$

I_0 = 30.000

L_n = 3.000 $A = \frac{30.000 - 3.000}{9}$

n = 9 $\boldsymbol{A = 3.000}$

Kalkulatorische Zinsen: $Z = \frac{I_0 + L_n}{2} * i$

I_0 = 30.000

L_n = 3.000 $Z = \frac{30.000 + 3.000}{2} * 0{,}05$

$i = 5\,\% = \frac{5}{100} = 0{,}05$ **Z = 825**

Sonstige Fixkosten: **2.000**

Sonstige variable Kosten ergeben sich durch Multiplikation der sonstigen variablen Kosten je km in € mit der Jahreslaufleistung:

Sonstige variable Kosten je km in €	*	Jahreslaufleistung in km
0,6		18,000

= 10.800

2. GEWINNVERGLEICHSRECHNUNG

Gewinnspezifischer Alternativenvergleich

55 Bei zahlreichen Investitionsentscheidungen – insbesondere bei der Beurteilung einer einzelnen Investition – ist ein reiner Kostenvergleich nicht aussagefähig. Die Gewinnvergleichsrechnung erweitert die Kostenvergleichsrechnung, indem sie die Erlösseite einer Investition einbezieht. Zu optimierende Zielvariable der GVR ist der **durchschnittliche periodische** (i. d. R. jährliche) **dispositionsrelevante** Gewinn G_j bezüglich einer Investitionsalternative I_j. Dispositionsrelevant sind die investitionsobjektspezifischen Gewinne, die dann und nur dann entstehen, wenn eine bestimmte Investitionsalternative I_j realisiert wird.

I_j wird realisiert → G_j entsteht.

I_j wird nicht realisiert → Entstehung von G_j wird genau vermieden.

56 Bei Akzeptanzentscheidungen erscheint eine Alternative vorteilhaft, wenn diese einen bestimmten Mindestgewinn erreicht, bei Selektionsentscheidungen erscheint die Alternative

mit dem höchsten Gewinn vorteilhaft.

Absolute Vorteilhaftigkeit: $G_j > G_{min}$

Relative Vorteilhaftigkeit: Es ist die Investition mit dem maximalen (durchschnittlichen) Gewinn auszuwählen!

Der durchschnittliche Gewinn ist definiert als Saldo zwischen den durchschnittlichen 57
Erlösen und den durchschnittlichen Kosten.

Formel: 58

$$\text{Gewinn} = \text{Umsatzerlöse} - \text{Kosten} \rightarrow \mathbf{G = U - K}$$

$$\text{Durchschnittlicher Gewinn} = \mathbf{\varnothing\, U - \varnothing\, K}$$

$$\text{Umsatzerlöse} = \text{Menge} \cdot \text{Preis} \rightarrow \mathbf{U = p \cdot x}$$

$$Kosten = KK + BK + sonstige\ K_F + sonstige\ K_v$$

$$K = \frac{I_0 - L_n}{n} + \frac{I_0 + L_n}{2} \cdot i + K_F + k_v \cdot x$$

$$G = p \cdot x - \left(\frac{I_0 - L_n}{n} + \frac{I_0 + L_n}{2} \cdot i + K_F + k_v \cdot x\right)$$

Beurteilung der Gewinnvergleichsrechnung 59

- Ein Nachteil der Gewinnvergleichsrechnung ist die kurzfristige Betrachtungsweise, in der eine repräsentative Durchschnittsperiode, häufig nur das erste Jahr, analysiert wird und für die Folgeperioden die gleichen Verhältnisse unterstellt werden. Kosten und Erlöse schwanken aber im Zeitablauf.

- Es wird unterstellt, dass einem Investitionsobjekt neben seinen Kosten auch seine Erlöse eindeutig zugerechnet werden können. Dies ist in der Praxis häufig schwierig oder sogar unmöglich.

- Da die Gewinnvergleichsrechnung den Gewinn nicht in Relation zur Höhe des eingesetzten Kapitals setzt, ist keine Aussage über die Verzinsung (Rentabilität) des Kapitals möglich.

- Beim Vergleich von Investitionen mit unterschiedlichem Kapitaleinsatz und unterschiedlicher Nutzungsdauer drohen Fehlentscheidungen.

Der Vorteil der GVR liegt in der expliziten Berücksichtigung positiver Investitionskonse- 60
quenzen, als Nachteil (abgesehen davon, dass es sich um ein statisches Verfahren handelt)

ist zu sehen, dass Differenzen im durchschnittlichen Kapitaleinsatz über die Nutzungsdauer nicht berücksichtigt werden.

61 **Beispiel 5**

Investitionsentscheidungsproblem: Auswahl eines Saunariums im städtischen Hallenbad

Alternative	Typ A	Typ B
Anschaffungswert I_0	50.000	45.000
Sonstige jährliche K_F Fixkosten (zahlungswirksam)	4.000	5.000
Nutzungsdauer n	10 Jahre	10 Jahre
Benutzungspreis p	2,7	2,75
Variable Kosten pro Besuch k_v	0,2	0,25
Jährliche Besuchszahl x	8.000	8.000

Der Kalkulationszinssatz werde mit $i = 0{,}07$ angenommen.

Der Gewinn ergibt sich aus dem Erlös abzüglich der Kosten, formal: $G = px - K$.

$$G_A = p_A x_A - K_A =$$

$$2{,}7 \cdot 8.000 - \left[\frac{1}{10}(50.000 - 0) + 0{,}5(50.000 + 0)0{,}07 + 4.000 + 8.000 \cdot 0{,}2\right] = 9.250$$

$$G_B = p_B x_B - K_B =$$

$$2{,}75 \cdot 8.000 - \left[\frac{1}{10}(45.000 - 0) + 0{,}5(45.000 + 0)0{,}07 + 5.000 + 8.000 \cdot 0{,}25\right] = 8.925$$

Das Entscheidungskriterium lautet in diesem Fall: $max\{G_A, G_B\} = G_A \rightarrow A > B$

Beispiel 6 62

Die Stadt Eisenfurt hat sich seit Jahren auf den Ausbau des öffentlichen Personennahverkehrs (ÖPNV) konzentriert. Um das Angebot noch attraktiver zu gestalten, planen die städtischen Verkehrsbetriebe eine neue Stadtbahntrasse zu bauen und somit einen weiteren Ortsteil an das bereits bestehende Netz anzuschließen. Der Bau des Gleiskörpers samt Oberleitung und Haltestellen kostet voraussichtlich 8 Mio. €. Hinzu kommen die Planungskosten der hausinternen Abteilung der Verkehrsbetriebe und eines ortsansässigen Ingenieurbüros, das sich auf den Stadtbahnbau spezialisiert hat. Sie belaufen sich auf 600.000 €. Die Trasse wird linear abgeschrieben und die geplante Nutzungsdauer beträgt 50 Jahre. Die variablen Betriebskosten pro Jahr belaufen sich auf 2 Mio. € und die Fixkosten werden auf 7,6 Mio. € geschätzt. Ein marktüblicher Zinssatz liegt bei 10 %. Die aus dem Ausbau resultierenden zusätzlichen Erlöse sind in der nachfolgenden Tabelle dargestellt:

	Anzahl pro Jahr	Preis pro Einheit in €
Jahreskarte Standard	9.000	900
Jahreskarte ermäßigt	5.000	600
Einzelfahrschein Standard	40.000	3
Einzelfahrschein ermäßigt	15.000	2
Zehnerkarte Standard	10.000	20
Zehnerkarte ermäßigt	8.000	15

Ist es unter wirtschaftlichen Gesichtspunkten sinnvoll die Trasse zu bauen? Beurteilen Sie mit Hilfe der Gewinnvergleichsrechnung die Vorteilhaftigkeit der obigen Investition.

$$G = p \cdot x - \left(\frac{I_0 - L_n}{n} + \frac{I_0 + L_n}{2} \cdot i + K_F + k_{v \cdot x}\right)$$

Die Berechnung des Gewinns erfolgt in zwei Schritten. Zunächst werden wie bei der Kostenvergleichsrechnung (vgl. Beispielaufgabe und Musterlösung zur Kostenvergleichsrechnung) die Gesamtkosten ermittelt. Die Formel ist mit der Formel aus der Kostenvergleichsrechnung identisch.

63 Erster Schritt – Gesamtkosten ermitteln mit: $K = \frac{I_0 - L_n}{n} + \frac{I_0 + L_n}{2} * i + K_{fix} + k_v * x$

	Investition
Summe Betriebskosten:	9.600.000
Summe Kapitalkosten:	602.000
Kalkulatorische Abschreibungen:	172.000
I_0 =	8.600.000
L_n =	0
n =	50
Kalkulatorische Zinsen:	430.000
I_0 =	8.600.000
L_n =	0
i =	0,1
Sonstige Fixkosten:	0
Sonstige variable Kosten:	0
Gesamtkosten:	**10.202.000**

Zweiter Schritt – Umsatzerlöse ermitteln mit: $U = p \cdot x$ 64

Die Umsatzerlöse errechnen sich hier durch die Multiplikation der Menge (Anzahl pro Jahr) mit dem dazugehörigen Preis pro Einheit.

	Anzahl pro Jahr	Preis pro Einheit	Umsatzerlöse pro Jahr
Jahreskarte Standard	9.000	900 €	8.100.000 €
Jahreskarte ermäßigt	5.000	600 €	3.000.000 €
Einzelfahrschein Standard	40.000	3 €	120.000 €
Einzelfahrschein ermäßigt	15.000	2 €	30.000 €
Zehnerkarte Standard	10.000	20 €	200.000 €
Zehnerkarte ermäßigt	8.000	15 €	120.000 €
Summe	**87.000**	**Ø 132,99 €**	**11.570.000 €**

Dritter Schritt – Gewinn berechnen: $G = U - K$ 65

Der Gewinn für ein Jahr errechnet sich aus der Differenz der Umsatzerlöse und den Gesamtkosten ($G = U - K$). Die Umsatzerlöse betragen 11.570.000 € und die Gesamtkosten belaufen sich auf 10.202.000 €. Die Differenz ergibt 1.368.000 €, also einen Gewinn.

$G = U - K$

G = 11.570.000 € – 10.202.000 €

G = 1.368.000 €

Beurteilung:

G = 1.368.000 € > 0, somit wirtschaftlich sinnvoll, d. h. die Trasse soll gebaut werden.

3. RENTABILITÄTSVERGLEICHSRECHNUNG

66 Dem Nachteil der Nichtberücksichtigung differenter Kapitaleinsätze bei der Gewinnvergleichsrechnung hilft die Rentabilitätsvergleichsrechnung ab. Bei der Rentabilitätsvergleichsrechnung wird der im Durchschnitt pro Periode anfallende Gewinn einer Investition in Relation zum durchschnittlich pro Periode gebundenen Kapital gesetzt. Das Ergebnis der Rentabilitätsvergleichsrechnung ist die durchschnittliche Verzinsung der Investition pro Periode. Im Vergleich zur Gewinnvergleichsrechnung wird die Rentabilitätsrechnung der Kapitaldifferenzierung gerecht.

67 Einfaches Beispiel:

F. Uchs hat über mehrere Jahre 1.000,– € bei seiner Hausbank angelegt. Durchschnittlich sind dann 1.000,– € Kapital gebunden. Auf diese 1.000,– € werden ihm 100,– € Zinsen jährlich ausgezahlt und somit nicht wieder angelegt. Die durchschnittliche Verzinsung beträgt damit 10 %.

68 Entscheidungsregeln:

- Absolute Beurteilung (Eine Investitionsalternative):

Man vergleicht die projektindividuelle Rentabilität *r* der Investitionsalternative mit der vom Investor gewünschten Mindestverzinsung *i**. Ist *r* größer als *i** wird die Investition realisiert. Die gewünschte Mindestverzinsung *i** kann als Kalkulationszinsfuß, d. h. als Kapitalkostenäquivalent interpretiert werden.

- Relative Beurteilung (Mehrere Investitionsalternativen):

Es ist die Investitionsalternative mit der maximalen (durchschnittlichen) Rentabilität auszuwählen nachdem mittels Ergänzungsinvestitionen eine Vergleichbarkeit zwischen den Alternativen hergestellt ist. Ergänzungsinvestitionen sind notwendig, da nur identische Kapitaleinsätze rentabilitätsmäßig verglichen werden können.

69 **Formel:**

$$Bruttoinvestitionsrentabilität = \frac{Gewinn + Kalkulatorische\ Zinsen}{Durchschnittskapitaleinsatz}$$

Formal lautet die Definition der Bruttoinvestitionsrentabilität: $r_I = \frac{G+Z}{0,5(I_0+L_n)}$

70 Die Bruttoinvestitionsrentabilität bildet die Erfolgserzielungskraft des durchschnittlich eingesetzten Kapitals ab. Als Erfolg wird der Bruttogewinn (*Gewinn + Zinsen*) angenommen.

Rentabilitätsspezifischer Alternativenvergleich

Die Rentabilitäten r_{IA} und r_{IB} sind nicht miteinander vergleichbar, da die Bruttoinvestitionsgewinne der Investitionen sich auf verschiedene Kapitaleinsätze beziehen. Grundsätzlich können nur Investitionsalternativen auf Basis einer Rentabilitätsvergleichsrechnung verglichen werden, deren durchschnittliche Kapitaleinsätze identisch sind (vollständige Alternativen). Eine entsprechende Vervollständigung erfolgt durch Ansatz einer **Ergänzungsinvestition** (auch Supplementinvestition, Komplementärinvestition, Differenzinvestition). Der durchschnittliche Kapitaleinsatz der Ergänzungsinvestition entspricht der Differenz der durchschnittlichen Kapitaleinsätze der zu vergleichenden Investitionen. Bezüglich der Höhe des Bruttogewinns, der der Ergänzungsinvestition zugerechnet wird, wird eine Verzinsung des durchschnittlichen Kapitaleinsatzes der Ergänzungsinvestition in Höhe des Kalkulationszinssatzes unterstellt. 71

$$r_{I(B+E)} = \frac{G_B + Z_B + KB_E \cdot i}{KB_B + KB_E}$$

Unter Anwendung der Daten aus dem Beispiel 5 ergibt sich

$$r_{I(B+E)} = \frac{8.925 + 1.575 + 2.500 \cdot 0,07}{22.500 + 2.500} = 0,4270$$

Das Entscheidungskriterium lautet: $max\{r_{IA}, r_{I(B+E)}\} \rightarrow A > B$.

Bemerkungen: 72

- Wie bei der Gewinnvergleichsrechnung bezieht sich die Gewinngröße auf eine repräsentative Periode, wird also als Durchschnitt berechnet.

- Eine Rentabilitätsberechnung auf Basis des Nettogewinns (d. h. es erfolgt keine Addition der kalkulatorischen Zinsen) ergibt eine Nettoinvestitionsrentabilität. Diese gibt die durchschnittliche jährliche Verzinsung des durchschnittlichen Kapitaleinsatzes an, der über den kalkulatorischen Zins hinaus erzielt wird.

- Da die öffentliche Hand häufig keine Gewinnerzielungsabsicht hat, lässt sich hier sinnvollerweise ein durchschnittlicher Einnahmeüberschuss ohne Zinsen pro Periode berechnen (durchschnittliche Einnahmen ohne Zinsen pro Periode – durchschnittliche Ausgaben ohne Zinsen pro Periode).

- Bezieht man den Gewinn auf den Umsatz bzw. auf das Eigenkapital erhält man die Umsatz- bzw. Eigenkapitalrentabilität.

- Da Investitionen häufig mit dem Ziel der Kostenersparnis getätigt werden, kann nach folgender Formel die (Kostenersparnis) Rentabilität berechnet werden:

$$r = \frac{durchschnittliche\ Kostenersparnis\ vor\ Zinsen\ pro\ Periode\ durch\ die\ neue\ Anlage}{durchschnittlich\ zusätzlich\ gebundenes\ Kapital\ pro\ Periode\ durch\ die\ neue\ Anlage} \cdot 100$$

73 **Beurteilung der Rentabilitätsrechnung**

- Ein zeitlicher Anfall der Kosten, Erlöse und Gewinne wird nicht berücksichtigt.
- Die genutzten Zahlen beruhen weitgehend auf Schätzungen und sind mit Risiken behaftet.
- Der Vergleich von Investitionsalternativen mit unterschiedlicher Nutzungsdauer und unterschiedlichem Kapitaleinsatz ist problematisch, da bei der Investition mit niedrigerem Kapitaleinsatz und kürzerer Nutzungsdauer weder die Verzinsung des nicht investierten Restbetrages noch die Verzinsung nach Ablauf der Nutzungsdauer bekannt ist. Eine Lösung besteht in dem Ansatz von Ergänzungsinvestitionen.
- Auch bei der Rentabilität handelt es sich um eine Zielvariable mit ausschließlich monetärem Bezug. Die Bestimmungsfaktoren der Rentabilität sind ebenfalls Periodendurchschnittsgrößen.

74 **Beispiel 7**

Für die Daten des Beispiels 5 ergeben sich folgende Rentabilitäten:

$$r_{IA} = \frac{G_A + Z_A}{0{,}5(I_{0A} + L_{nA})} = \frac{9.250 + 1.750}{25.000} = 0{,}44$$

$$r_{IB} = \frac{G_B + Z_B}{0{,}5(I_{0B} + L_{nB})} = \frac{8.925 + 1.575}{22.500} = 0{,}47$$

$$r_{IB+E} = \frac{G_B + Z_B + [0{,}5(I_{0A} + L_{nA}) - 0{,}5(I_{0B} + L_{nB})]i}{0{,}5(I_{0A} + L_{nA})}$$

$$r_{IB+E} = \frac{8.925 + 1.575 + 0{,}07 * 2.500}{25.000} = 0{,}4270$$

Alternative A erscheint unter dem Rentabilitätsblickwinkel vorteilhaft.

75 **Beispiel 8**

Die Stadt Goldküst hat seit 20 Jahren erstmals wieder einen Überschuss im Haushalt erwirtschaftet. Nach Abschluss und Prüfung der Bücher weist der Kämmerer einen Überschuss von 1,4 Mio. € aus. Nun stellt sich für den Rat der Stadt die Frage, wie das Geld verwandt werden soll. Einigkeit besteht bei allen Beteiligten darüber, dass der Überschuss in eine Sporthalle investiert werden soll. Zwei alternative Varianten stehen zur Disposition:

	Sporthalle Typ „Schulsport“	Sporthalle Typ „Leistungssport“
Anschaffungskosten	1,40 Mio. €	1,40 Mio. €
Nutzungsdauer	30 Jahre	30 Jahre
Kalkulatorische Zinsen	4 %	5 %
Variable Kosten je Sportst.	1,50 €	2,00 €
Fixkosten pro Jahr	6.000 €	12.000 €
Auslastung pro Jahr	30.000 Einheiten	40.000 Einheiten
Mieterlöse pro Stunde	3,50 €	4,30 €

Beurteilen Sie die beiden Investitionsalternativen unter Rentabilitätsgesichtspunkten.

Formel: 76

$$r = \frac{\textit{durchschnittlicher korrigierter Gewinn pro Periode}}{\textit{durchschnittlich gebundenes Kapital pro Periode}} \cdot 100$$

mit

- durchschnittlicher korrigierter Gewinn pro Periode = durchschnittlicher Gewinn + Zinsen,
- Zinsen können Fremdkapitalzinsen aus der GuV sein oder kalkulatorische Eigenkapitalzinsen aus der KLR und

durchschnittlich gebundenes Kapital pro Periode = $\frac{I_0 + L_n}{2}$.

Somit baut die Berechnung der Rentabilität auf der Gewinnvergleichsrechnung auf, da zunächst der Gewinn pro Periode berechnet werden muss. Dieser ergibt sich aus der Differenz der durchschnittlichen Erlöse pro Periode und der durchschnittlichen Gesamtkosten pro Periode. Im Zuge der Berechnung der Gesamtkosten werden die kalkulatorischen Zinsen berechnet. Diese ergeben sich aus dem Produkt:

$\frac{I_0 + L_n}{2} \cdot i$ wobei

(1)	$\frac{I_0 + L_n}{2}$	Durchschnittlich gebundenes Kapital
(2)	i	Zinssatz

Das heißt, dass das durchschnittlich gebundene Kapital bereits berechnet wurde und darauf zurückgegriffen werden kann. Es fehlt zur Berechnung nur noch der korrigierte Gewinn, der sich durch die Addition der Zinsen ergibt.

77 Folgende Zahlen lassen sich sortieren:

	Typ „Schulsport"	Typ „Leistungssport"
Summe Betriebskosten:	51.000	92.000
Summe Kapitalkosten:	74.666,67	81.666,67
Kalkulatorische Abschreibungen:	46.666,67	46.666,67
I_0 =	1.400.000	1.400.000
L_n =	0	0
n =	30	30
FK bzw. kalkulatorische Zinsen:	28.000	35.000
Durchschnittlich gebundenes Kapital:	700.000	700.000
I_0 =	1.400.000	1.400.000
L_n =	0	0
i =	4,00 %	5,00 %
Gesamtkosten:	125.666,67	173.666,67
Menge:	30.000	40.000
Preis pro Stück:	3,5	4,3
Umsatzerlöse:	105.000	172.000
Gewinn:	–20.666,67	–1.666,67
FK bzw. kalkulatorische Zinsen:	28.000	35.000
Korrigierter Gewinn:	7.333,33	33.333,33
Durchschnittlich gebundenes Kapital:	700.000	700.000
Rentabilität in %	1,05 %	4,76 %

Berechnung der Rentabilität für den Typ Schulsport: 78

$$r = \frac{durchschnittlicher\,Gewinn\,pro\,Periode + Zinsen}{durchschnittlich\,gebundenes\,Kapital\,pro\,Periode} \cdot 100 = \frac{-20.666{,}667 + 28.000}{700.000} \cdot 100$$

$$r = \frac{7.333{,}33333}{700.000} \cdot 100$$

$$r = 1{,}05\,\%$$

Berechnung der Rentabilität für den Typ Leistungssport:

$$r = \frac{durchschnittlicher\,Gewinn\,pro\,Periode + Zinsen}{durchschnittlich\,gebundenes\,Kapital\,pro\,Periode} \cdot 100 = \frac{-1.666{,}667 + 35.000}{700.000} \cdot 100$$

$$r = \frac{33.333{,}33333}{700.000} \cdot 100 \quad r = 4{,}76\,\%$$

4. STATISCHE AMORTISATIONSRECHNUNG

Investitionen sind mit einer Reihe von Risiken und Unsicherheiten verbunden, die im Allgemeinen umso größer sind, je länger der Nutzungszeitraum der Investition ist. Für den Investor ist es von Vorteil zu wissen, wie lange es dauert, bis sich die Anschaffungsausgaben für die Investition bezahlt gemacht haben. Diese Information lässt sich mit Hilfe der Amortisationsrechnung (Pay-Off-Methode) eingrenzen. Die Amortisationsrechnung ermittelt die Anzahl der Jahre, in denen das eingesetzte Kapital durch die aus dieser Investition zu erzielenden Kapitalrückflüsse wiedergewonnen wird, die Investition sich also amortisiert. 79

Entscheidungsregeln: 80

- Absolute Beurteilung (Eine Investitionsalternative):

Man vergleicht die gewünschte (geplante) projektindividuelle Lebensdauer (Soll-Amortisationsdauer) mit der berechneten Ist-Amortisationsdauer. Die Investition soll nur realisiert werden, wenn die berechnete Ist-Amortisationsdauer geringer ist als die Soll-Amortisationsdauer.

- Relative Beurteilung (Mehrere Investitionsalternativen):

Es ist die Investitionsalternative mit der kürzesten Amortisationsdauer auszuwählen!

81 **Formeln:**

I. Durchschnittsmethode (die jährlichen Rückflüsse sind gleich hoch)

$$Amortisationsdauer = \frac{Kapitaleinsatz}{durchschnittlicher\ Rückfluss\ pro\ Jahr}$$

1. Der durchschnittliche jährliche Rückfluss, als Differenz zwischen den laufenden Einzahlungen und laufenden Auszahlungen einer Periode, ist nicht mit dem durchschnittlichen Jahresgewinn aus der Gewinnvergleichsrechnung oder Rentabilitätsrechnung (durchschnittliche Erlöse minus durchschnittliche Kosten) identisch.

2. Der Jahresrückfluss lässt sich aus dem Jahresgewinn ableiten:

   Jahresgewinn + kalkulatorische Abschreibungen = Jahresrückfluss

   (Es müssen die Erlöse eines Jahres im gleichen Jahr zu Einzahlungen und die Kosten, mit Ausnahme der kalkulatorischen Abschreibungen, im gleichen Jahr zu Auszahlungen führen.)

II. Kumulationsmethode (die jährlichen Rückflüsse sind unterschiedlich hoch)

$$I_0 = \sum_{t=1}^{m} (E_t - A_t) \text{ oder } I_0 = \sum_{t=1}^{m} (E_t + L_n - A_t)$$

I_0 = Anschaffungsauszahlung zum Zeitpunkt 0

E_t = Einzahlung zum Zeitpunkt t

A_t = Auszahlung zum Zeitpunkt t

L_n = Liquidationserlös in der letzten Periode

m = Amortisationszeitpunkt

82 **Bemerkungen:**

- Im Gegensatz zu den anderen drei Verfahren der statischen Investitionsrechnung arbeitet die Amortisationsrechnung nicht mit Kosten und Erlösen, sondern mit Ein- und Auszahlungen. Es wird die gesamte Nutzungsdauer einer Investition betrachtet. Die Amortisationsrechnung zählt somit nicht zu den einperiodigen statischen Verfahren.

- Die Amortisationsrechnung unterstellt, dass die Rückflüsse einer Investition bis zum Amortisationszeitpunkt nur der Deckung der Anschaffungsauszahlung dienen und danach ausschließlich der Kapitalverzinsung.

- Die Amortisationsdauer einer Investition ist die kritische Nutzungsdauer eines Investitionsobjektes, die mindestens erreicht werden muss, damit ein Überschuss erzielt werden kann.

Beurteilung der Amortisationsrechnung 83

- Die Soll-Amortisationsdauer beruht auf einer subjektiven Schätzung des Investors und ist damit keine objektivierbare Entscheidungsregel.

- Die nach der Kumulationsmethode ermittelte Amortisationsdauer liefert keine Angaben über die Rentabilität einer Investition, weil sie die Höhe der Rückflüsse nach Ablauf der Amortisationsdauer nicht berücksichtigt.

- Aussagen über die jeweilige Finanz- und Liquiditätssituation des Investors sind möglich.

- Zeitliche Unterschiede beim Anfall der Rückflüsse werden nicht berücksichtigt.

Beispiel 9 84

Die Stadt Eisenburg baut für ihre Bürgerinnen und Bürger ein neues Freibad um die Attraktivität der Stadt zu verbessern. Das Grundstück wurde von einem einheimischen Landwirt für 200.000 € erworben. Die Planungskosten beliefen sich auf 800.000 €. Der Bau kostete ohne Grünanlagen und Parklätze genau 4,0 Mio. €. Die Außenanlagen wurden mit 200.000 € angesetzt, jedoch um 50 % überschritten. Der Geschäftsführer des neuen Freibades geht von einer jährlichen Besucheranzahl von 120.000 aus. Der durchschnittliche Erlös pro Besucher liegt bei 2,80 €. Der Rat der Stadt Eisenburg ist nur unter der Bedingung, dass sich das Freizeitbad innerhalb von 20 Jahren amortisiert, bereit zuzustimmen.

a) Prüfen Sie die Wirtschaftlichkeit des Freizeitbades mit Hilfe der Amortisationsrechnung.

b) Gehen Sie nun davon aus, dass sich die Besucherzahl jedes Jahr verdoppelt.

Formel: 85

I. Durchschnittsmethode (die jährlichen Rückflüsse sind gleich hoch)

$$Amortisationsdauer = \frac{Kapitaleinsatz}{durchschnittlicher\ Rückfluss\ pro\ Jahr}$$

II. Kumulationsmethode (die jährlichen Rückflüsse sind unterschiedlich hoch)

$$I_0 = \sum_{t=1}^{m} (E_t - A_t) \text{ oder } I_0 = \sum_{t=1}^{m} (E_t + L_n - A_t)$$

86 **Berechnung Teil a)**

Da die jährlichen Rückflüsse gleich hoch sind, geht man von folgender Formel aus:

$$Amortisationsdauer = \frac{Kapitaleinsatz}{durchschnittlicher\ Rückfluss\ pro\ Jahr}$$

Der Kapitaleinsatz ist identisch mit den Anschaffungskosten und der durchschnittliche Rückfluss pro Jahr lässt sich sehr einfach durch die Multiplikation von Besuchermenge und durchschnittlichem Eintrittspreis ermitteln.

- Kapitaleinsatz/Anschaffungskosten = 200.000 + 800.000 + 4.000.000 + 300.000 = **5,3 Mio. €**

- Durchschnittlicher Rückfluss pro Jahr = 120.000 · 2,80 € = **336.000 €**

Diese beiden Größen werden nun ins Verhältnis gesetzt und geben die Amortisationszeit in Jahren an:

$$Amortisationsdauer = \frac{Kapitaleinsatz}{durchschnittlicher\ Rückfluss\ pro\ Jahr}$$

$$\text{Amortisationsdauer} = \frac{5.300.000}{336.000}$$

Amortisationsdauer = **15,77 Jahre**

Nach diesen Berechnungen amortisiert sich das Freibad bereits nach knapp 16 Jahren und die Forderung des Rates der Stadt ist erfüllt (15,77 Jahre < 20 Jahre). Da die berechnete Amortisationszeit des Investitionsobjektes kleiner als die vom Investor (hier: Rat der Stadt) angenommene Amortisationszeit, wird die Investition wirtschaftlich vorteilhaft und somit durchzuführen.

87 **Berechnung Teil b)**

Nun ergeben sich unterschiedlich hohe Rückflüsse in den einzelnen Jahren und die folgende Formel kommt zur Anwendung:

$$I_0 = \sum_{t=1}^{m}(E_t - A_t)$$

Da in diesem Beispiel von laufenden jährlichen Auszahlungen abgesehen wurde, werden die Einzahlungen solange aufaddiert (kumuliert), bis mindestens die Anschaffungsauszahlung (I_0) erreicht ist. Dies lässt sich in nachfolgender Tabelle sehr einfach darstellen:

Jahr	E_t	Kumulierte E_t	$I_0 = \sum E_t$	I_0
1	336.000	336.000	$I_0 > \sum E_t$	5.300.000
2	672.000	1.008.000	$I_0 > \sum E_t$	5.300.000
3	1.344.000	2.352.000	$I_0 > \sum E_t$	5.300.000
4	2.688.000	5.040.000	$I_0 > \sum E_t$	5.300.000
5	5.376.000	10.416.000	$I_0 > \sum E_t$	5.300.000

Wenn man von der (sehr realitätsfremden) Annahme ausgeht, dass sich die Besucherzahlen jedes Jahr verdoppeln, ergeben sich die in Spalte 2 aufgelisteten Einzahlungen je Periode. Werden diese Einzahlungen Jahr für Jahr addiert, zeigt sich, dass bereits nach fünf Jahren die Anschaffungsauszahlung wieder eingespielt wurde. Da auch hier die berechnete Amortisationsdauer deutlich kleiner als die vorgeschriebene Amortisationsdauer ist, gilt die Investition als wirtschaftlich vorteilhaft und ist durchzuführen.

5. AUSGEWÄHLTE KENNZAHLEN IN DER STATISCHEN INVESTITIONSRECHNUNG

5.1. Break-Even-Menge

Die Break-Even-Menge beschreibt die Absatzmenge, bei der der Gewinn den Wert 0 aufweist. Eine Unterschreitung dieser Menge impliziert Verluste, eine Überschreitung dagegen Gewinne. Eine Gleichnullsetzung der Gewinnfunktion gemäß 88

$$G(x) = px - (k_v x + K_F) = 0$$

führt zu der Break-Even-Menge $\hat{x} = \dfrac{K_F}{p - k_v}$

5.2. Sicherheitskoeffizient

Der Sicherheitskoeffizient gibt die prozentuale negative Abweichungstoleranz bezüglich der fixierten Absatzmenge im Hinblick auf Verlustvermeidung an. Es geht um die Frage um wie viel Prozent die besagte Absatzmenge sinken darf, bevor Verluste entstehen. Die Berechnung ergibt sich gemäß 89

$$SK = \frac{x - \hat{x}}{x}$$

mit x = fixierte Menge, $\hat{x}$ = Break-Even-Menge.

5.3. Der Operate Leverage

90 Der Operate Leverage beschreibt das Verhältnis zwischen der relativen Gewinnänderung und der relativen Erlösänderung. Er stellt eine Erlöselastizität des Gewinns dar. Bei Annahme, dass Gewinn- und Erlösänderung mengeninduziert sind, gilt

$$OL = \varepsilon_{GE} = \frac{\frac{\Delta G}{G}}{\frac{\Delta E}{E}} = \frac{\frac{(p-k_v)\Delta x}{(p-k_v)x - K_F}}{\frac{p\Delta x}{px}}$$

91 Der OL beschreibt ein Sensitivitätsmaß des Gewinns bezüglich Erlösänderungen. Eine Veränderung des Erlöses um annahmegemäß 1 % führt zu einer gleichsinnigen Änderung des Gewinns um OL %. Wegen

$$\frac{\partial OL}{\partial K_F} > 0$$

ist die Reaktionsempfindlichkeit des Gewinns auf Erlösänderungen positiv mit der Höhe der Fixkosten verknüpft. Hohe Fixkosten bedeuten folglich eine relativ hohe Gewinnrückgangsgefahr bei rückläufigem Erlös aber auch eine hohe Chance überproportionaler Gewinnzuwächse bei steigendem Erlös. Der OL entspricht dem Reziprokwert des Sicherheitskoeffizienten gemäß

$$OL = \frac{1}{SK}.$$

92 **Beispiel-Aufgabe**

Der ÖPNV erwägt die Anschaffung eines modernen Linienbusses. Gerechnet wird mit jährlich 200 Einsatztagen. Die einsatztägliche Fahrleistung wird auf 400 km taxiert. Nach 4 Jahren soll der Bus verkauft werden, wobei der Resterlös auf 50 % des Anschaffungspreises geschätzt wird. Folgende Daten stehen zur Verfügung:

Typ	A	B
Anschaffungspreis in €	250.000	300.000
Einsatztägliche Erlöse in €	800	900
Variable Kosten pro km in €	0,20	0,23

Fixe zahlungswirksame jährliche Fahrzeugkosten entstehen unter anderem gemäß: 93

Kfz-Steuer in €	3.000	3.500
Versicherung in €	8.000	9.000
Sonstige zahlungswirksame fixe Kosten in €	10.000	11.000
Fahrpersonalkosten in €	30.000	30.000

Der Kalkulationszinssatz liege bei i = 7 %.

Ermitteln Sie die vorteilhafte Alternative mit Hilfe einer

a) Kostenvergleichsrechnung,

b) Gewinnvergleichsrechnung,

c) Rentabilitätsvergleichsrechnung

und beschreiben Sie jeweils die Grenzen dieser Verfahren bei der Lösung von Investitionsentscheidungsproblemen!

Lösung Beispiel-Aufgabe

a) Kostenvergleichsrechnung 94

Typ A:

$$K_A = \frac{250.000 - 125.000}{4} + \frac{250.000 + 125.000}{2} \cdot 0{,}07$$

$$+ 3.000 + 8.000 + 10.000 + 30.000 + 80.000 \cdot 0{,}2 = \mathbf{111.375}$$

Typ B:

$$K_B = \frac{300.000 - 150.000}{4} + \frac{300.000 + 150.000}{2} \cdot 0{,}07$$

$$+ 3.500 + 9.000 + 11.000 + 30.000 + 80.000 \cdot 0{,}23 = \mathbf{125.150}$$

$$\mathbf{\min\{K_A, K_B\} = K_A \rightarrow A \succ B}$$

95 b) Gewinnvergleichsrechnung

$G_A = 800 \cdot 200 - 111.375 = \mathbf{48.625}$

$G_B = 900 \cdot 200 - 125.150 = \mathbf{54.850}$

$\mathbf{max\{G_A, G_B\} = G_b \rightarrow B \succ A}$

96 c) Rentabilitätsvergleichsrechnung

$$r_{IA} = \frac{G_A + Z_A}{0{,}5(I_{0A} + L_{nA})} + \frac{48.625 + 13.125}{0{,}5\ (250.000 + 125.000)} = \mathbf{0{,}33}$$

$$r_{IB} = \frac{G_B + Z_B}{0{,}5(I_{0B} + L_{nB})} + \frac{54.850 + 15.750}{0{,}5\ (300.000 + 150.000)} = \mathbf{0{,}31}$$

$$r_{IB+E} = \frac{G_B + Z_B + [0{,}5(I_{0A} + L_{nA}) - 0{,}5(I_{0B} + L_{nB})]i}{0{,}5(I_{0A} + L_{nA})}$$

$$r_{IB+E} = \frac{54.850 + 15.750 + [0{,}5\ (250.000 + 125.000) - 0{,}5\ (300.000 + 150.000)] \cdot 0{,}07}{0{,}5\ (250.000 + 125.000)} = \mathbf{0{,}36}$$

$\mathbf{min\{r_{IA}, r_{IB+E}\} \rightarrow B \succ A}$

II. DYNAMISCHE VERFAHREN

Zielsetzung 97

Die Zielsetzung der dynamischen Verfahren der Investitionsrechnung ist im Prinzip identisch mit der der statischen Verfahren: Sie wollen Aussagen über die Vorteilhaftigkeit anstehender Investitionsentscheidungen treffen.

Statisch-dynamisch 98

Im Gegensatz zu den einperiodigen-statischen Verfahren wollen die dynamischen Verfahren, die man auch als finanzmathematische Verfahren bezeichnet, die *finanziellen Auswirkungen über den gesamten Investitionszeitraum* erfassen und auswerten. Grundlage der Vorteilhaftigkeit ist also der für die Nutzungsdauer zu prognostizierende Zahlungsstrom (Zahlungsreihe).

Wesen dynamischer Investitionsrechnungsverfahren 99

Bei dynamischen Investitionsrechnungsverfahren werden die unterschiedlichen Zahlungszeitpunkte der durch die Investition zukünftig ausgelösten Zahlungen finanzmathematisch exakt im jeweiligen Vorteilhaftigkeitskalkül berücksichtigt. Der erste Schritt besteht in der Formulierung der jeweiligen Investitionszahlungsreihe(n). Allgemein lautet diese für eine Investition I_j gemäß

$$I_j : \{-I_0, c_1, ..., c_n + L_n\}$$

mit $-I_0$ = Initialauszahlung am Ende der 0-ten Periode.
c_t = (laufende Ein-/Auszahlung) jeweils am Ende der Periode t.
L_n = Liquidationserlös am Ende der Periode n.

Alternativ sind Zeitstrahldarstellungen oder auch tabellarische Darstellungen zur Deskription von Investitionszahlungsreihen denkbar.

Zinsen 100

Im Kalkulationszinsfuß *i* zeigt sich die gewünschte Mindestverzinsung des Investors. Sie entspricht den Kapitalkosten. Die Kapitalkosten ihrerseits hängen bei Fremdfinanzierung vom Sollzins und bei Eigenfinanzierung von der entgangenen Verzinsung (Habenzins) bei der maßgeblichen Alternativanlage des Eigenkapitals (Opportunitätskosten des Eigenkapitaleinsatzes) ab. In der Realität ergeben sich zwei **Probleme**: Erstens weichen Soll- und Habenzins bezogen auf ein Planungsjahr voneinander ab. Zweitens ist jeder dieser beiden Zinssätze während der Investitionsdauer Schwankungen unterworfen. Beide Phänomene erschweren die Wirtschaftlichkeitsrechnung mit Hilfe der dynamischen Verfahren.

101 **Grundmodell**

Deshalb baut das Grundmodell der Investitionsrechnung auf drei vereinfachenden Annahmen auf.

Es wird unterstellt, dass der Investor

- während des gesamten Planungszeitraumes,
- jeden beliebigen Geldbetrag,
- zu einem einheitlichen Zinssatz *i*

ausleihen bzw. anlegen kann.

102 **Vollkommener Kapitalmarkt**

Das im Folgenden dargestellte Grundmodell basiert auf der Prämisse des vollkommenen Kapitalmarktes.

Es wird also unterstellt, dass

- der Zahlungsstrom (Zahlungsreihe) bekannt/sicher ist,
- ein einheitlicher Zinssatz in Höhe von *i* gültig ist.

103 **Zahlungsreihe**

Vorbemerkungen:

Der leistungswirtschaftliche Aspekt einer Investition äußert sich darin, dass durch die Beschaffung von Betriebsmitteln eine Leistungsbereitschaft geschaffen wird bzw. Betriebsmittelkapazitäten bereitgestellt werden. Dies ist mit monetären Auswirkungen verbunden z. B. einer Anschaffungsauszahlung für den Bau eines Bauhofes sowie weiteren Auszahlungen für die Unterhaltung. Erst über die Nutzung des Kapazitätsangebotes kommt es zur Leistungserstellung (Verlegung von Abwasserleitungen) und in einen weiteren Schritt zur Leistungsverwertung der erneut einen monetären Strom z. B. in Form von Anschluss- und Erschließungsgebühren (Einzahlungen) mit sich bringt.

Während die leistungswirtschaftlichen Aspekte in anderen betriebswirtschaftlichen Disziplinen (z. B. Beschaffungstheorie, Produktionswirtschaft oder Marketing) betrachtet werden, geht es in der dynamischen Investitionsrechnung um monetäre Auswirkungen, die sich als Zahlungsreihe darstellen lassen.

Eine **Investition** ist in der Regel durch eine Zahlungsreihe gekennzeichnet, die mit einer Auszahlung beginnt und spätere (unsichere) Einzahlungsüberschüsse aufweist.

Eine **Finanzierung** dagegen lässt sich durch eine Zahlungsreihe beschreiben, die mit einer Einzahlung beginnt und späteren Auszahlungsverpflichtungen unterliegt.

Beurteilung 104

1. Streng genommen betrachtet man nicht ein Investitionsobjekt im Rahmen von Investitionsrechenverfahren, sondern die sich aus der Realisierung bzw. Unterlassung des jeweiligen Objektes ergebenden geldmäßigen Konsequenzen.

2. Dabei handelt es sich um eine diskontinuierliche Vorgehensweise. So läuft es darauf hinaus, den Planungszeitraum in Perioden – üblicherweise in (Kalender-) Jahre – einzuteilen, denen dann jeweils Ein- und Auszahlungen zugeordnet werden.

3. Die Ein- und Auszahlungen werden hier grundsätzlich dem Periodenende zugeordnet.

4. Eine eindeutige Zuordnung von Zahlungsgrößen zu einer Periode ist in der Praxis häufig nicht möglich und wird hier fiktiv unterstellt.

5. Ebenso wird die Höhe der Zahlungsgrößen als bekannt und sicher angenommen, während sie in der Realität auf Schätzungen beruhen und mit Unsicherheit verbunden sind.

6. Der Vorteil der monetären Größen besteht darin, dass sie sich quantifizieren lassen und somit in Investitionsrechenverfahren Eingang finden.

7. Tunnelblick: Der Blick durch die ökonomische Brille lässt hier nur die Zahlungsreihe einer Investition erkennen. Neben den ökonomischen Aspekten sind aber auch andere Aspekte von Bedeutung. Es ist unbestritten, dass Investitionen auch wesentliche Auswirkungen auf die Gesellschaft und die Umwelt haben. Dieser Gedanke spielt insbesondere bei öffentlichen Investitionen eine bedeutende Rolle und findet in den „Nicht-monetären-Investitionsrechenverfahren“ eine entsprechende Berücksichtigung.

105 **Beispiel 10**

Der städtische Bauhof kauft einen LKW für 1.000 Geldeinheiten. In der ersten Periode fallen 200 GE für die Montage eines zusätzlichen Greifarms an. Steuern und Versicherung belaufen sich pro Periode auf zusammen 200 GE. Nach zwei Jahren wird der LKW an die Nachbargemeinde für 600 GE verkauft. Die Einzahlungen belaufen sich auf 500 GE in der ersten und 900 GE in der zweiten Periode. Ausgangspunkt für die weiteren Überlegungen bilden also folgende Daten:

A_t : Auszahlung zum Zeitpunkt t

A_0 : -1.000

A_1 : -400

A_2 : -200

E_t : Einzahlung zum Zeitpunkt t

E_1 : 500

E_2 : 900

L_n : Liquidationserlös in der n-ten (letzten) Periode

L_2 : 600

Daraus ergibt sich folgende Zahlungsreihe:

	t_0	t_1	t_2
A	-1.000	-400	-200
E		500	900
L			600
Gesamt / ∑ :	-1.000	100	1.300

Ergebnis – Zahlungsreihe: –1.000, 100, 1.300 für t_0, t_1, t_2

Zahlungsreihe 106

Es ergibt sich folgende grafische Darstellung der Zahlungsreihe:

-1.000, 100, 1.300 für t_0, t_1, t_2

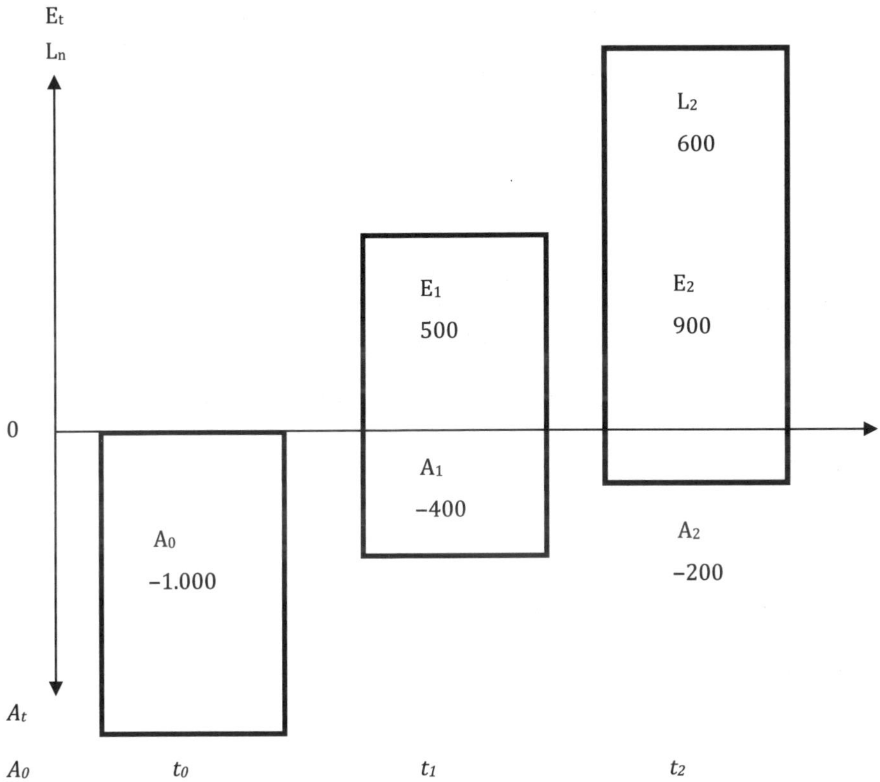

1. KAPITALWERTMETHODE

107 Problembehaftetes Merkmal einer Investitionszahlungsreihe ist deren Mehrwertigkeit. Die absolute und relative Vorteilhaftigkeitsbeurteilung der einer Zahlungsreihe zugrundeliegenden Investition ist dadurch erschwert. Es erscheint notwendig, mittels eines finanzmathematischen Kalküls alle Zahlungen auf ein und denselben Zeitpunkt (in der Regel den Zeitpunkt der Initialauszahlung) zu beziehen. Dieses geschieht durch Diskontierung (Abzinsung) aller Einzahlungsüberschüsse auf den Zeitpunkt 0 (Initiierungszeitpunkt der Investition) gemäß der Kapitalwertformel

$$C_{0j} = -I_0 + \sum_{t=1}^{n} c_t (1+i)^{-t} + L_n (1+i)^{-n}$$

108 C_{0j} symbolisiert den Kapitalwert der Investition I_j. Er stellt den Barwert der Investitionszahlungsreihe dar und wird daher auch als **Vermögensbarwert** bezeichnet. Es werden nachfolgend einige Interpretationsmöglichkeiten vorgestellt.

109 Ausgangspunkt für die folgenden Überlegungen bildet die Zahlungsreihe:

–1.000, 100, 1.300 für t_0, t_1, t_2

Annahme: $i = 0$

110 Zur Beurteilung einer Investition saldiert man die Größen

- Einzahlungen, E
- Liquidationserlös, L
- Anschaffungsauszahlung, I_o
- Auszahlungen, A

111 Es ergibt sich ein Überschuss in Höhe von 400! Bei $i = 0$ ergibt sich also ein Kapitalwert von 400.

112 Zwischen dem Kapitalwert C_0 und der Vorteilhaftigkeit einer Investition gibt es folgende Beziehung:

$C_0 > 0 \rightarrow$	Investition vorteilhaft	
$C_0 < 0 \rightarrow$	Investition unvorteilhaft	Absolute Entscheidungsregel $C_0 > 0$
$C_0 = 0 \rightarrow$	Entscheidungsindifferenz	

Relative Entscheidungsregel: 113

Stehen mehrere sich gegenseitig ausschließende Investitionsalternativen zur Auswahl, sollte sich der Investor für das Projekt mit dem höchsten Kapitalwert entscheiden.

Die Annahme eines Kalkulationszinssatzes von $i = 0$, ist aber unrealistisch

Vorteilhaftigkeitskriterien der Kapitalwertmethode 114

Eine Investition ist *absolut vorteilhaft* (*akzeptanzwürdig*), wenn ihr Kapitalwert positiv ist. Bei einem negativen Kapitalwert erscheint sie nicht akzeptanzwürdig (Dominanz der Basisalternative). Formal stellt sich der Zusammenhang wie folgt dar

$$C_{0j} > 0 \rightarrow I_j \succ I_U,$$
$$C_{0j} = 0 \rightarrow I_j \sim I_U,$$
$$C_{0j} < 0 \rightarrow I_j \prec I_U$$

mit I_U Basisalternative.

Stehen mehrere (m) Investitionsalternativen zur Wahl, erscheint die Alternative bei Anwendung der Kapitalwertmethode vorteilhaft, die den größten Kapitalwert aufweist. Das Entscheidungskriterium lautet

$$\mathbf{max\{C_{01}, ..., C_{0m}\}}$$

Wegen der Vorliebe des Investors für gegenwartsnahe Einzahlungsüberschüsse werden nun den zu unterschiedlichen Zeitpunkten anfallenden Zahlungen gleichnamig gemacht. Als Bezugszeitpunkt wählt die Kapitalwertmethode t_0, also den Zeitpunkt, zu dem die Anschaffungsauszahlung I_0 anfällt.

Bezieht man alle künftigen Zahlungen auf t_0, erhält man bei entsprechender Abzinsung Barwerte.

Rechenweg: 115

	Barwert L_n
+	Barwert E_t
-	Barwert A_t
=	Zukunftserfolgswert künftiger Zahlungen
-	Anschaffungsauszahlung I_0
=	**Kapitalwert** C_0

Bei all diesen Überlegungen wird davon ausgegangen, dass die Annahmen des vollständigen Kapitalmarktes gelten.

116 **Kapitalwertmethode mathematisch-wissenschaftlich**

Formel:

$$C_0 = -I_0 + \sum_{t=1}^{n} c_t (1+i)^{-t} + L_n (1+i)^{-n}$$

Der Kapitalwert C_{0j} beschreibt eine auf den Zeitpunkt der Investitionsinitiierung realisierbare Vermögensmehrung gegenüber der Realisation der Basisalternativen. Für den Fall der Eigenfinanzierung der Investition I_j beschreibt die Basisalternative eine Geldanlage am Kapitalmarkt bei einer Verzinsung von i. Im Fall der Fremdfinanzierung besteht die Basisalternative im Verzicht auf eine Kreditaufnahme, wobei der Kalkulationszinssatz dann in Höhe des Kreditkostensatzes zu fixieren wäre.

Der Kapitalwert C_{0j} beschreibt den Betrag, der zusätzlich zur Initialauszahlung der Investition I_j zum Kalkulationszinssatz i angelegt werden müsste, um eine mit der Investition identische Einzahlungsüberschussreihe zu generieren.

Der Kapitalwert C_{0j} beschreibt den Grenzpreis für die Möglichkeit, die entsprechende Investition I_j durchzuführen.

117 Der Ertragswert

$$EV_0 = \sum_{t=1}^{n} c_t (1+i)^{-t} + L_n (1+i)^{-n}$$

repräsentiert den Barwert aller Kapitalrückflüsse (Zahlung zwischen t_1 und t_n) der Investition, d. h. er ist der Gegenwert des Investitionsobjektes, also der Betrag, den der Investor in t_0 maximal als Anschaffungsauszahlung leisten darf.

Zieht man vom Ertragswert die Anschaffungsauszahlung ab, erhält man den Kapitalwert.

Beim Erwerb des Investitionsobjektes opfert der Investor die Anschaffungsauszahlung und erhält als Gegenwert den Ertragswert der Zahlungsreihe.

Im positiven Kapitalwert spiegelt sich der Reinvermögenszuwachs zum Investitionszeitpunkt t_0 wider.

Der Kapitalwert zeigt den Totalerfolg einer Investition, der über die gewünschte Mindestverzinsung und Amortisation des eingesetzten Kapitals hinaus erwirtschaftet wird.

Der positive Kapitalwert gibt also den Betrag an, der dem Investor in t_0 als Ausgleich für den Verzicht auf die Investition gezahlt werden müsste. 118

Der negative Kapitalwert gibt den Betrag an, der dem Investor in t_0 als Subvention gezahlt werden müsste, damit er die Investition realisiert. 119

Bei Investitionszahlungsreihen mit verschiedener Laufzeit und/oder verschiedener Initialauszahlung stellt sich die Frage nach der kapitalwertmäßigen Vergleichbarkeit der zur Auswahl stehenden Investitionsalternativen. Grundsätzlich gilt, dass die Kapitalwerte von initialauszahlungs- und/oder laufzeitdifferenten Investitionsalternativen ohne Ansatz von Ergänzungsinvestitionen vergleichbar sind. Überschüsse, die von einer Ergänzungsinvestition erzielt werden, entsprechen annahmegemäß einer Verzinsung der Initialauszahlung der Ergänzungsinvestition in Höhe des Kalkulationszinssatzes. Diese Annahme erscheint plausibel, da die Bemessung des Kalkulationszinssatzes sich am Kapitalmarktzinsniveau orientiert. Werden diese Überschüsse nun zu diesem Kalkulationszinssatz diskontiert, ergibt sich für die Ergänzungsinvestition ein Kapitalwert von 120

$$C_{0E} = -I_{0E} + I_{0E}(1+i)^n(1+i)^{-n} = 0$$

Folglich ist bei kapitalwertbasierten Selektionsentscheidungen der explizite Ansatz von Ergänzungsinvestitionen im Vorteilhaftigkeitskalkül nicht erforderlich.

Bedeutung des Kalkulationszinssatzes 121

Den Kapitalwert kann man als abhängige Variable einer Funktion mehrerer unabhängiger Variablen auffassen. Allgemein gilt

$$C_{0j} = C_{0j}(-I_0, n, c_1, \ldots, c_n, i, L_n)$$

Im Folgenden soll ceteris paribus der Einfluss des Kalkulationszinssatzes auf die Höhe des Kapitalwertes untersucht werden. Gegeben sei $I_j : \{-I_0, c_1, \ldots, c_n + L_n\}$. I_j sei eine **konventionelle Investition**. Die Zahlungsreihe einer konventionellen Investition weist bestimmte Eigenschaften auf. 122

(1) $-I_0 < 0$

(2) $c_t > 0, \quad t = 1, \ldots, n-1; c_n + L_n > 0$

(3) $-I_0 + \sum_{t=1}^{n} c_t + L_n > 0$

Die erste Zahlung der Investitionszahlungsreihe weist ein negatives Vorzeichen auf, anschließend erfolgen nur positive Zahlungen bis Laufzeitende. Die Summe aller Zahlungen ergibt einen positiven Wert, diese Tatsache wird auch als *Erfüllung des Deckungskriteriums* bezeichnet. 123

124 Die Kapitalwertfunktion mit dem Kalkulationszinssatz als Argument lautet gemäß

$$C_{0j}(i) = -I_0 + \sum_{t=1}^{n} c_t (1+i)^{-t} + L_n (1+i)^{-n}$$

mit

$$\frac{\partial C_{0j}}{\partial i} = \sum_{t=1}^{n} -tc_t(1+i)^{-t-1} - nL_n(1+i)^{-n-1} < 0$$

$$\frac{\partial^2 C_{0j}}{\partial i^2} = \sum_{t=1}^{n} (t^2+t)c_t(1+i)^{-t-2} + (n^2+n)L_n(1+i)^{-n-2} > 0$$

$$\lim_{i \to \infty} C_{0j}(i) = -I_0$$

125 Der Kapitalwertfunktionsgraph verläuft **streng monoton fallend**, bei **streng konvexer Krümmung** und **asymptotischer Konvergenz** gegen $-I_0$.

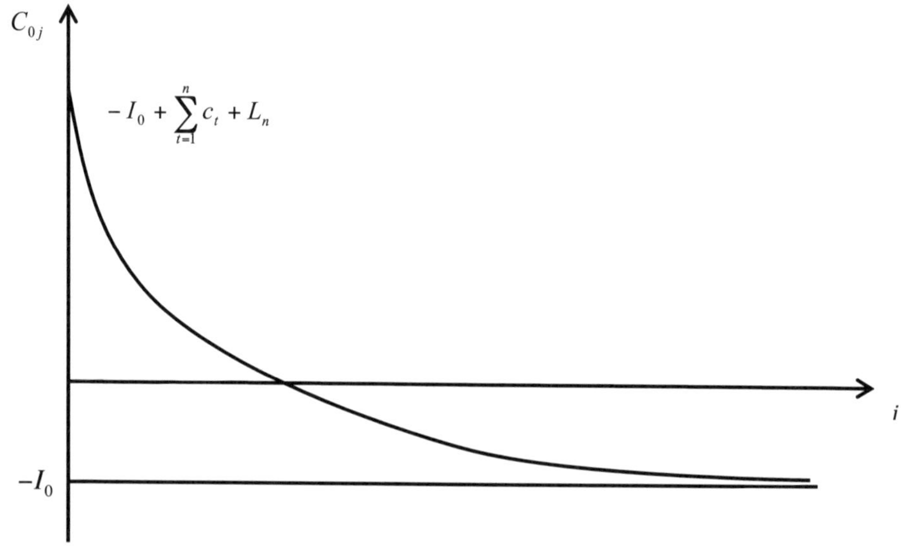

Beispiel 11 126

Das kommunale Studieninstitut in Eisenrode möchte für seine Teilnehmerinnen und Teilnehmer den Pausenbereich aufwerten. Nach zahlreichen Umfragen kristallisierte sich eindeutig der Wunsch nach einer Verköstigungsgelegenheit heraus. Die Verantwortlichen ziehen dabei zwei Alternativen in Betracht: Den Bau einer kleinen Mensa oder einer Fastfood Automatenstraße. Der Zinssatz liegt bei 10 %. Folgende Daten wurden ermittelt:

Alternative „Mensa“ 127

Anschaffungsauszahlung: 25.000 €

	t_1	t_2	t_3	t_4	t_5
Umsatzerlöse/Einzahlungen	34.000 €	35.000 €	38.000 €	39.000 €	48.000 €
Auszahlungen für Waren	8.200 €	9.000 €	9.100 €	10.000 €	11.800 €
Auszahlungen für Personal	20.000 €	20.200 €	21.000 €	21.000 €	22.000 €
Auszahlungen für Energie	800 €	800 €	900 €	1.000 €	1.200 €

Alternative „Automatenstraße“ 128

Anschaffungsauszahlung: 30.000 €

	t_1	t_2	t_3	t_4	t_5
Umsatzerlöse/Einzahlungen	21.000 €	24.000 €	27.000 €	31.000 €	34.000 €
Auszahlungen für Waren	4.000 €	5.000 €	7.000 €	8.000 €	9.000 €
Auszahlungen für Personal	3.000 €	3.500 €	4.000 €	4.000 €	5.000 €
Auszahlungen für Energie	6.000 €	8.000 €	9.000 €	10.000 €	11.000 €

Prüfen Sie die Vorteilhaftigkeit der beiden Alternativen! Welche Alternative sollte realisiert werden?

Formel: 129

$$C_0 = -I_0 + \sum_{t=1}^{n} c_t (1+i)^{-t} + L_n (1+i)^{-n} = -I_0 + \sum_{t=1}^{n} (E_t - A_t) \cdot (1+i)^{-t} + L_n (1+i)^{-n}$$

Zur Berechnung des Kapitalwertes C_0 werden folgende Größen benötigt:

- I_0 = die Anschaffungsauszahlung, hier 25.000 bzw. 30.000 €
- Die Einzahlungen der jeweiligen Jahre $t = 1$, $t = 2$, usw.
- Die Auszahlungen der jeweiligen Jahre $t = 1$, $t = 2$, usw.
- L_n = der Restwert am Ende der Nutzungsdauer, hier in beiden Fällen Null

130 **Alternative „Mensa“**

Ermittlung der Einzahlungen der jeweiligen Jahre

	t_1	t_2	t_3	t_4	t_5
Umsatzerlöse/Einzahlungen	34.000 €	35.000 €	38.000 €	39.000 €	48.000 €

Ermittlung der Auszahlungen der jeweiligen Jahre

	t_1	t_2	t_3	t_4	t_5
Auszahlungen für Waren	8.200 €	9.000 €	9.100 €	10.000 €	11.800 €
Auszahlungen für Personal	20.000 €	20.200 €	21.000 €	21.000 €	22.000 €
Auszahlungen für Energie	800 €	800 €	900 €	1.000 €	1.200 €
Gesamte Auszahlungen:	29.000 €	30.000 €	31.000 €	32.000 €	35.000 €

Einsetzen in die Formel:

$$C_{M0} = -I_0 + \sum_{t=1}^{n} (E_t - A_t) \cdot (1+i)^{-t} + L_n (1+i)^{-n}$$

$CM_0 =$ -25.000 für $t = 0$

$+ (34.000-29.000) \cdot (1+0{,}1)^{-1}$ für $t = 1$

$+ (35.000-30.000) \cdot (1+0{,}1)^{-2}$ für $t = 2$

$+ (38.000-31.000) \cdot (1+0{,}1)^{-3}$ für $t = 3$

$+ (39.000-32.000) \cdot (1+0{,}1)^{-4}$ für $t = 4$

$+ (48.000-35.000) \cdot (1+0{,}1)^{-5}$ für $t = 5$

$CM_0 = \ -25.000 \quad$ für $t = 0$

$+\ 5.000 \cdot (1{,}1)^{-1} \quad$ für $t = 1$

$+\ 5.000 \cdot (1{,}1)^{-2} \quad$ für $t = 2$

$+\ 7.000 \cdot (1{,}1)^{-3} \quad$ für $t = 3$

$+\ 7.000 \cdot (1{,}1)^{-4} \quad$ für $t = 4$

$+\ 13.000 \cdot (1{,}1)^{-5} \quad$ für $t = 5$

$C_{M0} = 1.789{,}96 > 0$

Ein positiver Kapitalwert signalisiert die Akzeptanzwürdigkeit der entsprechnenden Investition.

Alternative „Automatenstraße“ 131

Ermittlung der Einzahlungen der jeweiligen Jahre

	t_1	t_2	t_3	t_4	t_5
Umsatzerlöse/Einzahlungen	21.000 €	24.000 €	27.000 €	31.000 €	34.000 €

Ermittlung der Auszahlungen der jeweiligen Jahre

	t_1	t_2	t_3	t_4	t_5
Auszahlungen für Waren	4.000 €	5.000 €	7.000 €	8.000 €	9.000 €
Auszahlungen für Personal	3.000 €	3.500 €	4.000 €	4.000 €	5.000 €
Auszahlungen für Energie	6.000 €	8.000 €	9.000 €	10.000 €	11.000 €
Gesamte Auszahlungen:	13.000 €	16.500 €	20.000 €	22.000 €	25.000 €

Einsetzen in die Formel:

$$C_{A0} = -I_0 + \sum_{t=1}^{n} (E_t - A_t) \cdot (1+i)^{-t} + L_n (1+i)^{-n}$$

$C_{A0} =$ −30.000 für $t = 0$

+ (21.000−13.000) · $(1+0{,}1)^{-1}$ für $t = 1$

+ (24.000−16.500) · $(1+0{,}1)^{-2}$ für $t = 2$

+ (27.000−20.000) · $(1+0{,}1)^{-3}$ für $t = 3$

+ (31.000−22.000) · $(1+0{,}1)^{-4}$ für $t = 4$

+ (34.000−25.000) · $(1+0{,}1)^{-5}$ für $t = 5$

$C_{A0} =$ −30.000 für $t = 0$

+ 8.000 · $(1{,}1)^{-1}$ für $t = 1$

+ 7.500 · $(1{,}1)^{-2}$ für $t = 2$

+ 7.000 · $(1{,}1)^{-3}$ für $t = 3$

+ 9.000 · $(1{,}1)^{-4}$ für $t = 4$

+ 9.000 · $(1{,}1)^{-5}$ für $t = 5$

$\mathbf{C_{A0} = 465{,}70 > 0}$

Ein positiver Kapitalwert ist absolut gesehen vorteilhaft.

Vergleich der beiden Investitionsalternativen:

$C_{M0} = 1.789{,}96 > C_{A0} = 465{,}70$, d. h. die Investitionsalternative „Mensa" ist wirtschaftlich vorteilhafter (relative Beurteilung) und somit auszuwählen.

132 **Beispiel 12**

Gegeben sei folgende Investitionszahlungsreihe:

Zahlung	-150	40	70	50	80
Zeitpunkt	0	1	2	3	4

Der Kalkulationszinssatz betrage $i = 0{,}07$

Berechnen Sie den Kapitalwert.

Formel: 133

$$C_0 = -I_0 + \sum_{t=1}^{n} c_t (1+i)^{-t} + L_n (1+i)^{-n}$$

$$C_0 = -150 + 40 \cdot 1{,}07^{-1} + 70 \cdot 1{,}07^{-2} + 50 \cdot 1{,}07^{-3} + 80 \cdot 1{,}07^{-4}$$

$$C_0 = 50{,}37$$

Beurteilung: 134

$C_0 > 0$, damit erscheint die Investition absolut vorteilhaft.

Beispiel 13 135

Im ÖPNV wird die Anschaffung eines neuen Linienbusses eruiert. Die Initialauszahlung belaufe sich auf 150.000 GE. Die jährlichen Zahlungsüberschüsse werden im ersten Jahr auf 40.000 GE, im zweiten Jahr auf 70.000 GE, im dritten Jahr auf 50.000 GE und im vierten Jahr auf 80.000 GE taxiert.

a) Formulieren Sie die Kapitalwertfunktion mit dem Kalkulationszinssatz als unabhängige Variable!

b) Zeigen Sie den negativen Zusammenhang zwischen Kapitalwert und Kalkulationszinssatz!

Lösung: 136

a) $C_{0j}(i) = -150.000 + 40.000(1+i)^{-1} + 70.000(1+i)^{-2} + 50.000(1+i)^{-3} + 80.000(1+i)^{-4}$

b) $\frac{dC_{oj}}{di} = -40.000(1+i)^{-2} - 140.000(1+i)^{-3} - 150.000(1+i)^{-4} - 320.000(1+i)^{-5} < 0$

1.1. Differenzierung des Kapitalmarktes

Das Grundmodell der Investitionsrechnung basiert auf der Prämisse des vollkommenen Kapitalmarktes. Die Vielfalt auf dem realexistierenden Kapitalmarkt kann in einem Investitionsmodell nicht wirklichkeitsgetreu abgebildet werden. Damit die Investitionsrechnung operational bleibt sind Vereinfachungen und Komplexitätsreduktionen notwendig. Zwischen den Polen größtmöglicher Operationalität auf der einen Seite und größtmöglicher Realitätsnähe auf der anderen Seite ist ein unter wirtschaftlichen Gesichtspunkten entsprechender Kompromiss zu finden. 137

138 Während eine Geld-/Kapitalanlage den Anlagezinsfuß (Habenzinsfuß) erbringt, kostet die Geld-/Kapitalaufnahme den Aufnahmezinsfuß (Sollzinsfuß). Darüber hinaus ist die Kapitalaufnahme nicht unbeschränkt möglich, d. h. die Kreditfähigkeit und Kreditwürdigkeit müssen beachtet werden.

1.2. Differenzierung mit Einheitszinsfuß

139 Einheitszinsfuß: Sollzins = Habenzins

140 Die auf dem Kapitalmarkt geltenden Soll- und Habenzinssätze werden als einheitlicher (ungespaltener) oder Einheitszinsfuß bezeichnet, wenn von der realitätsfernen Unterstellung ausgegangen wird, dass Soll- und Habenzins identisch sind.

a) variabler Einheitszinsfuß

$$\text{Regel: } i_{St} = i_{Ht} = i_t \neq i_{t+1} = i_{Ht+1} = i_{St+1}$$

b) konstanter Einheitszinsfuß

$$\text{Regel: } i_{St} = i_{Ht} = i_t = i$$

1.3. Differenzierung mit gespaltenem Kapitalmarktzinsfuß

141 Gespaltener Kapitalmarktzinsfuß: Sollzins > Habenzins

142 Der gespaltene Kapitalmarktzins berücksichtigt die in der Realität zu beobachtende Ungleichheit von Soll- und Habenzins, wobei die Sollzinsen größer als die Habenzinsen sind.

variabler gespaltener Kapitalmarktzinsfuß

- Die Sollzinsen variieren von Periode zu Periode: $i_{St} \neq i_{St+1}$
- Die Habenzinsen variieren von Periode zu Periode: $i_{Ht} \neq i_{Ht+1}$
- Soll- und Habenzinsen sind gespalten: $i_{St} > i_{Ht}$

konstanter gespaltener Kapitalmarktzinsfuß

- Die Sollzinsen sind in allen Perioden gleich groß: $i_{St} = i_S$
- Die Habenzinsen sind in allen Perioden gleich groß: $i_{Ht} = i_H$
- Soll- und Habenzinsen sind gespalten: $i_S > i_H$

Anmerkungen: 143

Die Realität wird sicherlich nicht richtig wiedergegeben, wenn unterstellt wird, dass keine Abhängigkeit der Haben-/Sollzinssatzhöhe vom Volumen/Losgröße besteht. Dennoch wird es auch in der Praxis schwierig sein, eine funktionale Abhängigkeit zu ermitteln. Daher wird diese Problematik hier außen vorgelassen.

Auch die Tatsache, dass sich ein Investor nicht unbegrenzt verschulden kann, fließt nicht weiter in die Investitionsrechenverfahren mit ein.

1.4. Kapitalwertmethode bei differenziertem Kapitalmarkt

Das Grundmodell der Investitionsrechnung basiert auf der Prämisse des vollkommenen Kapitalmarktes und legt bei Anwendung der einfachen Kapitalwertmethode den konstanten Einheitszinsfuß i zu Grunde ($i_{St} = i_{Ht} = i_t = i$). Um einen höheren Grad an Realitätsnähe bei den Investitionsrechenverfahren zu erzielen, ist eine Differenzierung des Kapitalmarktes sinnvoll und notwendig (vgl. Differenzierung des Kapitalmarktes). Dies führt zu einer Erweiterung der Kapitalwertmethode und lässt sich zusammenfassend wie folgt darstellen: 144

Bekannte Kapitalwertformel: $C_0 = -I_0 + \sum_{t=1}^{n} (E_t - A_t) \cdot (1+i)^{-t} + L_n(1+i)^{-n}$

Erweiterte Kapitalwertformel: $C_0 = -I_0 + \sum_{t=1}^{n} (E_t - A_t) \cdot Abzinsungsfaktor$

Konstanter Einheitszinsfuß $i_{St} = i_{Ht} = i_t = i$	$C_0 = -I_0 + \sum_{t=1}^{n} (E_t - A_t) \cdot$	$(1+i)^{-t}$
Variabler Einheitszinsfuß $i_{St} = i_{Ht} = i_t$	$C_0 = -I_0 + \sum_{t=1}^{n} (E_t - A_t) \cdot$	$\prod_{m=1}^{t} (1+i_m)^{-1}$
Konstanter gespaltener Kapitalmarktzinsfuß bei vollständiger EK-Finanzierung: $i_{Ht} = i_H$	$C_0 = -I_0 + \sum_{t=1}^{n} (E_t - A_t) \cdot$	$(1+i_H)^{-t}$
Variabler gespaltener Kapitalmarktzinsfuß bei vollständiger EK-Finanzierung: i_{Ht}	$C_0 = -I_0 + \sum_{t=1}^{n} (E_t - A_t) \cdot$	$\prod_{m=1}^{t} (1+i_{H_m})^{-1}$
Konstanter gespaltener Kapitalmarktzinsfuß bei vollständiger FK-Finanzierung: $i_{St} = i_S$	$C_0 = -I_0 + \sum_{t=1}^{n} (E_t - A_t) \cdot$	$(1+i_S)^{-t}$
Variabler gespaltener Kapitalmarktzinsfuß bei vollständiger FK-Finanzierung: i_{St}	$C_0 = -I_0 + \sum_{t=1}^{n} (E_t - A_t) \cdot$	$\prod_{m=1}^{t} (1+i_{S_m})^{-1}$

145 2. ANNUITÄTENMETHODE

- Es gelten die Annahmen des vollkommenen Kapitalmarktes, ebenso wie bei der Kapitalwertmethode.

- Während die Kapitalwertmethode den Investitionserfolg als Vermögenszuwachs bzw. Vermögensabnahme ausweist, wird nun unterstellt, dass ein Investor den investitionsbedingten Vermögenszuwachs für Konsumzwecke entnehmen möchte.

- Bei der Annuitätenmethode geht es darum, einen auf t_0 bezogenen Betrag C_0 umzurechnen in eine gleichbleibende nachschüssige Periodenzahlung a, die als Annuität (Rente, gleich bleibend hohe Rate) bezeichnet wird.

- Die Annuitätenmethode bezieht sich auf den Periodenerfolg, indem der Kapitalwert in finanzmathematisch äquivalente, uniforme, äquidistante d. h. gleich große periodisch wiederkehrende Zahlungen zerlegt wird.

- Eine Annuität $\bar{c}_j(n)$ gibt den finanzmathematisch korrekt berechneten durchschnittlichen jährlichen entnahmefähigen Überschuss bei Initiierung der Investition I_j bezüglich der Investitionslaufzeit n an.

- Bezeichnet man den positiven Kapitalwert mit C_0 und den gesuchten Entnahmebetrag im Zwei-Perioden-Fall mit a_1, a_2, dann lässt sich das graphisch wie folgt zeigen:

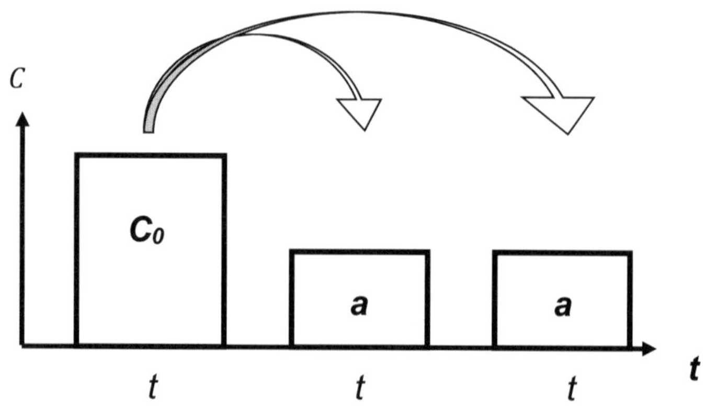

146 Berechnung und Interpretation der Annuität

Zielvariable der Annuitätenmethode ist die Annuität $\bar{c}_j(n)$ einer Investition I_j mit der Laufzeit n. Die Annuität einer Investition I_j ergibt sich durch Transformation des Kapitalwertes C_{0j} in eine finanzmathematisch äquivalente, uniforme und äquidistante Zahlungsreihe. Rechnerisch ergibt sich die Annuität durch Multiplikation des Kapitalwertes mit dem Annuitätenfaktor (Reziprokwert des Rentenbarwertfaktors). Der Annuitätenfaktor lautet

$$RBF^{-1}(i,n) = \frac{i}{1-q^{-n}}$$

Konkret ergibt sich für die Annuität einer Investition I_j bezüglich der Laufzeit n

$$\bar{c}_j(n) = C_{0j}\frac{i}{1-q^{-n}}$$

Mathematische Vorgehensweise: 147

Den Barwert C einer nachschüssigen Rente $\bar{c}$ ermittelt man als

$$C_0 = \bar{c} \cdot RBF$$

mit RBF als Rentenbarwertfaktor oder $\frac{(1+i)^n - 1}{i \cdot (1+i)^n}$ = RBF

Da $\bar{c}$ gesucht wird, muss man die Formel umstellen:

$$\bar{c} = C_0 \cdot \frac{1}{RBF}$$

wobei der Kehrwert des RBF auch als Annuitätenfaktor ANF bezeichnet wird, also

$ANF = \frac{1}{RBF}$ daraus folgt: $\frac{i \cdot (1+i)^n}{(1+i)^n - 1}$ = ANF

Beispiel 14 148

$C_0 = 333,\ n = 2,\ i = 10\,\%,\ \bar{c} = ?$

Lösung:

t_0 Anfangskapital K	+333
t_1 Zinsgutschrift Periode 1	+33
t_1 Entnahme $\bar{c}_1$	−191,7
t_1 Guthaben	+174,4
t_2 Zinsgutschrift Periode 2	+17,4
t_2 Entnahme $\bar{c}_2$	−191,7
t_2 Endbestand	0

149 **Beurteilung der Annuitätenmethode**

- Nach der Annuitätenmethode gilt eine Einzelinvestition als vorteilhaft, wenn $\bar{c} > 0$ ist (absolute Beurteilung).

- Steht ein Investor vor der Frage, welche von mehreren sich ausschließenden Investitionsalternativen er realisieren soll, dann sollte er die Alternative mit der höchsten Annuität wählen, sofern diese positiv ist (relative Beurteilung). Voraussetzung ist, dass sich die Annuitäten der zu vergleichenden Alternativen auf ein und dieselbe Laufzeit beziehen.

- Eine positive Annuität zeigt also, welchen gleich bleibenden Jahresbetrag der Investor als Erfolgsrate entnehmen kann, ohne sein ursprüngliches Reinvermögen zu dezimieren bzw. um welchen gleich bleibenden Jahresbetrag die objektbezogenen Einzahlungsüberschüsse im Krisenfall absinken könnten, ohne dass das Investitionsprojekt unvorteilhaft wird.

- Eine negative Annuität zeigt dagegen an, mit welchem jährlichen Subventionsbetrag die öffentliche Hand ein an sich unvorteilhaftes Investitionsprojekt bezuschussen müsste, damit sich die Maßnahme gerade noch für den Unternehmer trägt.

150 **Vorteilhaftigkeitskriterien der Annuitätenmethode**

Eine Investition I_j erscheint auf Basis der Annuitätenmethode akzeptanzwürdig, wenn ihre Annuität positiv ist. Bei negativer Annuität erscheint sie unvorteilhaft. Formal gilt

$$\bar{c}_j(n) > 0 \rightarrow I_j \succ I_U,$$
$$\bar{c}_j(n) = 0 \rightarrow I_j \sim I_U,$$
$$\bar{c}_j(n) < 0 \rightarrow I_j \prec I_U$$

Bei Selektionsentscheidungen auf Basis der Annuitätenmethode ist zu beachten, **dass die für alle Alternativen berechneten Annuitäten sich auf ein und dieselbe Laufzeit beziehen müssen**. In der Regel wird die längste der vorhandenen Laufzeiten zu Grunde gelegt, sodass

$$T = \max\{n_1, n_2, ..n_n\}, n_i = \text{Laufzeit von } I_i, i \in \{1,...,n\}$$

Bezüglich einer Investitionsalternativenmenge $I = \{I_1, I_2,..., I_n\}$ erscheint die Investition mit der höchsten Annuität selektionswürdig.

151 **Bemerkungen:**

- Der Rentenbarwertfaktor bzw. der Kehrwert des RBF, der Annuitätenfaktor, ist abhängig vom Zinssatz und der Nutzungsdauer.

- Die Begriffe *„Rentenbarwertfaktor, Barwertfaktor und Diskontierungssummenfaktor"* haben inhaltlich die gleiche Bedeutung.

- Der Annuitätenfaktor hat die Aufgabe, einen Einmalbetrag in $t = 0$ (in der Regel den Kapitalwert) in gleichhohe Periodenbeträge, Annuitäten [$\bar{c}$] zu zerlegen. Er weist also den Periodenerfolg aus.

- Die gleich hohen Raten pro Periode werden als Annuität bezeichnet und geben dem Verfahren den Namen Annuitätenmethode.

- Der Annuitätenfaktor wird in der Literatur auch Verrentungsfaktor oder Kapitalwiedergewinnungsfaktor genannt.

- Da der Annuitätenfaktor bei vorgegebener Nutzungsdauer von einer Änderung der Zahlungsreihe nicht beeinflusst wird, bedeutet das, dass die Annuität ausschließlich durch Kapitalwertänderungen beeinflusst wird.

- Kapitalwertmethode und Annuitätenmethode kommen zu gleichen Vorteilhaftigkeitsaussagen bei einheitlichem Zinssatz und vorgegebener Nutzungsdauer.

Zusammenhang zwischen Annuitäten- und Kapitalwertmethode 152

Kapitalwert- und Annuitätenmethode führen stets zu identischen Akzeptanz- und Selektionsentscheidungen, da die Kapitalwerte mit ein und demselben Annuitätenfaktor multipliziert werden.

$$C_{0j} > 0 \; bzw. \; C_{0j} > C_{0i} \leftrightarrow \bar{c}_j(T) > 0 \; bzw. \; \bar{c}_j(T) > \bar{c}_i(T)$$

$$C_{0j} = 0 \; bzw. \; C_{0j} = C_{0i} \leftrightarrow \bar{c}_j(T) = 0 \; bzw. \; \bar{c}_j(T) = \bar{c}_i(T)$$

$$C_{0j} < 0 \; bzw. \; C_{0j} < C_{0i} \leftrightarrow \bar{c}_j(T) < 0 \; bzw. \; \bar{c}_j(T) < \bar{c}_i(T)$$

153 **Beispiel 15**

Die Stadtbad GmbH hat ein Gutachten zur Wirtschaftlichkeit der kommunalen Freizeitbäder in Auftrag gegeben. Die Unternehmensberatungsgesellschaft „EisCon" hat alle Unternehmensteile geprüft, die Nachfragesituation nach „Schwimmen in der Stadt" untersucht und entsprechende Prognosen für die Zukunft erstellt.

Auf Seite 69 des Gutachtens sind für die vier „Freizeitbäder" die Kapitalwerte zu finden, die für eine Laufzeit von zehn Jahren ermittelt wurden:

	Nordbad	Ostbad	Südbad	Westbad
C_0	78.000 €	120.000 €	188.000 €	-2.678 €

Nutzungsdauer n = 10 Jahre Zinssatz: 10 %

a) Der für jeweils zehn Jahre berechnete Kapitalwert soll in jährlich gleich hohe Raten umgewandelt werden!

b) Beurteilen Sie die ermittelten Annuitäten!

154 **Formel:**

$$\bar{c} = C_0 \cdot \frac{1}{RBF} \qquad \frac{1}{RBF} = ANF = \frac{i \cdot (1+i)^n}{(1+i)^n - 1} = \frac{i}{1-(1+i)^{-n}}$$

Zur Berechnung der Annuität $\bar{c}$ werden folgende Größen benötigt:

- C_0 = der Kapitalwert
- n = Nutzungsdauer
- i = Zinsen

155 **Erster Schritt: Berechnung des ANF**

$$ANF = \frac{i \cdot (1+i)^n}{(1+i)^n - 1} = \frac{0{,}1 \cdot (1{,}1)^{10}}{(1{,}1)^{10} - 1} = \frac{0{,}1}{1-1{,}1^{-10}} = 0{,}1627$$

Da bei allen vier Investitionsalternativen der Zins und die Nutzungsdauer identisch sind, ergibt sich derselbe Wert für den Annuitätenfaktor.

Zweiter Schritt: Multiplikation des ANF mit dem Kapitalwert 156

	Nordbad	Ostbad	Südbad	Westbad
$C_0 \cdot$ ANF	78.000 · 0,1627	120.000 · 0,1627	188.000 · 0,1627	-2.678 · 0,1627
$\bar{c}$	**12.691**	**19.524**	**30.588**	**-435,71**

Dritter Schritt: Beurteilung der Investitionsalternativen 157

Absolute Beurteilung:

Nordbad, Ostbad und Südbad haben positive Annuitäten und sind absolut betrachtet vorteilhaft. Westbad hat eine negative Annuität und ist wirtschaftlich unvorteilhaft.

Relative Beurteilung:

Auszuwählen ist die Investitionsalternative mit der höchsten Annuität, also Südbad.

Beispiel 16 158

Betrachtet werden die Zahlungsreihen von 2 Investitionen:

$$I_j : \{-150_{(0)}, 40_{(1)}, 70_{(2)}, 50_{(3)}, 80_{(4)}\}$$

$$I_k : \{-130_{(0)}, 60_{(1)}, 80_{(2)}, 70_{(3)}\}$$

Der Kalkulationszinssatz betrage $i = 0{,}07$. Welche Alternative erscheint auf Basis der Annuitätenmethode vorteilhaft?

Lösung: 159

$$C_{0j} = -150 + 40(1{,}07)^{-1} + 70(1{,}07)^{-2} + 50(1{,}07)^{-3} + 80(1{,}07)^{-4} = 50{,}37$$

$$C_{0k} = -130 + 60(1{,}07)^{-1} + 80(1{,}07)^{-2} + 70(1{,}07)^{-3} = 53{,}09$$

Da im Rahmen eines relativen Vorteilhaftigkeitsvergleiches nur Annuitäten sinnvoll vergleichbar sind, die sich auf ein und dieselbe Laufzeit beziehen, werden die Kapitalwerte auf 4 Jahre verrentet. Es folgt:

$$\bar{c}_j = 50{,}37 \frac{0{,}07}{1 - 1{,}07^{-4}} = 14{,}87, \quad \bar{c}_k = 53{,}09 \frac{0{,}07}{1 - 1{,}07^{-4}} = 15{,}67$$

Der finanzmathematisch korrekt berechnete durchschnittliche jährliche Überschuss liegt bei Alternative I_k höher, sodass I_k auf Basis der Annuitätenmethode selektionswürdig erscheint.

3. INTERNE ZINSFUSSMETHODE

160 In der investitionstheoretischen Literatur existieren mehrere Interpretationsmöglichkeiten des internen Zinssatzes. Einige werden im Folgenden genannt.

161 Der interne Zinssatz ist der fiktive Fremdkapitalkostensatz, bei dessen Anrechnung die Einzahlungsüberschüsse aus der Investition genau ausreichen, um einen Kredit in Höhe der Initialauszahlung zu verzinsen und zu tilgen. Dieses wird am Beispiel der Investition I_k (Beispiel 16) gezeigt:

Periode	Restschuld	Zinsen	Tilgung	Überschuss
0	150,00			
1	139,75	0,1983·150,00=29,75	40−29,75=10,25	40=29,75+10,25
2	97,46	0,1983·139,75=27,71	70−27,71=42,29	70=27,71+42,29
3	66,79	0,1983· 97,46=19,33	50−19,33=30,67	50=19,33+30,67
4	0,00	0,1983· 66,79=13,24	80−13,24=66,76	80=13,24+66,76

162 Der interne Zinssatz gibt die Verzinsung des über die Investitionslaufzeit bezogen auf eine Periode durchschnittlich gebundenen Kapitals an. Er ergibt sich aus dem Quotienten der periodendurchschnittlichen Zinsen und der periodendurchschnittlichen Restschuld.

163 Letzteres wird durch nachfolgende Rechnung verdeutlicht:

$$r_k = \frac{\frac{1}{4}(29{,}75 + 27{,}71 + 19{,}33 + 13{,}24)}{\frac{1}{4}(150 + 139{,}75 + 97{,}46 + 66{,}79)} = 0{,}1983 = \frac{\frac{1}{n}\sum_{t=1}^{n} Z_t}{\frac{1}{n}\sum_{t=0}^{n} Restschuld_t}$$

- Eine Investition mit einem positiven (negativen) Kapitalwert verzinst sich zu einem Zinssatz, der über (unter) dem Kalkulationszinsfuß liegt.

- Die Verzinsung des in einem Investitionsobjekt durchschnittlich gebundenen Kapitals bezeichnet man als interne Verzinsung, den zugehörigen Zinsfuß *r* als internen Zinsfuß.

- Der interne Zinsfuß ist derjenige Kalkulationszinsfuß *r*, bei dem die Investitionsauszahlung dem Barwert aller Einzahlungsüberschüsse entspricht.

- Der interne Zinsfuß ist also derjenige Kalkulationszinsfuß, der zu einem Kapitalwert von Null führt.

Zur Ermittlung des internen Zinsfußes r setzt man den Kapitalwert C_0 gleich Null: 164

$$0 = C_0 = -Io + \sum_{t=1}^{n} (E_t - A_t) \cdot (1+r)^{-t} + L_n \cdot (1+r)^{-n}$$

oder wenn $L_n = E_n$

$$0 = C_0 = -I_0 + \sum_{t=0}^{n} (E_t - A_t) \cdot (1+r)^{-t}$$

Berechnung des internen Zinssatzes 165

Zielvariable der IZM ist der interne Zinssatz. Der interne Zinssatz r_j einer Investition $I_j : \{-I_0, c_1, ..., c_n\}$ beschreibt den speziellen Kalkulationszinssatz, bei dessen Anrechnung sich ein Kapitalwert von $C_{0j} = 0$ ergibt. Die formale Definition ergibt sich gemäß

$$C_{0j}(r_j) = -I_0 + \sum_{t=1}^{n} c_t (1+r_j)^{-t} + L_n \cdot (1+r_j)^{-n} = 0$$

Handelt es sich bei I_j um eine konventionelle Investition, so existiert genau ein positiver reeller interner Zinssatz.

Formal handelt es sich bei der Berechnung des internen Zinssatzes um die Nullstellenbestimmung eines Polynoms n-ten Grades. Für $n > 2$ kann die Bestimmung nur mittels eines Näherungsverfahrens erfolgen. Ein bekanntes Verfahren ist das Newton-Verfahren, welches durch iterative Anwendung folgender Rekursionsformel gekennzeichnet ist

$$r_{jk+1} = r_{jk} - \frac{C_{0j}(r_{jk})}{C'_{0j}(r_{jk})} \quad k = 0, 1, 2, ...$$

Vorteilhaftigkeitskriterien der internen Zinssatzmethode: 166

Zur Beurteilung der Vorteilhaftigkeit einer einzelnen Investition vergleicht man die interne Verzinsung r mit dem Markt- bzw. Kalkulationszins i, die Entscheidungsregel lautet:

$r > i \rightarrow$ Investition vorteilhaft

$r < i \rightarrow$ Investition unvorteilhaft

$r = i \rightarrow$ Entscheidungsindifferenz

Akzeptanzkriterium 167

Eine Investition I_j erscheint nach der IZM akzeptanzwürdig, wenn ihr interner Zinssatz größer ist als der Kalkulationszinssatz. Ist er kleiner, erscheint sie entsprechend unvorteilhaft. In formaler Darstellung zeigt sich

$$r_j > i \rightarrow I_j \succ I_U,$$
$$r_j = i \rightarrow I_j \sim I_U,$$
$$r_j < i \rightarrow I_j \prec I_U$$

Bei vollständiger Eigenfinanzierung zeigt *r* die Verzinsung des eingesetzten Eigenkapitals. Bei vollständiger Fremdfinanzierung gibt *r* den Zinsfuß an, bis zu dem der Kreditgeber die Zinsen anheben könnte, ohne dass das Projekt für den Investor unrentabel wird.

168 **Selektionskriterium**

Bei der Selektionsentscheidungsfindung treten bei der IZM einige Schwierigkeiten auf. Vor der möglichen Formulierung eines Selektionskriteriums ist ein zentraler Kritikpunkt der IZM zu klären. Exemplarisch werde eine Investition I_j mit entsprechender Zahlungsreihe angenommen.

Sei $I_i : \{-100_{(0)}, 50_{(1)}, 50_{(2)}, 50_{(3)}\}$

Für einen Kalkulationszinssatz $i = 0{,}1$ beträgt der Kapitalwert $C_{0i} = 24{,}34$.

169 Bei der Kapitalwertberechnung ist unterstellt, dass Zahlungsüberschüsse bis zum Ende der Investitionslaufzeit zum Kalkulationszinssatz reinvestiert werden. Es handelt sich um die **Implizite Reinvestitionsprämisse** (auch Wiederanlageprämisse). Bezogen auf obige Investition bedeutet das, dass jeder Überschuss von $c_t = 50$ bis zum Ende der dritten Periode zu *i* reinvestiert wird.

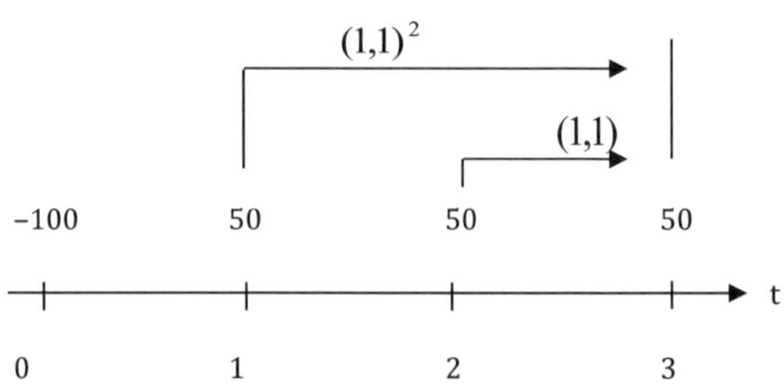

170 Der Zeitwert der Einzahlungsüberschussreihe der Investition I_j zum Zeitpunkt $t = 3$ beträgt $V_{i3} = 50 + 50(1{,}1) + 50(1{,}1)^2 = 165{,}5$. Alternativ kann der Kapitalwert berechnet werden gemäß $C_{0i} = 165{,}5(1{,}1)^{-3} - 100 = 24{,}34$.

171 Ohne Reinvestition der Zahlungsüberschüsse würde der Zeitwert $V_{i3} = 50 + 50 + 50 = 150$ betragen. In diesem Fall beträgt der Kapitalwert $C_{0i} = 150(1{,}1)^{-3} - 100 = 12{,}70$.

172 Bei der Berechnung des Kapitalwertes C_{0j} einer Investition $I_j : \{-I_0, c_1, ..., c_n + L_n\}$ ist implizit unterstellt, dass jeder Zahlungsüberschuss $c_t, t = 1, ..., n$ über den Zeitraum $[t,n]$ zum Kalkulationszinssatz *i* reinvestiert wird.

Zu bedenken ist, dass interne Zinssätze spezielle Kalkulationszinssätze darstellen und sie bei der entsprechenden Investition zu einer Kapitalwertberechnung mit dem Wert 0 führen. Somit gilt auch für die internen Zinssätze die implizite Reinvestitionsprämisse. Für die Investitionen I_j und I_k (Beispiel 16) gelten dann folgende Reinvestitionsprämissen: 173

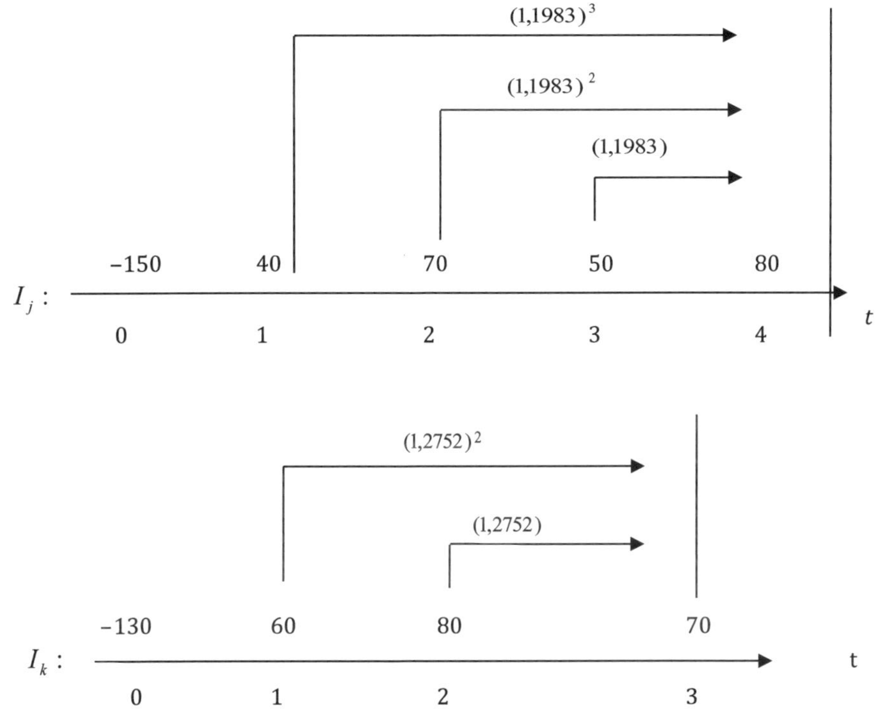

Bei der Investition I_j werden sämtliche Zahlungsüberschüsse als zu $r_j = 0{,}1983$ reinvestiert unterstellt, während bei der Investition I_k sämtliche Zahlungsüberschüsse als zu $r_k = 0{,}2752$ reinvestiert unterstellt werden. Diese Prämisse erscheint unhaltbar. Die Reinvestitionsmöglichkeiten orientieren sich objektiv am Kapitalmarktzinsniveau und nicht an spezifischen Investitionskalkülen. Ein Vergleich der internen Zinssätze der Investitionen I_j und I_k erscheint problematisch, weil bei den Zahlungsüberschüssen der Investition I_j implizit eine Reinvestition zu $r_j = 0{,}1983$, bei denen von I_k implizit eine Reinvestition zu $r_k = 0{,}2752$ unterstellt wird. 174

Fazit: 175

Wegen unterschiedlicher und i. d. R. unrealistischer impliziter Reinvestitionsprämissen erscheint eine Selektionsentscheidungsfindung auf Basis der unmodifizierten internen Zinssatzmethode nicht möglich.

Formel: 176

$$0 = C_0 = -Io + \sum_{t=1}^{n} (E_t - A_t) \cdot (1+r)^{-t} + L_n \cdot (1+r)^{-n}$$

177 Es wird derjenige Kalkulationszinssatz gesucht, der die Gleichung erfüllt. Im einfachsten Fall löst man die Gleichung nach *r* auf. Dies ist allerdings nur in zwei Fällen so einfach möglich:

- bei einer ein- bzw. zweiperiodigen Betrachtungsweise
- unter der Bedingung, dass alle zukünftigen Zahlungen in gleicher Höhe anfallen bei unendlich langer Laufzeit, es gilt

$$C_{oj} = -I_0 + \frac{c}{r} = 0 \xrightarrow{es\ folgt} r = \frac{c}{I_0}$$

178 Darüber hinaus müssen spezielle Lösungsverfahren wie das Newton'sche Näherungsverfahren, Inter- bzw. Extrapolationsverfahren, wie z. B. regula falsi, u. a. angewandt bzw. eine graphische Näherungslösung vorgenommen werden.

Im Folgenden werden drei unterschiedliche Vorgehensweisen exemplarisch vorgestellt:

a) Lösung einer quadratischen Gleichung

b) Inter bzw. Extrapolationsverfahren

c) Newton'sches Näherungsverfahren

179 a) Lösung einer quadratischen Gleichung

Bedingung für den internen Zinsfuß: $C_0 = 0$

Formel: $x^2 + p \cdot x + q = 0$ (normierte Form)

$$x_{1,2} = -\frac{p}{2} \pm \sqrt{\frac{p^2}{4} - q}$$

180 **Beispiel 17**

Im städtischen Schwimmbad sollen innovative Ideen für mehr Besucher sorgen. Daher plant der Leiter des Bades eine futuristische Bräunungsanlage für 12.000 € zu beschaffen. Der Kalkulationszinssatz liegt bei 10 %. Im ersten Jahr der Nutzung ergeben sich nach einer Prognose Einzahlungen in Höhe von 8.500 € und Auszahlungen von 3.500 €. Im zweiten Nutzungsjahr steigen die Einzahlungen sogar auf 15.000 €. Dafür verdoppeln sich die Auszahlungen im Vergleich zum Vorjahr.

Prüfen Sie mit Hilfe der internen Zinssatzmethode die wirtschaftliche Vorteilhaftigkeit dieser Investition!

Schritt 1: Bildung einer Zahlungsreihe für t_0, t_1, t_2: –12.000, 5.000, 8.000 181

Schritt 2: Bedingung für den internen Zinsfuß: $C_0 = 0$ 182

$0 = C_0 = -12.000 + 5.000 \cdot (1+i)^{-1} + 8.000 \cdot (1+i)^{-2}$

Vereinfachung, setze $(1+i) = v$

$0 = -12.000 + 5.000 \cdot v^{-1} + 8.000 \cdot v^{-2} \quad | \cdot v^2$

$0 = -12.000 \cdot v^2 + 5.000 \cdot v^1 + 8.000 \quad | : (-12.000)$

$0 = v^2 - 0{,}4166 \cdot v^1 - 0{,}6666$

Schritt 3: Berechnung von $v_{1,2}$ mit Hilfe der Normalform der quadratischen Gleichung: 183

$$v_{1,2} = -\frac{p}{2} \pm \sqrt{\frac{p^2}{4} - q}$$

$v_1 = 1{,}05$ und $v_2 = -0{,}63$

Schritt 4: Interpretation des Ergebnisses 184

- Ein negativer interner Zinsfuß lässt sich nicht interpretieren, ist ökonomisch unsinnig und wird vernachlässigt.
- Rücksubstitution: $(1+i) = v$ 1,05 – 1 = 0,05 · 100 = **5 %**

Aus $v_1 = 1{,}05$ folgt ein interner Zinsfuß von 5 %. Solange der Kalkulationszinssatz kleiner als der interne Zinssatz ist lohnt sich die Realisierung der Investition. Dies ist hier mit 10 % < 5 % nicht der Fall, d. h. die Investition ist unvorteilhaft und nicht durchzuführen

b) Interpolationsverfahren 185

Formel:

$$r = i_1 + \frac{C_{0_1}}{C_{0_1} - C_{o2}} \cdot (i_2 - i_1)$$

186 **Beispiel 18**

Das Fremdenverkehrsamt der Stadt Eisenlutter will für eine neue Biking-Cross-Strecke 23.000 € investieren. Davon verspricht man sich erhebliche Steuermehreinnahmen in den nächsten vier Jahren. Der Kalkulationszinssatz liegt bei 9 %. Folgende Mehreinnahmen werden prognostiziert:

Zeit	$t = 1$	$t = 2$	$t = 3$	$t = 4$
Einzahlungen in €	7.000	8.000	9.000	10.000

Der Wartungsaufwand ist sehr niedrig und würde nur mit 1.000 € pro Jahr zu Buche schlagen.

Prüfen Sie mit Hilfe der internen Zinssatzmethode die wirtschaftliche Vorteilhaftigkeit dieser Investition!

187 Schritt 1: Berechnung von C_{0_1} mit i_1

Aus den gegebenen Daten lässt sich der Kapitalwert C_{0_1} mit dem dazugehörigen Zinssatz i_1 errechnen:

Zahlungsreihe für t_0, t_1, t_2, t_3, t_4: –23.000, 6.000, 7.000, 8.000, 9.000

Aus der obigen Zahlungsreihe und dem gegebenen Zinssatz von 9 % ergibt sich folgender Kapitalwert C_{0_1}:

$$C_{0_1} = -23.000 + 6.000 \cdot (1{,}09)^{-1} + 7.000 \cdot (1{,}09)^{-2} + 8.000 \cdot (1{,}09)^{-3} + 9.000 \cdot (1{,}09)^{-4}$$

$C_{0_1} = \mathbf{949{,}641}$ **mit** $\mathbf{i_1 = 0{,}09}$

188 Schritt 2: Berechnung von C_{0_2} mit i_2

Nun wird ein zweiter Kapitalwert C_{0_2} mit dem dazugehörigen Zinssatz i_2 benötigt um die Daten in die Interpolationsformel einzusetzen. Dabei sollten die Zinssätze und die Kapitalwerte nicht zu weit auseinander liegen, da dies die Güte der Näherungslösung beeinflussen kann.

Bei einem entsprechend beliebig gewählten Zinssatz von 12 % ergibt sich folgender Kapitalwert C_{0_2}:

$$C_{0_2} = -23.000 + 6.000 \cdot (1{,}12)^{-1} + 7.000 \cdot (1{,}12)^{-2} + 8.000 \cdot (1{,}12)^{-3} + 9.000 \cdot (1{,}12)^{-4}$$

$C_{0_2} = \mathbf{-\,648{,}601}$ **mit** $\mathbf{i_2 = 0{,}12}$

Schritt 3: Einsetzen in die Formel 189

$$r = i_1 + \frac{C_{0_1}}{C_{0_1} - C_{o2}} \cdot (i_2 - i_1)$$

Gegebene Größen:

- $C_{0_1} = 949{,}641$ mit $i_1 = 0{,}09$
- $C_{0_2} = -\,648{,}601$ mit $i_2 = 0{,}12$

$$r = 0{,}09 + \frac{949{,}641}{949{,}641 - (-648{,}601)} \cdot (0{,}12 - 0{,}09) = 0{,}10782535$$

r ≈ 10 % > *i* = 9 %

Der errechnete interne Zinssatz beträgt rund 10 % und ist größer als der Kalkulationszinssatz von 9 %. Das Investitionsobjekt ist wirtschaftlich absolut vorteilhaft und somit durchzuführen.

c) Newton'sches Näherungsverfahren 190

Formel: $q_1 = q_0 - \frac{C_0}{C_0'}$ mit $q_0 = 1 + r_0$

Beispiel 19 191

Das Jugendamt der Stadt Eisenrode hat für die kommenden drei Jahre folgende Spendeneinzahlungen für eine neue Rutsche zugesichert bekommen: Die Kosten für die Rutsche betragen 1.300,00 €.

Zeit	$t = 1$	$t = 2$	$t = 3$
Spenden in €	400	500	600

Welchen Zinssatz kann sich das Jugendamt maximal leisten, sodass sie wirtschaftlich absolut vorteilhaft bleibt?

Schritt 1: Einen beliebigen Zinssatz schätzen: $r_o = 10\,\%$ 192

Mit dem geschätzten Zinssatz $r_o = 10\,\%$ lassen sich nun der dazugehörige Kapitalwert C_0 sowie C_0' berechnen.

Schritt 2: C_0 sowie C_0' mit $r_o = 10\,\%$ berechnen 193

$q_0 = 1 + r_0$

$q_0 = 1{,}1$

$C_0 = -1.300 + 400q^{-1} + 500q^{-2} + 600q^{-3}$

$C_0 = -72{,}35161533$

$C_0' = -400q^{-2} - 1.000q^{-3} - 1.800q^{-4}$

$C_0' = -2.311{,}3175$

194 Schritt 3: q_1 berechnen

C_0, C_0' sowie r_0 in die

Formel $q_1 = q_0 - \frac{C_0}{C_0'}$ mit $q_0 = 1 + r_o$ einsetzen

$$q_1 = 1{,}1 - \frac{-72{,}35161533}{-2.311{,}3175} \text{ mit } q_0 = 1 + 0{,}1$$

$q_1 = 1{,}068696808$ mit $r_1 = 1{,}068696808 - 1$

$r_1 = 0{,}068696808$ (6,8696808 %)

Aus diesen Rechenoperationen ergibt sich zunächst ein interner Zinssatz von $r_1 \approx 6{,}869\ \%$.

195 Schritt 4: q_1 auf Richtigkeit überprüfen

Sollte q_1 der richtige interne Zinssatz sein, müsste er mindestens ein zweites Mal durch folgende Rechenoperationen bestätigt werden:

$q_2 = q_1 - \frac{C_{0_1}}{C_{0_1}'}$ mit $q_1 = 1{,}068696808$

$C_{0_1} = -1.300 + 400q^{-1} + 500q^{-2} + 600q^{-3}$

$C_{0_1} = 3{,}645388788$

$C_{0_1}' = -400q^{-2} - 1.000q^{-3} - 1.800q^{-4}$

$C_{0_1}' = -2.545{,}437566$

$q_2 = 1{,}068696808 - \frac{3{,}645388788}{-2.545{,}437566}$

$q_2 = 1{,}070126688$ mit $r_2 = 1{,}070126688 - 1$

$r_2 = 0{,}070126688$ (7,0126688 %)

Die Rechnung zeigt, dass $r_1 \approx 6{,}869$ % nicht der richtige interne Zinsfuß ist, da er sich sonst in r_2 bestätigt hätte.

Schritt 5: q_2 auf Richtigkeit überprüfen 196

Sollte q_2 der richtige interne Zinssatz sein, müsste er mindestens ein zweites Mal durch folgende Rechenoperationen bestätigt werden:

$$q_3 = q_2 - \frac{C_{0_2}}{C'_{0_2}} \text{ mit } q_2 = 1{,}070126688$$

$$C_{0_2} = -1.300 + 400q^{-1} + 500q^{-2} + 600q^{-3}$$

$$C_{0_2} = 0{,}008284228$$

$$C'_{0_2} = -400q^{-2} - 1.000q^{-3} - 1.800q^{-4}$$

$$C'_{0_2} = -2.537{,}861991$$

$$q_3 = 1{,}070126688 - \frac{3{,}645388788}{-2.545{,}437566}$$

q_3 = 1,070129952 mit $r_3 = 1{,}070129952 - 1$

r_3 = 0,070129952 (7,0126688 %)

Die Rechnung zeigt, dass $r_3 \approx 7{,}012$ % der richtige interne Zinsfuß ist, da er sich bestätigt hat (es reichen hier drei Stellen hinter dem Komma des Prozentsatzes).

Das Jugendamt kann sich demnach einen (internen) Zinssatz von 7,0126688 % leisten, da bei diesem Zinssatz der Kapitalwert genau Null wird.

4. MODIFIKATION DER INTERNEN ZINSSATZMETHODE: BALDWIN-RENTABILITÄT

197 **Grundidee der Baldwin-Rentabilität**

Notwendig erscheint eine Modifikation der IZM, die die implizite Reinvestitionsprämisse nicht beinhaltet. Dazu soll eine modifizierte interne Zinssatzmethode nach Baldwin vorgestellt werden. (Baldwin-Rentabilität)

198 Im Rahmen der Baldwin-Rentabilität erfolgt eine Substitution der impliziten Reinvestitionsprämisse durch eine explizite Reinvestitionsprämisse. Diese beinhaltet, dass Zahlungsüberschüsse bis zum Ende der Laufzeit zu einem kapitalmarktkonformen Zins reinvestiert werden. Eine exemplarische Darstellung möge dieses Prinzip verdeutlichen:

Sei $I_j : \{-100_{(0)}, 50_{(1)}, 50_{(2)}, 50_{(3)}\}$

199 Der interne Zinssatz ergibt sich zu $r_j = 0,2331$. Wie bereits ausgeführt impliziert dieser Zinssatz die problematische Annahme, dass die Überschüsse $c_1 = c_2 = 50$ zu $r_j = 0,2331$ bis zum Ende der dritten Periode reinvestiert werden können. Es werde jetzt eine kapitalmarktkonforme Reinvestitionsmöglichkeit in Höhe von $i = 0,07$ angenommen. Nachfolgendes Schaubild verdeutlicht dieses.

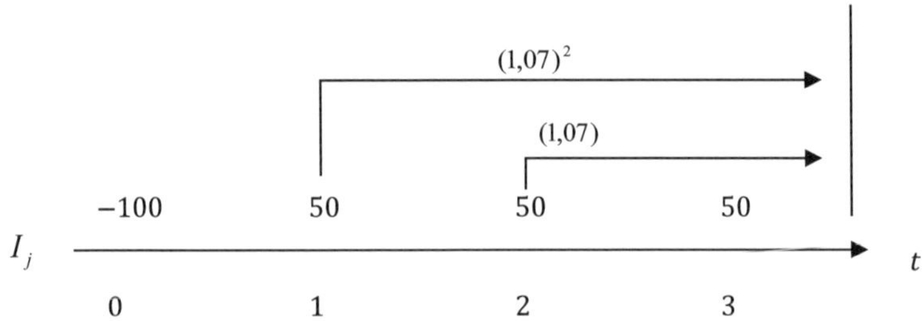

200 Der Finalwert der Einzahlungsüberschussreihe beträgt = 160,75. Das Investitionsvolumen der Investition I_j in Höhe von $I_0 = 100$ führt bei realistischer Reinvestition der Einzahlungsüberschüsse zu einem Finalwert von $V_3 = 160,75$.

201 Die Baldwin-Rentabilität gibt nun an, wie sich das Investitionsvolumen (fortan als **Initialkapital** bezeichnet) im Hinblick auf den Finalwert V_3 jährlich verzinst. Die Rechnung lautet:

$$100(1+\hat{r}_j)^3 = 160,75 \quad \leftrightarrow \quad \hat{r}_j = \sqrt[3]{\frac{160,75}{100}} - 1 \quad = 0,1714$$

Definition und Formel der Baldwin-Rentabilität 202

Die Baldwin-Rentabilität $\hat{r}_j$ einer Investition $I_j : \{-I_0, c_1, ..., c_n + L_n\}$ gibt die annualisierte Verzinsung des Initialkapitals $I_0 - L_n(1+i)^{-n}$ bezüglich des Finalwertes $V_n = \sum_{t=1}^{n} c_t(1+i)^{n-t}$ der Einzahlungsüberschüsse an.

Die Berechnungsformel lautet allgemein 203

$$\hat{r}_j = \sqrt[n]{\frac{\sum_{t=1}^{n} c_t(1+i)^{n-t}}{I_0 - L_n(1+i)^{-n}}} - 1$$

Bezüglich der Definition des Initialkapitals ist zu beachten, dass es sich beim Liquidationserlös nicht um einen erwirtschafteten Überschuss, sondern um eine Desinvestition mit Liquiditätswirkung handelt. Um das rentabilitätswirksame Investitionsvolumen zu erhalten, muss die Initialauszahlung um den diskontierten Liquidationserlös bereinigt werden. 204

Beispiel 20 205

Eine Investition weise folgende Zahlungsreihe auf:

	0	1	2	3	4	
I_j:	−150	40	70	50	40 + 40	→ t

Der Kalkulationszinssatz betrage $i = 0{,}07$. Wie hoch ist die Baldwin-Rentabilität?

Lösung: 206

$$\hat{r}_j = \sqrt[4]{\frac{40(1{,}07)^3 + 70(1{,}07)^2 + 50(1{,}07) + 40}{150 - 40(1{,}07)^{-4}}} - 1 = 0{,}1684$$

Vorteilhaftigkeitskriterien der Baldwin-Rentabilität 207

Eine Investition erscheint auf Basis der Baldwin-Rentabilität akzeptanzwürdig, wenn diese den Wert des Kalkulationszinssatzes übersteigt. Ist sie dagegen kleiner, so erscheint sie unvorteilhaft. Formal gilt

$$\hat{r}_j > i \quad \rightarrow \quad I_j \succ I_U$$
$$\hat{r}_j = i \quad \rightarrow \quad I_j \sim I_U$$
$$\hat{r}_j < i \quad \rightarrow \quad I_j \prec I_U$$

208 Das Akzeptanzkriterium der Baldwin-Rentabilität ist mit dem der Kapitalwertmethode kompatibel. Folglich gilt

$$\hat{r}_j > i \rightarrow C_{0j} > 0$$
$$\hat{r}_j = i \rightarrow C_{0j} = 0$$
$$\hat{r}_j < i \rightarrow C_{0j} < 0$$

209 Bei Selektionsentscheidungen auf Basis der Baldwin-Rentabilität sind Unterschiede bezüglich der Laufzeit und/oder des Initialkapitals der einzelnen Alternativen explizit mittels des Ansatzes entsprechender Ergänzungsinvestitionen zu berücksichtigen. Dieses soll anhand des folgenden Beispiels gezeigt werden.

210 **Beispiel 21**

Gegeben seien

I_j:

t	0	1	2	3	4
	−150	40	70	50	40 + 40 (L4)

I_k:

t	0	1	2	3
	−130	60	80	20 + 50 (L3)

211 Im ersten Schritt wird die Baldwin-Rentabilität von der Investition mit dem größeren Initialkapital bestimmt. Die Initialkapitalbeträge ergeben sich zu $I_{0j}^K = 150 - 40(1{,}07)^{-4} = 119{,}48$ sowie $I_{0k}^K = 130 - 50(1{,}07)^{-3} = 89{,}19$. Die Baldwin-Rentabilität wird bezogen auf die längste aller vorhandenen Investitionslaufzeiten berechnet. Für die Baldwin-Rentabilität der Alternative I_j ergibt sich:

$$\hat{r}_j = \sqrt[4]{\frac{40(1{,}07)^3 + 70(1{,}07)^2 + 50(1{,}07) + 40}{150 - 40(1{,}07)^{-4}}} - 1 = 0{,}1684$$

212 Bei der Investition I_k werden alle Einzahlungsüberschüsse auf das Ende der vierten Periode bezogen (Laufzeitangleichung). Da rentabilitätsmäßig nur **identische Initialkapitalbeträge** bezogen auf **identische Laufzeit** sinnvoll verglichen werden können, ist eine Supplementinvestition in Höhe der Initialkapitaldifferenz zu berücksichtigen. Eine mit $\hat{r}_j$ vergleichbare Baldwin-Rentabilität der Alternative I_k ergibt sich bei Ansatz einer Supplementinvestition gemäß:

$$\hat{r}_{k+E} = \sqrt[4]{\frac{60(1{,}07)^3 + 80(1{,}07)^2 + 20(1{,}07) + (119{,}48 - 89{,}19)(1{,}07)^4}{89{,}19 + (119{,}48 - 89{,}19)}} - 1 = 0{,}1730.$$

Die Anwendung des Selektionskriteriums $\max\{\hat{r}_j, \hat{r}_{k+E}\} = \hat{r}_{k+E}$ führt zu $I_k \succ I_j$.

III. BESONDERE ZAHLUNGSSTRUKTUREN IN DER DYNAMISCHEN INVESTITIONSRECHNUNG

1. DISKRETE RENTE

213 Für den Fall, dass die Zahlungsüberschüsse uniformer, äquidistanter Natur sind, kann die Kapitalwertberechnung mittels Verwendung des Rentenbarwertfaktors

$$RBF(i,n) = \frac{1-(1+i)^{-n}}{i}$$

vereinfacht werden. Für eine Investition I_j der Struktur $I_j : \{-I_0, c_1, \ldots, c_n\}$ mit $c_1 = c_2 = \ldots = c_n =: c$ ergibt sich der Kapitalwert gemäß

$$C_{0j} = -I_0 + c\frac{1-(1+i)^{-n}}{i}$$

214 **Beispiel 22**

Eine Erweiterungsinvestition im städtischen Zoo weise eine Initialauszahlung von 1.000 GE auf. Die jährlichen Zahlungsüberschüsse betragen 100 GE bei einem Planungshorizont von 20 Jahren. Der Kalkulationszinssatz betrage $i = 0{,}07$. Ermitteln Sie die Akzeptanzwürdigkeit auf Basis der Kapitalwertmethode!

215 **Lösung:**

Einsetzen in die Formel:

$$C_{0j} = -I_0 + c \cdot RBF = -I_0 + c\frac{1-(1+i)^{-n}}{i} =$$

$$-1.000 + 100 \cdot \frac{1-(1+0{,}07)^{-20}}{0{,}07} = -1.000 + 100 \cdot 10{,}594 = 59{,}40$$

Der Kapitalwert beträgt 59,40 GE:

2. STETIGER RENTENSTROM

216 Modelliert man die Zahlungsstruktur einer Investition I_j statt durch eine diskrete Zahlungsreihe durch einen stetigen Zahlungsstrom $c(t)$, so ergibt sich der Kapitalwert gemäß

$$C_{0j} = -I_0 + \int_0^n c(t)e^{-it}\,dt.$$

$c(t)$ beschreibt die momentane Zahlungsgeschwindigkeit im Zeitpunkt t (gemessen in Geldeinheiten pro Zeiteinheit), $\int_0^n c(t)dt$ beschreibt das gesamte Zahlungsvolumen im Zeitraum [0,n].

Beispiel 23 217

Eine zusätzliche Kraftfahrlinie weise eine Initialauszahlung von 100 GE auf. Die erwarteten Zahlungsüberschüsse werden durch das Zahlungsüberschussprofil $c(t) = 20$ abgebildet. Es werde mit einer Verzinsungsintensität von $i = 0{,}07$ kalkuliert. Berechnen Sie die Höhe des Kapitalwertes und überprüfen Sie die Vorteilhaftigkeit der Investition! Die Laufzeit liege bei $n = 10$.

Lösung: 218

$$C_{0j} = -100 + \int_0^{10} 20e^{-0{,}07t}dt = -100 + 20\frac{1 - e^{-0{,}7}}{0{,}07} = 43{,}83$$

3. STETIGE ZAHLUNGSSTRÖME

Für eine Investitionszahlungsreihe $I_j : \{-I_0, c_1, ..., c_n\}$, bei der die Zahlungsüberschüsse nicht als einmalig am Periodenende zufließend unterstellt werden, sondern als gleichmäßig kontinuierlich innerhalb der jeweiligen Periode ergibt sich der Kapitalwert gemäß 219

$$C_{0j} = -I_0 + \sum_{t=0}^{n-1} c_{t+1} \int_t^{t+1} e^{-i\tau} d\tau = -I_0 + \sum_{t=o}^{n-1} \frac{c_{t+1}}{i}(e^{-it} - e^{-(t+1)i})$$

Beispiel 24 220

Eine Erweiterungsinvestition in einem städtischen Schwimmbad mit der Initialauszahlung von $I_0 = 200$ führe in den kommenden 4 Jahren zu Zahlungsüberschüssen von im 1. Jahr $c_1 = 60$, 2. Jahr $c_2 = 70$, 3. Jahr $c_3 = 65$, 4. Jahr $c_4 = 50$. Es ist davon auszugehen, dass die Zahlungsüberschüsse innerhalb des Jahres gleichmäßig zufließen. Berechnen Sie den Kapitalwert für einen Kalkulationszinssatz von $i = 0{,}07$!

Lösung: 221

$$C_0 = -200 + \frac{60}{0{,}07}(1 - e^{-0{,}07}) + \frac{70}{0{,}07}(e^{-0{,}07} - e^{-0{,}14}) + \frac{65}{0{,}07}(e^{-0{,}14} - e^{-0{,}21}) + \frac{50}{0{,}07}(e^{-0{,}21} - e^{-0{,}28}) = 14{,}70$$

IV. NUTZUNGSDAUEROPTIMIERUNG VON INVESTITIONEN

1. GRUNDBEGRIFFE UND WIEDERHOLUNG

222 Eine Investition beginnt in zahlungsorientierter Sicht mit einer Initialauszahlung, der über den künftigen Planungszeitraum Einzahlungsüberschüsse folgen. In diskreter Betrachtung kann eine Investition durch eine entsprechend diskrete Investitionszahlungsreihe

$$I_j = \{-I_0, c_1, ..., c_n + L_n\}$$

mit

$-I_0$ = Initialauszahlung zum Investitionsinitiierungszeitpunkt $t = 0$

c_t = Einzahlungsüberschuss am Ende der Periode t, $t = 0,...,n$

L_n = Liquidationserlös am Ende der Nutzungsperiode n

modelliert werden. In stetiger Betrachtung folgt der Initialauszahlung dagegen ein kontinuierlicher Einzahlungsüberschussstrom $c(t), t \in [1, n]$, der zum Investitionslaufzeitende mit dem Liquidationserlös L_n abschließt.

223 Als Entscheidungstatbestände bei Investitionen lassen sich prinzipiell unterscheiden:

Akzeptanzentscheidungen:

Überprüfung der Akzeptanzwürdigkeit einer bestimmten Investition.

Selektionsentscheidungen:

Selektion einer von mehreren sich gegenseitig ausschließenden Investitionsalternativen.

Nutzungsdauerentscheidungen:

Bestimmung der optimalen Nutzungsdauer einer potenziellen Investitionsalternative vor Initiierung (Ex ante Entscheidung).

Ersatzentscheidungen:

Überprüfung der Ersatzwürdigkeit eines bereits realisierten Investitionsobjektes innerhalb des technisch möglichen Nutzungszeitraums.

224 In diesem Kapitel sollen Kriterien zur Entscheidungsfindung der optimalen Nutzungsdauer dargestellt werden. Während es sich bei der optimalen Nutzungsdauer n um einen Dispositionstatbestand handelt, ist die technisch maximale Nutzungsdauer n_{max} exogen

determiniert und bildet restriktiv die Nutzungsdauerobergrenze. Als Zielvariable der Nutzungsdaueroptimierung wird dabei der Kapitalwert verwendet. Der Kapitalwert beschreibt eine zum Investitionsdurchführungszeitpunkt realisierbare Vermögensmehrung gegenüber der Unterlassungsalternative. Die rechnerische Ermittlung erfolgt durch Diskontierung der künftigen durch die Investition ausgelösten Zahlungen auf den Initiierungszeitpunkt. Für einen Kalkulationszinssatz i ergibt sich der Kapitalwert einer Investition I_j bei diskreter Betrachtung zu

$$C_{0j} = -I_0 + \sum_{t=1}^{n} c_t (1+i)^{-t} + L_n (1+i)^{-n}.$$

Bei stetiger Betrachtung (in diesem Fall beschreibt i eine Verzinsungsintensität) berechnet sich der Kapitalwert zu 225

$$C_{oj} = -I_0 + \int_0^n c(t) e^{-it} dt + L(n) e^{-in}.$$

Ein positiver Kapitalwert einer Investition I_j indiziert eine Akzeptanzwürdigkeit der betreffenden Investition. Bei Selektionsentscheidungen erscheint die Investitionsalternative mit dem höchsten Kapitalwert relativ vorteilhaft. 226

2. OPTIMALE NUTZUNGSDAUER BEI DISKRETER INVESTITIONSZAHLUNGSREIHE

Optimale Nutzungsdauer ohne Wiederholung 227

Bei diskreter Investitionszahlungsreihe einer Investition I_j lautet die Zielfunktion mit der Nutzungsdauer n als Dispositionsvariable

$$\max C_{0j}(n) = -I_0 + \sum_{t=1}^{n} c_t (1+i)^{-t} + L_n (1+i)^{-n}$$

Ein marginalanalytischer Lösungsansatz scheidet aufgrund der diskreten Problemstruktur aus. Der maximale Kapitalwert kann nur über vollständige Enumeration aller potenziellen Nutzungsdauern $n \in \{1, \ldots, n_{\max}\}$ ermittelt werden. Eine wesentliche Variable zur Beurteilung der Vorteilhaftigkeit einer Nutzungsdauerverlängerung von der Periode (n-1) zur Periode n ist der Grenzeinzahlungsüberschuss (c'_n) der Periode n. 228

Er ist definiert gemäß 229

$$c'_n = c_n + (L_n - L_{n-1}) - iL_{n-1}.$$

Der Grenzeinzahlungsüberschuss der Periode n ergibt sich aus dem laufenden Einzahlungsüberschuss der Periode n zuzüglich der Liquidationswertminderung in der Periode n abzüglich der kalkulatorischen Zinsen auf den Liquidationswert der Periode (n-1). Der 230

Grenzeinzahlungsüberschuss ist als monetärer Grenznutzen aufzufassen, wenn das Investitionsobjekt in der Periode *n* weiter genutzt wird. Eine Weiternutzung in der Periode *n* ist ökonomisch indiziert, wenn der Grenzeinzahlungsüberschuss bezüglich dieser Periode positiv ausfällt. Auf Basis der Grenzeinzahlungsüberschüsse ist nun eine vereinfachte Berechnung der Kapitalwerte mit folgender Rekursionsformel möglich

$$C_{0j}(n) = C_{oj}(n-1) + c_n'(1+i)^{-n}, n = 1, ..., n_{\max}.$$

231 Die optimale Nutzungsdauer n^* ergibt sich anschließend gemäß

$$\max_{n \in \{1, ..., n_{\max}\}} C_{0j}(n) = C_{0j}(n^*).$$

232 **Optimale Nutzungsdauer bei einmaliger identischer Wiederholung**

Weist eine Investition I_j einen oder mehrere Nachfolger auf, spricht man von einer Investitionskette. Bei einmaliger identischer Wiederholung liegt eine zweigliedrige Kette vor. Die Zielvariable wird nun durch den Kapitalwert der zweigliedrigen Investitionskette $C_{0j}^{K(2)}$ beschrieben, Dispositionsvariablen stellen die Nutzungsdauern der Kettenglieder dar. Die Zielfunktion lautet entsprechend

$$\max C_{0j}^{K(2)}(n_1, n_2) = C_{0j}(n_1) + C_{0j}(n_2)(1+i)^{-n_1}.$$

233 Am Ende des Nutzungszeitraums des ersten Kettengliedes beginnt die Nutzung des zweiten Kettengliedes. Die optimale Nutzungsdauer des zweiten und in diesem Fall letzten Kettengliedes entspricht der optimalen Nutzungsdauer der betrachteten Investition ohne Anschlussersatz, d. h. $n_2^* = n^*$. Eine vom Initiierungszeitpunkt 0 ausgehende Erhöhung der Nutzungsdauer des ersten Kettengliedes führt zu folgender Divergenz: Es steigt unter der Voraussetzung, dass die Grenzeinzahlungsüberschüsse positiv sind, der Kapitalwert des ersten Kettengliedes während der auf den Zeitpunkt 0 diskontierte Kapitalwert des zweiten Kettengliedes sinkt, da sich der Diskontierungszeitraum entsprechend erhöht. Die Berechnung der Kapitalwerte erfolgt gemäß

$$C_{0j}^{K(2)} = C_{0j}(n_1) + C_{0j}(n_2^*)(1+i)^{-n_1}, n_1 = 1, ..., \bar{n}, \; c'(\bar{n}) \geq 0, c'(\bar{n}+1) < 0.$$

234 Die optimale Nutzungsdauer des ersten Kettengliedes der zweigliedrigen Investitionskette ergibt sich dann zu

$$\max_{n_1 \in \{1, ..., n_{\max}\}} C_{0j}^{K(2)}(n_1, n_2^*) = C_{0j}^{K(2)}(n_1^*, n_2^*).$$

235 **Optimale Nutzungsdauer bei unendlichmaliger identischer Wiederholung**

Dieser Kalkül ist bei sehr langfristigem Planungshorizont sinnvoll. Die Annahme eines modellmäßig unendlich langen Planungshorizontes erscheint bei finanzmathematisch basierten Entscheidungen nicht problematisch, da der Gegenwartswert von sehr weit in der Zukunft liegenden Zahlungen durch den Diskontierungseffekt nahezu bedeutungslos ist. Der Optimierungskalkül besteht in der Maximierung des Kapitalwertes einer Investitionskette mit unendlich vielen Gliedern. Jedes Kettenglied weist unendlich viele identische Nachfolgeinvestitionen auf, woraus eine Identität der optimalen Nutzungsdauern für jedes Kettenglied folgt. Für den Kapitalwert einer unendlichgliedrigen Investitionskette mit Nutzungsdauer n eines jeden Kettengliedes gilt

$$C_{0j}^{K(\infty)}(n) = C_{0j}(n) + C_{0j}(n)(1+i)^{-n} + C_{0j}(n)(1+i)^{-2n} + \ldots \quad = \quad C_{0j}(n)\frac{(1+i)^n}{(1+i)^n - 1}$$

Die Fixierung des Investitionskettenkapitalwertes als Zielvariable sowie der Nutzungsdauer als Dispositionsvariable führt zu der Zielfunktion 236

$$\max C_{0j}^{K(\infty)}(n) = C_{0j}(n)\frac{(1+i)^n}{(1+i)^n - 1}.$$

Auch hier ergibt sich die optimale Nutzungsdauer gemäß 237

$$\max_{n \in \{1, \ldots, n_{\max}\}} C_{0j}^{K(\infty)}(n) = C_{0j}^{K(\infty)}(n^*)$$

Beispiel 25 238

In einem Betrieb stehe die Neuanschaffung eines Aggregates zur Disposition. Die diskrete Zahlungsreihe der Investition I_j laute:

Zahlung	-100	40	35	30	25	20	15	10	10
Periode	0	1	2	3	4	5	6	7	8

Die jeweils am Periodenende erzielbaren Liquidationserlöse L_n betragen:

Liquidationserlös	80	70	60	50	40	30	15	0
Periode	1	2	3	4	5	6	7	8

Es werde von einem Kalkulationszinssatz in Höhe von $i = 0{,}1$ ausgegangen. 239

Die Aufbereitung der entscheidungsrelevanten Daten geschieht in Tabellenform. 240

n	L_n	c_n	$L_n - L_{n-1}$	iL_{n-1}	c'_n	$C_0(n)$	$C_0^{K(2)}(n)$	$C_0^{K(\infty)}(n)$
0	100							
1	80	40	-20	10	10	9,09	47,93	99,99
2	70	35	-10	8	17	23,14	58,45	133,33
3	60	30	-10	7	13	32,91	65,01	132,34
4	50	25	-10	6	9	39,06	68,24	123,22
5	40	20	-10	5	5	42,16	68,69	111,22
6	30	15	-10	4	1	*42,72*	66,83	98,09
7	15	10	-15	3	-8	38,61	60,53	79,31
8	0	10	-15	1,5	-6,5	35,58	55,51	66,69

241 Die Werte der ersten drei Spalten sind unmittelbar den Ausgangsdaten zu entnehmen. Spalte 4 beinhaltet die Reduktion des Liquidationserlöses im Fall der Weiternutzung über die jeweilige Periode, Spalte 5 die kalkulatorischen Zinsen nach der Methode der stichtagsbezogenen Restwertverzinsung. In Spalte 6 werden die Werte der Grenzeinzahlungsüberschüsse berechnet. Die letzten 3 Spalten weisen die Kapitalwerte bei den jeweils unterstellten Wiederholungsoptionen auf.

242 Die jeweiligen Nutzungsdaueroptima ergeben sich aus dem entsprechenden Kapitalwertmaximierungskalkül. Die optimale Nutzungsdauer ohne Wiederholung ergibt sich zu $n = 6$, bei einem maximal erzielbaren Kapitalwert von $C_{0j}(n^*) = 42{,}72$ Bei einmaliger identischer Wiederholung beträgt die optimale Nutzungsdauer des ersten Kettengliedes $n_1 = 5$ die des zweiten Kettengliedes $n_2 = 6$. Der maximal erzielbare Kapitalwert der zweigliedrigen Investitionskette ergibt sich zu $C_{0j}^{K(2)}(n_1^*, n_2^*) = 68{,}69$. Erfolgt die identische Wiederholung unendlich oft, so ergibt sich eine optimale Nutzungsdauer von $n = 2$ bei einem Kapitalwertmaximum $C_{0j}^{K(\infty)}(n^*) = 133{,}33$.

3. OPTIMALE NUTZUNGSDAUER BEI STETIGEM INVESTITIONSZAHLUNGSSTROM

243 **Optimale Nutzungsdauer ohne Wiederholung**

Gibt man die Annahme diskreter Zahlungsüberschüsse auf und geht von einem stetigen Einzahlungsüberschussprofil $c(t)$ aus, so lautet der nutzungsdauerbezogene Kapitalwertmaximierungskalkül einer Investition I_j unter Berücksichtigung eines zeitabhängigen Liquidationserlöses

$$\max C_{0j}(n) = -I_0 + \int_0^n c(t)e^{-it}dt + L(n)e^{-in}.$$

Die optimale Nutzungsdauer kann bei dieser Formulierung marginalanalytisch bestimmt werden. Differentiation der Kapitalwertfunktion nach n sowie anschließende Gleichnullsetzung ergibt die notwendige Bedingung für die optimale Nutzungsdauer n^*: 244

$$C'_{0j}(n^*) = 0 \quad \leftrightarrow \quad c(n^*)e^{-in^*} + L'(n^*)e^{-in^*} - iL(n^*)e^{-in^*} = 0$$

$$\leftrightarrow \; c(n^*) + L'(n^*) - iL(n^*) = 0$$

Die optimale Nutzungsdauer n ist erreicht, wenn der momentane Zahlungsüberschuss zum Nutzungszeitpunkt n der Summe aus marginaler Liquidationswertminderung zum Zeitpunkt n und kalkulatorischen Zinsen auf den Liquidationserlös bezogen auf den Nutzungszeitpunkt n, entspricht. Bei weiterer Nutzung vermögen die zusätzlichen Zahlungsüberschüsse nicht mehr die marginale Liquidationswertminderung sowie die kalkulatorischen Zinsen zu decken. 245

Optimale Nutzungsdauer bei einmaliger identischer Wiederholung 246

Analog wie bei dem diskreten Ansatz ist in diesem Fall der Kapitalwert einer zweigliedrigen Investitionskette zu maximieren. Die Kapitalwertfunktion mit den isolierten Laufzeiten der Kettenglieder (n_1, n_2) als Variablen lautet bei stetigen Einzahlungsüberschussprofilen

$$C_{0j}^{K(2)}(n_1, n_2) = -I_0 + \int_0^{n_1} c(t)e^{-it}dt + L(n_1)e^{-in_1} + \left\{ -I_0 + \int_0^{n_2} c(t)e^{-it}dt + L(n_2)e^{-in_2} \right\} e^{-in_1}$$

Die optimale Nutzungsdauer des zweiten Investitionskettengliedes n_2 entspricht als nachfolgeloses Investitionsobjekt der optimalen Nutzungsdauer n^* einer Investition ohne Wiederholung. Die Argumentation im diskreten Fall lässt sich analog auf den stetigen Fall anwenden. In kompakter Schreibweise kann nun folgende Zielfunktion formuliert werden 247

$$\max C_{0j}^{K(2)}(n_1) = C_{oj}(n_1) + C_{0j}(n_2^*)e^{-in_1}$$

Differentiation der Kettenkapitalwertfunktion nach n_1^* und Gleichnullsetzung ergibt die notwendige Bedingung für die optimale Nutzungsdauer des ersten Kettengliedes 248

$$C_{0j}'^{K(2)}(n_1^*) = 0 \quad \leftrightarrow \quad c(n_1^*)e^{-in_1^*} + L'(n_1^*)e^{-in_1^*} - iL(n_1^*)e^{-in_1^*} - iC_{0j}(n_2^*)e^{-in_1^*} = 0$$

$$\leftrightarrow \quad c(n_1^*) + L'(n_1^*) - iL(n_1^*) - iC_{0j}(n_2^*) = 0$$

Die optimale Nutzungsdauer n_1^* ist erreicht, wenn der momentane Zahlungsüberschuss im Nutzungszeitpunkt n_1^* neben der Summe aus der betraglich marginalen Liquidationswertminderung und den kalkulatorischen Zinsen auf den Liquidationswert jeweils im Nutzungszeitpunkt n_1^* noch die Zinsen auf den nutzungsdaueroptimalen Kapitalwert des zweiten Kettengliedes deckt. Bei Interpretation des Kapitalwertes als basisalternative Vermögensmehrung zum Initiierungszeitpunkt bedeutet eine Verlängerung des Nutzungszeitraums 249 des ersten Investitionskettengliedes einen zeitlichen Aufschub dieser Vermögensmehrung mit entsprechenden Opportunitätskosten.

250 **Optimale Nutzungsdauer bei unendlichmaliger identischer Wiederholung**

Der Maximierungskalkül bezieht sich auf den Kapitalwert einer Investitionskette mit unendlich vielen Investitionskettengliedern. Jedes Investitionskettenglied weist eine identische Nutzungsdauer auf. Die Zielfunktion bezüglich der Maximierung des Investitionskettenkapitalwertes lautet

$$\max C_{0j}^{K(\infty)}(n) = C_{0j}(n) + C_{0j}(n)e^{-in} + C_{0j}(n)e^{-2in} + C_{0j}(n)e^{-3in} + \ldots = C_{0j}(n)\frac{1}{1-e^{-in}}$$

251 Differentiation der Kettenkapitalwertfunktion nach n und Gleichnullsetzung führt zu

$$C_{0j}'^{K(\infty)}(n^*) = 0 \quad \leftrightarrow \quad \frac{C_{0j}'(n^*)(1-e^{-in^*}) - ie^{-in^*}C_{0j}(n^*)}{(1-e^{-in^*})^2} = 0.$$

252 Äquivalenzumformungen führen zu diversen Optimalitätsbedingungen, die jeweils eine spezifische ökonomische Interpretation zulassen.

$$C_{0j}'(n^*)\frac{e^{in^*}-1}{i} = C_{0j}(n^*)$$

253 Im Nutzungsdaueroptimum stimmt der laufzeitabhängige marginale Kapitalwert eines Investitionskettengliedes multipliziert mit dem Rentenendwertfaktor (bei stetiger Verzinsung) mit dem Kapitalwert eines Investitionskettengliedes überein. Folglich lohnt sich eine Nutzungsdauerverlängerung, wenn der marginale Kapitalwert, als Rente über die neue Nutzungsdauer interpretiert, einen höheren Endwert zum Ende der Nutzungsdauer aufweist, als der Kapitalwert eines Investitionskettengliedes bei dieser Nutzungsdauer. Zum Laufzeitende eines jeden Investitionskettengliedes wird durch Laufzeitverlängerung dann ein höherer Wert generiert, als der alternativ realisierbare Kapitalwert eines Investitionskettengliedes bei Nichtverlängerung.

$$C_{0j}'(n^*) = C_{0j}(n^*)\frac{i}{e^{in^*}-1}$$

254 Im Nutzungsdaueroptimum entspricht der marginale Kapitalwert dem äquivalent rückwärtsverteilten Kapitalwert.

$$\frac{C_{0j}'(n^*)}{C_{0j}(n^*)} = \frac{i}{e^{in^*}-1}$$

255 Im Nutzungsdaueroptimum entspricht die laufzeitabhängige Kapitalwertänderungsrate der Höhe des Rückwärtsverteilungsfaktors (bei stetiger Verzinsung).

Beispiel 26 256

In einem Betrieb stehe die Anschaffung eines Aggregates zur Disposition. Der Anschaffungswert belaufe sich auf 168,16 GE. Der Strom der Einzahlungsüberschüsse sei gegeben durch $c(t) = 50 - 4t$. Der Liquidationserlös zum Zeitpunkt **n** betrage $L(n) = 160 - 20n$. Für die Verzinsungsintensität werde $i = 0{,}1$ angenommen. Die Kapitalwertfunktion lautet dann konkret:

$$C_0 = -168{,}16 + \int_0^n (50 - 4t)e^{-it}dt + (160 - 20n)e^{-in}$$

257 Es empfehlen sich zunächst vorbereitende Lösungsschritte. Für die Bestimmung des Kapitalwertes ist unter anderem der Wert des bestimmten Integrals zu ermitteln. Das bestimmte Integral weist die Struktur $\int_0^n (a - bt)e^{-it}dt$ auf. Mittels partieller Integration kann eine Lösung ermittelt werden. Die Rechenschritte werden kurz skizziert:

$$\int_0^n u(t)v'(t)dt = [u(t)v(t)]_0^n - \int_0^n u'(t)v(t)dt$$

258 Gesetzt wird $u(t) = a - bt, \quad v'(t) = e^{-it} \quad \rightarrow \quad u'(t) = -b, \quad v(t) = -\frac{1}{i}e^{-it}.$

259 Es folgt:

$$\int_0^n (a - bt)e^{-it}dt = \left[(a - bt)(-\frac{1}{i}e^{-it})\right]_0^n - \int_0^n -b(-\frac{1}{i})e^{-it}dt = (a - bn)(-\frac{1}{i}e^{-in}) + \frac{a}{i} - \left[-\frac{b}{i^2}e^{-it}\right]_0^n$$

$$= (a - bn)(-\frac{1}{i}e^{-in}) + \frac{a}{i} + \frac{b}{i^2}e^{-in} - \frac{b}{i^2} = e^{-in}(\frac{b}{i}n + \frac{b}{i^2} - \frac{a}{i}) + \frac{a}{i} - \frac{b}{i^2}$$

260 Durch Einsetzen der angenommenen Werte ergeben sich die Kapitalwert- und Grenzkapitalwertfunktion in Abhängigkeit von der Nutzungsdauer:

$$C_{0j} = -68{,}16 + (20n + 60)e^{-0{,}1n},\ C'_{0j} = (14 - 2n)e^{-0{,}1n}$$

261 Die optimale Nutzungsdauer ergibt sich aus

$$C'_{0j}(n^*) = 0 \leftrightarrow (14 - 2n^*)e^{-in^*} = 0 \leftrightarrow n^* = 7.$$

262 Für den maximal erzielbaren Kapitalwert ergibt sich schließlich:

$$C_{0j}(n^*) = -68{,}16 + (20 \cdot 7 + 60)e^{-0{,}1 \cdot 7} = 31{,}16.$$

263 Die optimale Nutzungsdauer des ersten Kettengliedes bei einmaliger identischer Wiederholung ergibt sich gemäß

$$50 - 4n_1^* - 20 - 0{,}1(160 - 20n_1^*) - 0{,}1 \cdot 31{,}13 = 0 \rightarrow n_1^* = 5{,}4435.$$

264 Der maximale Kapitalwert der zweigliedrigen Investitionskette berechnet sich zu

$$C_{0j}^{K(2)}(n_1^*, n_2^*) = -68{,}16 + (20 \cdot 5{,}4435 + 60)e^{-0{,}1 \cdot 5{,}4435} + 31{,}16e^{-0{,}1 \cdot 5{,}4435} = 47{,}90.$$

265 Es ergibt sich konkret für den Fall unendlichmaliger identischer Wiederholung:

$$(14 - 2n^*)e^{-in^*} \frac{e^{in^*} - 1}{i} = -68{,}16 + (20n^* + 60)e^{-in^*}$$

$$\leftrightarrow 200e^{-in^*} + 20n^* - 208{,}16 = 0 \rightarrow n^* = 3.$$

266 Die Gleichung kann nach Regula falsi oder dem Newton-Verfahren gelöst werden. Der maximal erzielbare Kapitalwert der Investitionskette mit unendlich vielen Gliedern beträgt in diesem Fall:

$$C_{0j}^{K(\infty)}(n^*) = 20{,}74 \frac{1}{1 - e^{-0{,}1 \cdot 3}} = 80{,}02.$$

C. STOCHASTISCHE VERFAHREN DER INVESTITIONSRECHNUNG: BERÜCKSICHTIGUNG DER UNSICHERHEIT BEI INVESTITIONSENTSCHEIDUNGEN

I. ALLGEMEINES UND UNSICHERHEITSBERÜCKSICHTIGUNGS-VERFAHREN

Unsicherheit bei Investitionsentscheidungen liegt vor, wenn mehrere Ausprägungen der zielwertbeeinflussenden Variablen möglich sind. Die Zielvariablen einer Investition I_j hängen von mehreren Einflussfaktoren ab, die i. d. R. als unsicher zu qualifizieren sind. Folgende Investitionsrechnungsverfahren der Unsicherheitsberücksichtigung **(stochastische Investitionsrechnungsverfahren)** lassen sich systematisieren: 267

Korrekturverfahren	**Sensitivitätsanalyse**	**Risikoanalyse**
Inkrement bei zielwert-negativer Wirkung	Kritische Wertanalyse	Erwartungswertverfahren (μ)-Prinzip
Dekrement bei zielwert-positiver Wirkung	Abweichungsanalyse	($\mu\sigma$)-Prinzip
		Risikoprofilanalyse
		Bernoulli-Prinzip

II. KORREKTURVERFAHREN

Ausgangspunkt sind realistische Prognosen der zielwertrelevanten Variablen. Im Rahmen des Korrekturverfahrens werden Abschläge an Variablen mit positiver Wirkung auf die Zielvariable, bzw. Zuschläge an Variablen mit negativer Wirkung auf die Zielvariable praktiziert. Bei Zugrundelegung einer allgemeinen Kapitalwertfunktion 268

$$C_{0j} = f(I_0, p, k_v, x, i, n,)$$

würden die Initialauszahlung, die stückvariablen Kosten sowie der Kalkulationszinssatz nach oben korrigiert werden. Der Preis, die Absatzmenge und die Nutzungsdauer (annahmegemäß unterhalb des Nutzungsdaueroptimums) würden dagegen mit einem niedrigeren Wert fixiert werden.

III. SENSITIVITÄTSANALYSE

269 Bei jedem Investitionsrechenverfahren ist die Outputgröße/Zielgröße z. B. Kapitalwert, Rentabilität, etc. eine Funktion der Inputgrößen/Eingabedaten wie z. B. Zinssatz, Einzahlungen, Kosten, etc. Oder anders ausgedrückt: die Zielgröße ist abhängig von den Eingabedaten.

270 Sind einige oder alle Eingabedaten unsicher, so ist es von Interesse zu wissen, wie die Zielgröße sich verändert, wenn die einzelnen Eingabedaten Veränderungen erfahren. Dies steht im Fokus der Sensitivitätsanalyse (auch Sensibilitäts- oder Empfindlichkeitsanalyse genannt).

271 Bei der Sensitivitätsanalyse steht die Relevanz ausgewählter zielwertrelevanter Variablen sowohl hinsichtlich der Existenz kritischer Grenzwerte als auch der Variationswirkung im Fokus. Es werden nachfolgend zwei entsprechende Verfahren beschrieben und exemplifiziert.

272 **Kritische Wert Analyse**

Bei der Sensitivitätsanalyse in Form der Bestimmung kritischer Werte werden jeweils ceteris paribus Ober- bzw. Untergrenzen ausgewählter Variablen ermittelt, sodass das entsprechende Vorteilhaftigkeitskriterium gerade noch nicht verletzt ist. Als Beispiel lässt sich bezüglich einer Investition I_j bei Zugrundelegung der Zielvariablen Kapitalwert die Berechnung einer Preisuntergrenze anführen bei der ceteris paribus der Kapitalwert 0 ist. In diesem Fall ist

$$C_{oj}(-I_0, \hat{p}, k_v, x, i, n) = 0.$$

anzusetzen. Analog kann auch eine kritische Absatzmenge gemäß

$$C_{oj}(-I_0, p, k_v, \hat{x}, i, n) = 0$$

oder eine kritische Deckungsspanne $d = p - k_v$ gemäß

$$C_{oj}(-I_0, \hat{d}, x, i, n) = 0$$

berechnet werden. Auch bei Selektionsentscheidungen lassen sich über eine Gleichsetzung der alternativenspezifischen Zielfunktionen spezifische kritische Argumente berechnen, deren Unter- bzw. Überschreitung zu einer veränderten Präferenzreihenfolge führt.

273 **Abweichungsanalyse**

Bei der Sensitivitätsanalyse in Form der Abweichungsanalyse wird die Reaktionsempfindlichkeit (Sensitivität) der Zielvariablen auf Änderungen ausgewählter unabhängiger Variablen ermittelt. Auf Basis einer Kapitalwertfunktion

$$C_{0j} = f(-I_0, p, k_v, x, i, n)$$

bieten sich hierfür Differenzialquotienten z. B. gemäß

$$\frac{\partial C_{oj}}{\partial p}, \quad \frac{\partial C_{0j}}{\partial x}, \quad \frac{\partial C_{0j}}{\partial i}, \quad \ldots$$

oder Elastizitäten z. B. gemäß

$$\varepsilon_{C_{0j}p} = \frac{\partial C_{oj}}{\partial p} \cdot \frac{p}{C_{0j}}, \quad \varepsilon_{C_{0j}x} = \frac{\partial C_{0j}}{\partial x} \cdot \frac{x}{C_{0j}}, \quad \varepsilon_{C_{0j}i} = \frac{\partial C_{0j}}{\partial i} \cdot \frac{i}{C_{oj}}, \ldots$$

an. Je nach Datenbasis können auch Bogenelastizitäten verwendet werden.

Ein spezielleres Sensitivitätsmaß bezüglich Zinsänderungen bietet die **Konvexität** der Kapitalwertfunktion. Ausgehend von der Kapitalwertberechnungsformel 274

$$C_0 = -I_0 + \sum_{t=1}^{n} c_t (1+i)^{-t}$$

ergibt sich für *die* Konvexität

$$\frac{\frac{\partial^2 C_0(i)}{\partial C_0^2}}{C_0(i)} = \frac{\sum_{t=1}^{n} t(t+1) c_t (1+i)^{-t-2}}{-I_0 + \sum_{t=1}^{n} c_t (1+i)^{-t}}.$$

Je ausgeprägter die Konvexität, desto divergenter die jeweilige betragliche Kapitalwertänderung auf eine Zinserhöhung gegenüber einer Zinssenkung und vice versa. Bei hoher Konvexität führt von einem bestimmten Zinssatz ausgehend eine Zinserhöhung zu einem relativ geringen Kapitalwertrückgang, wogegen eine Zinssenkung zu einer relativ hohen Kapitalwertzunahme führt. Die Konvexität ist somit ein **Maß für die Asymmetrie der Kapitalwertänderung** auf vorzeichenverschiedene Zinssatzänderungen. 275

276 **Beispiel 27**

Ein Eigenbetrieb eruiert die Akzeptanzwürdigkeit einer Erweiterungsinvestition.

Folgende Planungsdaten werden auf Basis des aktuellen Informationsstandes fixiert:

Anschaffungswert I_0	100.000 GE
Nutzungsdauer n	8 Jahre
Absatzvolumen x	10.000 ME
Verkaufspreis p	6 GE
Stückvariable Kosten k_v	3 GE
Jährliche Wartungskosten WK	8.000 GE
Kalkulationszinssatz i	0,07

277 Eine kapitalwertmäßige Prüfung der Akzeptanzwürdigkeit bei Sicherheit ergibt:

$$C_{0j} = -I_0 + \left[(p-k_v)x - WK\right]\frac{1-q^{-n}}{i} = \qquad \rightarrow I_j \succ I_U$$

$$-100.000 + \left[(6-3)10.000 - 8.000\right]\frac{1-1{,}07^{-8}}{0{,}07} = 31.368{,}57 > 0$$

278 Die kritische Absatzmenge $\hat{x}$ ergibt sich gemäß: $C_{0j}(\hat{x}) = 0$

$$\leftrightarrow \quad -I_0 + \left[(p-k_v)\hat{x} - WK\right]\frac{1-q^{-n}}{i} = 0$$

$$\leftrightarrow \hat{x} = \frac{I_0 + WK\frac{1-q^{-n}}{i}}{(p-k_v)\frac{1-q^{-n}}{i}} = \frac{100.000 + 8.000\frac{1-1{,}07^{-8}}{0{,}07}}{(6-3)\frac{1-1{,}07^{-8}}{0{,}07}} = 8.248{,}93$$

279 Wird die Absatzmenge von $\hat{x} = 8.248{,}93$ unterschritten, so wird der Kapitalwert negativ.

280 Analog lässt sich ein kritischer Wert für die Deckungsspanne $d = p - k_v$ berechnen. Es folgt:

$$C_{oj}(\hat{d}) = 0 \quad \leftrightarrow \quad -I_0 + \left[\hat{d}x - WK\right]\frac{1-q^{-n}}{i} = 0.$$

Auflösung und Einsetzung ergibt 281

$$\hat{d} = 2{,}4747.$$

Die Kapitalwertsensitivität einer 10 %igen Reduktion des Absatzes soll mittels einer Bogenelastizität berechnet werden. Die Kapitalwerte betragen 282

$$C_{0j}(x = 10.000) = 31.368{,}57$$

bzw.

$$C_{0j}(x = 9.000) = 13.454{,}67.$$

Die Bogenelastizität ergibt sich nun gemäß: 283

$$\varepsilon_{C_{0j}x} = \frac{\Delta C_{0j}}{C_{0j}} : \frac{\Delta x}{x} = \frac{13.454{,}67 - 31.368{,}57}{31.368{,}57} : \frac{-1.000}{10.000} = -5{,}71071$$

Die Kapitalwertsensitivität bezüglich einer 10 %igen Preisreduktion ergibt sich zu 284

$$C_{0j}(p = 6) = 31.368{,}57 \text{ bzw. } C_{0j}(p = 5{,}4) = -4.459{,}22:$$

$$\varepsilon_{C_{0j}p} = \frac{\Delta C_{0j}}{C_{0j}} : \frac{\Delta p}{p} = \frac{-4.459{,}22 - 31.368{,}57}{31.368{,}57} : \frac{-0{,}6}{6} = -11{,}42$$

Bei einer Erhöhung des Kalkulationszinssatzes um einen Prozentpunkt folgt 285

$$C_{0j}(i = 0{,}07) = 31.368{,}57 \quad bzw. \quad C_{0j}(i = 0{,}08) = 26.426{,}06:$$

$$\varepsilon_{C_{0j}i} = \frac{26.426{,}06 - 31.368{,}57}{31.368{,}57} : \frac{0{,}01}{0{,}07} = -1{,}1029$$

Ein Rückgang der Absatzmenge um 1 % führt zu einem Rückgang des Kapitalwertes um näherungsweise 5,71071 %, ein einprozentiger Preisrückgang zu einem 11,42 %tigen Kapitalwertrückgang und eine Erhöhung des Kalkulationszinssatzes um 1 % initiiert eine Kapitalwertsenkung in Höhe von 1,1029 %. 286

IV. RISIKOANALYSE

287 Unter dem Begriff der Risikoanalyse werden diejenigen Verfahren zusammengefasst, die eine Wahrscheinlichkeitsverteilung der Zielgröße als Basis verwenden.

288 Die Entscheidung bezüglich der Vorteilhaftigkeit von Investitionsalternativen wird auf Basis von Parametern, die aus den jeweiligen Wahrscheinlichkeitsverteilungen gewonnen werden bzw. durch Gegenüberstellung der Wahrscheinlichkeitsverteilungen selbst gefunden.

1. WESEN DER RISIKOANALYSE

289 Im Rahmen einer Risikoanalyse wird die Zielvariable als Zufallsvariable (Stochastische Variable) angenommen. Zur Durchführung einer Risikoanalyse wird die Wahrscheinlichkeitsverteilung der zielwertrelevanten Variablen benötigt. Hieraus kann eine Wahrscheinlichkeitsverteilung der Zielvariablen ermittelt werden. Letztere ermöglicht die Berechnung entscheidungsrelevanter Parameter sowie von Nutzenerwartungswerten. Für die folgenden Überlegungen werden die Kapitalwertwahrscheinlichkeitsverteilungen zweier Investitionen zugrunde gelegt.

290 Kapitalwertwahrscheinlichkeitsfunktion der Investition I_i

$b_k(w_k)$	$b_1(w_1)$	$b_2(w_2)$	...	$b_n(w_n)$
C_{0i}	C_{0i1}	C_{0i2}	...	C_{0in}

291 Kapitalwertwahrscheinlichkeitsfunktion der Investition I_j

$b_k(w_k)$	$b_1(w_1)$	$b_2(w_2)$	...	$b_n(w_n)$
C_{0j}	C_{0j1}	C_{0j2}	...	C_{0jn}

b_k (w_k) beschreibt die Umweltlage b_k mit entsprechender Eintrittswahrscheinlichkeit w_k.

2. ERWARTUNGSWERTVERFAHREN

Der Erwartungswert $E(X) = \mu$ einer Zufallsvariablen x ergibt sich aus der Summe der mit den jeweiligen Eintrittswahrscheinlichkeiten multiplizierten zustandsabhängigen Realisationen. Für die Kapitalwerte der Alternativen ergeben sich die Erwartungswerte gemäß 292

$$E(\tilde{C}_{0i}) = \mu_i = \sum_{k=1}^{n} w_k C_{0ik}$$

$$E(\tilde{C}_{0j}) = \mu_j = \sum_{k=1}^{n} w_k C_{0jk}$$

Die Tilde über dem Kapitalwertsymbol ($\tilde{C}_0$) symbolisiert den Kapitalwert als Zufallsvariable. 293

Nach dem Erwartungswertverfahren erscheint die Investitionsalternative als vorziehenswürdig, die den höchsten Erwartungswert aufweist. 294

$$\max\{\mu_1, \mu_2, \ldots, \mu_m\} = \mu_j \rightarrow I_j \succ I_i, \quad \forall i \in \{1, \ldots m\} - j$$

Der Nachteil reiner Kapitalwerterwartungswertmaximierung ist die vollständige Vernachlässigung der Streuung der zustandsabhängigen Kapitalwerte. Die Streuung stellt einen wichtigen Risikoparameter dar und soll im Folgenden berücksichtigt werden. 295

3. KAPITALWERTERWARTUNGSWERT UND –STREUUNG ALS KOMBINIERTES ENTSCHEIDUNGSKRITERIUM

Als Streuungsparameter wird die Standardabweichung verwendet. Die Standardabweichung ergibt sich aus der Quadratwurzel des Erwartungswertes der quadrierten Abweichungen der zustandsabhängigen Kapitalwerte vom Erwartungswert des Kapitalwertes. Als Symbol wird das kleine griechische Sigma verwendet. Die Standardabweichungen für beide Kapitalwerte ergeben sich gemäß 296

$$\sigma_i = \sqrt{\sum_{k=1}^{n} w_k (C_{0ik} - \mu_i)^2} = \sqrt{(\sum_{k=1}^{n} w_k C_{0ik}^2) - \mu_i^2}$$

$$\sigma_j = \sqrt{\sum_{k=1}^{n} w_k (C_{0jk} - \mu_j)^2} = \sqrt{(\sum_{k=1}^{n} w_k C_{0jk}^2) - \mu_j^2}$$

Die Standardabweichung ist ein Maß für die durchschnittliche Abweichung eines jeden zustandsabhängigen Kapitalwertes vom Kapitalwerterwartungswert. Je größer die Standardabweichung, desto größer die Streuung. Die Standardabweichung reflektiert dabei Abweichungen sowohl oberhalb des Erwartungswertes (als Chance zu interpretieren) als auch unterhalb des Erwartungswertes (als Gefahr bzw. als Risiko im engeren Sinne zu interpretieren). Die Beurteilung der Standardabweichung hängt von der subjektiven 297

Risikoeinstellung des Entscheiders ab. Der risikoavers eingestellte Entscheider beurteilt die Standardabweichung negativ, da er die Gefahr negativer Abweichungen vom Erwartungswert höher bewertet, als die Chance positiver Abweichungen. Dagegen betont der risikosympathisch eingestellte Entscheider die Chancen positiver Abweichungen vom Erwartungswert stärker als die Gefahren negativer Abweichungen. Diese Zusammenhänge können durch eine Präferenzfunktion gemäß

$$\Phi(\mu,\sigma) = \mu + \alpha\sigma$$

dargestellt werden. Φ beschreibt einen alternativenspezifischen Präferenzwert und ist als Maß für die Wertschätzung der betreffenden Alternative zu sehen. Aus letzterer lässt sich der Grad der Realisationswürdigkeit der entsprechenden Alternative aus Sicht des Entscheiders ableiten.

298 Der Risikokoeffizient α beschreibt hinsichtlich seines Vorzeichens die Risikoeinstellung und hinsichtlich seines Betrages die Intensität der jeweiligen Risikoeinstellung. Es gilt bei risikosympathischer Einstellung

$$\frac{\partial\Phi}{\partial\sigma} = \alpha > 0$$

sowie bei risikoaverser Einstellung

$$\frac{\partial\Phi}{\partial\sigma} = \alpha < 0.$$

299 Einen weiteren Fall bildet die risikoneutrale Einstellung mit entsprechend

$$\frac{\partial\Phi}{\partial\sigma} = \alpha = 0.$$

300 In diesem Fall folgt die Entscheidung einem Erwartungswertmaximierungskalkül. Eine Auflösung der Präferenzfunktion nach dem Erwartungswert führt zu

$$\mu = \Phi - \alpha\sigma.$$

301 Der Ausdruck

$$\frac{d\mu}{d\sigma} = -\alpha$$

kann als eine **Grenzrate der erwartungswertspezifischen Risikokompensation** interpretiert werden. Im Fall der Risikoaversion gibt er die Höhe der zusätzlichen Erwartungswertforderung an, wenn das Risiko um eine Einheit steigt (beachte bei Risikoaversion gilt: $-\alpha > 0$). Im Fall der Risikosympathie gibt $\frac{d\mu}{d\sigma} = -\alpha$ die Erwartungswertverzichtsbereitschaft an, wenn das Risiko um eine Einheit steigt. Zu beachten ist die unterschiedliche Beurteilung der Standardabweichung je nach Risikoeinstellung. Der risikoaverse Entscheider sieht diese negativ (Überbetonung der Gefahren), der risikosympathische Entscheider interpretiert diese dagegen positiv. Die genannte Grenzrate kann allgemein mittels impliziter Differentiation gemäß

$\frac{d\mu}{d\sigma} = -\frac{\frac{\partial\Phi}{\sigma}}{\frac{\partial\Phi}{\partial\mu}}$ ermittelt werden.

Beispiel 28 302

Betrachtet werden die Kapitalwertwahrscheinlichkeitsverteilungen von zwei Investitionsalternativen I_i, I_j.

	$b_1\,(0{,}25)$	$b_2\,(0{,}4)$	$b_3\,(0{,}35)$
I_i	$C_{0i1} = 20$	$C_{0i2} = 50$	$C_{0i3} = 60$
I_j	$C_{0j1} = -10$	$C_{0j2} = 40$	$C_{0j3} = 100$

Die Kapitalwerterwartungswerte ergeben sich zu 303

$$\mu_i = 0{,}25 \cdot 20 + 0{,}4 \cdot 50 + 0{,}35 \cdot 60 = 46$$

bzw.

$$\mu_j = 0{,}25 \cdot (-10) + 0{,}4 \cdot 40 + 0{,}35 \cdot 100 = 48{,}5$$

mit

$$\mu_j > \mu_i \rightarrow I_j \succ I_i.$$

Für die Standardabweichungen folgt: 304

$$\sigma_i = \sqrt{0{,}25 \cdot 20^2 + 0{,}4 \cdot 50^2 + 0{,}35 \cdot 60^2 - 46^2} = 15{,}62$$

bzw.

$$\sigma_j = \sqrt{0{,}25(-10)^2 + 0{,}4 \cdot 40^2 + 0{,}35 \cdot 100^2 - 48{,}5^2} = 42{,}58$$

Bei Annahme einer Risikoaversion implizierenden Präferenzfunktion 305

$$\Phi = \mu - 0{,}75\sigma$$

ergibt sich

$$\Phi_i = 46 - 0{,}75 \cdot 15{,}62 = 34{,}285$$

bzw.

$$\Phi_j = 48{,}5 - 0{,}75 \cdot 42{,}58 = 16{,}565.$$

306 Wegen $\Phi_i > \Phi_j$ erscheint I_i vorziehenswürdig.

4. RISIKOPROFILANALYSE

307 Bei stochastischen Dominanzprinzipien wird die gesamte Wahrscheinlichkeitsverteilung der jeweiligen Zielvariablen betrachtet. Im Folgenden werde der Kapitalwert als stetige Zufallsvariable angenommen. Für die Investitionen I_i, I_j seien folgende Kapitalwertdichtefunktionen gegeben

$$.f_i(\widetilde{C}_0) \; bzw. \; f_j(\widetilde{C}_0).$$

308 Die entsprechenden Verteilungsfunktionen lauten

$$F_i(C_0) = \int_{-\infty}^{C_0} f_i(u)du \;\; bzw. \;\; F_j(C_0) = \int_{-\infty}^{C_0} f_j(u)du\cdot$$

309 Die entsprechenden komplementären Verteilungsfunktionen gemäß

$$\overline{F}_i(C_0) = 1 - F_i(C_0) \;\; bzw. \;\; \overline{F}_j(C_0) = 1 - F_j(C_0)$$

sind ökonomisch als **Risikoprofil** zu interpretieren. Beispielsweise gibt $\overline{F}_i(C_0^*)$ die Höhe der Wahrscheinlichkeit an, dass bei Realisation der Investition I_i, **mindestens** ein Kapitalwert in Höhe von C_0^* erreicht wird. Das Risikoprofil erscheint daher besonders für die Zielvorschrift „Satisfizierung" geeignet, d. h. wenn es primär darum geht, einen bestimmten Zielwert mindestens zu erreichen und die Höhenpräferenz über diesen Wert hinaus eher schwach ausgeprägt ist. Bei Vorliegen der Risikoprofile der zur Selektionsentscheidung anstehenden Investitionsalternativen können nun nachfolgende Prinzipien angewendet werden.

310 **(1) Aspirationsprinzip**

Es wird ein bestimmter Mindestkapitalwert $C_0^{\min}$ fixiert und anschließend die Investitionsalternative selektiert, die diesen Mindestkapitalwert mit einer höheren Wahrscheinlichkeit erreicht.

$$\max\left\{\overline{F}_i(C_0^{\min}), \overline{F}_j(C_0^{\min})\right\}$$

(2) Fraktilprinzip 311

Beim Fraktilprinzip ist ein bestimmtes Sicherheitsanspruchsniveau, welches durch eine Mindestwahrscheinlichkeit festgelegt ist, Entscheidungsbasis. Selektionswürdig erscheint die Investitionsalternative, die bei fixierter Wahrscheinlichkeit $\overline{F}^*$ den höheren Kapitalwert aufweist.

$$\max\left\{C_{0i}(\overline{F}^*), C_{0j}(\overline{F}^*)\right\}$$

(3) Stochastische Dominanz 1. Grades 312

Eine Investitionsalternative I_i dominiert bezüglich ihrer Kapitalwertverteilung eine Investitionsalternative I_j bezüglich deren Kapitalwertverteilung stochastisch vom 1. Grad im Intervall $[C_{01}, C_{02}]$, wenn bezüglich der Risikoprofile für alle $C_0 \in [C_{01}, C_{02}]$ gilt, dass

$$\overline{F}_i(C_0) > \overline{F}_j(C_0)$$

und für mindestens ein $C_0 \in [C_{01}, C_{02}]$ die strenge Relation

$$\overline{F}_i(C_0) > \overline{F}_j(C_0)$$

erfüllt ist.

(4) Stochastische Dominanz 2. Grades 313

Analog zu den Annahmen von (3) liegt eine stochastische Dominanz 2. Grades vor, wenn für alle $C_0 \in [C_{01}, C_{02}]$

$$\int_{C_{01}}^{C_{02}} (\overline{F}_i(u) - \overline{F}_j(u))du \geq 0$$

gilt sowie für mindestens einen Kapitalwert aus dem entsprechenden Kapitalwertintervall

$$\int_{C_{01}}^{C_{02}} (\overline{F}_i(u) - \overline{F}_j(u))du > 0$$

erfüllt ist.

5. DAS BERNOULLI-PRINZIP

5.1 Grundidee

Die Grundidee des Bernoulli-Prinzips besteht darin, dass jedem Kapitalwert C_{0i} einer Inves- 314
tition I_i ein Nutzenwert $u(C_{0i})$ zugeordnet wird, der die subjektive Wertschätzung des jewei-

ligen Kapitalwertes für den Entscheider widerspiegelt. Dabei resultiert die Wertschätzung aus den Zielerreichungsgraden der für den Entscheider relevanten Ziele. Voraussetzung ist die Existenz einer entsprechenden Nutzenfunktion

$$u = u(C_0),$$

die jedem Kapitalwert bzw. alternativem Zielwert eindeutig einen bestimmten Nutzen zuordnet. Spezifische Eigenschaften der Nutzenfunktion reflektieren jeweils die Risikoeinstellung des Entscheiders.

5.2 Risikoeinstellungen

315 Die drei nachfolgend genannten elementaren Risikoeinstellungen können über jeweils spezifische Eigenschaften der Nutzenfunktion beschrieben werden.

316 **Risikoaversion**

Die Nutzenfunktion verläuft streng monoton steigend bei streng konkaver Krümmung. Mithin gilt

$$u'(C_0) > 0, \quad u''(C_0) < 0$$

317 **Risikoneutralität**

Die Nutzenfunktion verläuft streng monoton steigend und linear.

$$u'(C_0) > 0, \quad u''(C_0) = 0$$

318 **Risikosympathie**

Die Nutzenfunktion verläuft streng monoton steigend und streng konvex gekrümmt.

$$u'(C_0) > 0, \quad u''(C_0) > 0$$

319 Die in der Realität dominierende Risikoeinstellung liegt in der Risikoaversion. Daher soll im Rahmen der Untersuchung der folgenden Entscheidungsprobleme auch Risikoaversion unterstellt werden. Die Risikoaversion kann in absolute Risikoaversion (ARA) und in relative Risikoaversion (RRA) differenziert werden. Ein Beispiel soll dieses verdeutlichen.

Beispiel 29 320

Ein Investor verfüge über 1.000 GE. Davon möge er jeweils 50 % sicher und riskant investieren. Nun möge sich das Investitionsvolumen um 500 GE erhöhen. Dann kann unterschieden werden in

- **Konstante ARA:** Die zusätzlichen 500 GE werden komplett sicher investiert.
- **Abnehmende ARA:** Es wird ein Teil oder Alles zusätzlich riskant investiert
- **Zunehmende ARA:** Die ursprüngliche riskante Investition in Höhe von 500 GE wird reduziert.
- **Konstante RRA:** Die zusätzlichen 500 GE werden ebenfalls jeweils 50 % sicher und riskant investiert.
- **Zunehmende RRA:** Die zusätzlichen 500 GE werden derart investiert, dass von den gesamten 1.500 GE weniger als 50 % riskant investiert sind.
- **Abnehmende RRA:** Die zusätzlichen 500 GE werden derart investiert, dass von den gesamten 1.500 GE mehr als 50 % riskant investiert sind.

Je nach konkreter Risikoeinstellung kann bei der Entscheidungsfindung auf Basis des Bernoulli-Prinzips auf verschiedene Nutzenfunktionen zurückgegriffen werden. Einige werden exemplarisch vorgestellt (der Zielwert werde allgemein mit x symbolisiert). 321

Nutzenfunktion	ARA	RRA
$u(x) = ax - bx^2$	zunehmend	zunehmend
$u(x) = a - e^{-bx}$	konstant	zunehmend
$u(x) = \sqrt{x}$	abnehmend	konstant
$u(x) = \ln x$	abnehmend	konstant

Arrow und Pratt entwickelten ein Maß für die **lokale absolute Risikoaversion**. Diese beschreibt die konkrete Höhe der absoluten Risikoaversion bezüglich eines bestimmten Zielwertes. Der Berechnungswert ergibt sich gemäß 322

$$ARA(x) = -\frac{u''(x)}{u'(x)}$$

323 Zwischen absoluter und relativer Risikoaversion existieren bestimmte Zusammenhänge. Die relative Risikoaversion ergibt sich durch Multiplikation der ARA mit dem Zielwert gemäß

$$RRA(x) = ARA(x)x = -\frac{u''(x)}{u'(x)}x$$

324 **Beispiel 30**

Die Vorteilhaftigkeitsbeurteilung einer Investition erfolge auf Basis der Kapitalwertmethode. Die Risikoberücksichtigung erfolge über das Bernoulli-Prinzip. Als Nutzen-funktion werde $u = \sqrt{C_0}$ zugrunde gelegt.

Es ergibt sich

$$u'(C_0) = 0{,}5C_0^{-0,5},\ u''(C_0) = -0{,}25C_0^{-1,5}$$

und somit

$$ARA(C_0) = -\frac{-0{,}25C_0^{-1,5}}{0{,}5C_0^{-0,5}} = 0{,}5C_0^{-1}$$

325 Wegen $\frac{dARA(C_0)}{dC_0} = -0{,}5C_0^{-2} < 0$ nimmt die absolute Risikoaversion ab.

326 Für die relative Risikoaversion ergibt sich

$$RRA(C_0) = 0{,}5C_0^{-1}C_0 = 0{,}5.$$

327 Letztere zeigt sich für obige Nutzenfunktion konstant.

5.3 Alternativenselektion auf Basis des Bernoulli-Prinzips

328 Auf Basis einer geeigneten Nutzenfunktion, die die Risiko- und Höhenpräferenz des Entscheiders reflektiert, wird für jedes zustandsabhängige Ergebnis die jeweilige Nutzenziffer berechnet. Für jede Alternative wird aus diesen Nutzenziffern der Erwartungswert (**Nutzenerwartungswert**) berechnet. Die Alternative mit dem maximalen Nutzenerwartungswert erscheint selektionswürdig.

Betrachtet werde für zwei Investitionen I_i, I_j jeweils die Kapitalwertwahrscheinlichkeitsverteilung mit den entsprechend berechneten Nutzenziffern: 329

	$b_1(w_1)$	$b_2(w_2)$	...	$b_n(w_n)$
I_i	$C_{0i1} \rightarrow u(C_{oi1})$	$C_{0i2} \rightarrow u(C_{0i2})$	...	$C_{0in} \rightarrow u(C_{oin})$
I_j	$C_{0j1} \rightarrow u(C_{oj1})$	$C_{0j2} \rightarrow u(C_{oj2})$	...	$C_{0jn} \rightarrow u(C_{ojn})$

Die Präferenzwerte der Investitionsalternativen ergeben sich nun aus den Nutzenerwartungswerten gemäß 330

$$\Phi(I_i) = \mu\left[u\left(\tilde{C}_{0i}\right)\right] = \sum_{k=1}^{n} w_k u(C_{0ik})$$

$$\Phi(I_j) = \mu\left[u\left(\tilde{C}_{0j}\right)\right] = \sum_{k=1}^{n} w_k u(C_{0jk})$$

Das Entscheidungskriterium des Bernoulli-Prinzips lautet nun 331

$$\max\left\{\Phi(I_i), \Phi(I_j)\right\}$$

Beispiel 31

Für 2 Investitionen I_i, I_j liege jeweils folgende Kapitalwertwahrscheinlichkeitsverteilung vor: 332

	$b_1(0,3)$	$b_2(0,4)$	$b_3(0,3)$
I_i	$C_{0i1} = 10$	$C_{0i2} = 50$	$C_{0i3} = 100$
I_j	$C_{0j1} = 30$	$C_{0j2} = 50$	$C_{0j3} = 65$

Die Risikonutzenfunktion laute $u = \sqrt{C_0}$ 333

Ermitteln Sie die vorziehenswürdige Alternative mit Hilfe des Bernoulli-Prinzips!

Lösung: 334

$$\Phi(I_i) = 0{,}3\sqrt{10} + 0{,}4\sqrt{50} + 0{,}3\sqrt{100} = 6{,}78$$

$$\Phi(I_j) = 0{,}3\sqrt{30} + 0{,}4\sqrt{50} + 0{,}3\sqrt{65} = 6{,}89$$

Wegen des höheren Präferenzwertes erscheint Alternative I_j vorziehenswürdig. 335

5.4 Risikoeinstellung und Sicherheitsäquivalent

336 Neben der Krümmung der Nutzenfunktion existieren weitere Möglichkeiten, die Risikoeinstellung des Entscheiders zu identifizieren. Ein weiteres Kriterium ist die Größenrelation zwischen **Erwartungswert des Nutzens** $\mu\{u(\tilde{C}_0)\}$ und **Nutzen des Erwartungswertes** $\mu\{u(\tilde{C}_0)\}$. Risikosympathie liegt vor, wenn der Erwartungswert des Nutzens größer ist als der Nutzen des Erwartungswertes, bei Risikoaversion verhält es sich umgekehrt. Formal gilt

$$\mu\{u(\tilde{C}_0)\} > \mu\{u(\tilde{C}_0)\} \quad \rightarrow \quad \text{Risikosympathie}$$

$$\mu\{u(\tilde{C}_0)\} < \mu\{u(\tilde{C}_0)\} \quad \rightarrow \quad \text{Risikoaversion}$$

$$\mu\{u(\tilde{C}_0)\} = \mu\{u(\tilde{C}_0)\} \quad \rightarrow \quad \text{Risikoneutralität}$$

337 Darüber hinaus kann die Risikoeinstellung über die Größenrelation zwischen Sicherheitsäquivalent und Erwartungswert bezüglich der alternativenspezifischen Zielwertverteilung beschrieben werden. Unter einem **Sicherheitsäquivalent** ist der risikolose Zielwert zu verstehen, den der Entscheider gegenüber einer riskanten Alternative (gekennzeichnet durch die Wahrscheinlichkeitsverteilung) als indifferent einschätzt. Das Sicherheitsäquivalent der Zielvariable Kapitalwert C_0^S bezüglich einer Kapitalwertwahrscheinlichkeitsverteilung einer Investition I_i ist formal wie folgt definiert

$$C_0^S \sim \{C_{0i1}(w_1), \ldots, C_{0in}(w_n)\}$$

338 Risikosympathie liegt vor, wenn das Sicherheitsäquivalent über dem Erwartungswert liegt. Analog ist die Risikoeinstellung risikoavers, wenn das Sicherheitsäquivalent kleiner ist als der Erwartungswert. Formal gilt

$$C_0^S > \mu(\tilde{C}_0) \quad \rightarrow \quad \text{Risikosympathie}$$

$$C_0^S < \mu(\tilde{C}_0) \quad \rightarrow \quad \text{Risikoaversion}$$

$$C_0^S = \mu(\tilde{C}_0) \quad \rightarrow \quad \text{Risikoneutralität}$$

339 Bei der Berechnung des Sicherheitsäquivalentes ist der folgende Zusammenhang zu beachten. Der **Nutzen des Sicherheitsäquivalentes** entspricht dem **Erwartungswert des Nutzens der Zielwerte**. Werden als Zielwerte wieder Kapitalwerte angenommen, gilt

$$u(C_0^S) = \mu\{u(\tilde{C}_0)\}$$

340 Die Berechnung des Sicherheitsäquivalentes ergibt sich aus der Inversen der Nutzenfunktion gemäß

$$C_0^S = u^{-1}\{\mu\{u(\tilde{C}_0)\}\}$$

Beispiel 32 341

Betrachtet werden die Kapitalwertwahrscheinlichkeitsverteilungen aus Beispiel 31. Die Nutzenerwartungswerte ergeben sich zu

$$\mu_i\left\{u\left(\widetilde{C}_{0i}\right)\right\} = 0{,}3\sqrt{10} + 0{,}4\sqrt{50} + 0{,}3\sqrt{100} = 6{,}78 \quad bzw.$$
$$\mu_j\left\{u\left(\widetilde{C}_{0i}\right)\right\} = 0{,}3\sqrt{30} + 0{,}4\sqrt{50} + 0{,}3\sqrt{65} = 6{,}89$$

Die Inverse der Nutzenfunktion lautet $C_0 = u^2$. Einsetzen der jeweiligen Nutzenerwartungswerte ergibt die Sicherheitsäquivalente

$$C_{0i}^S = 6{,}78^2 = 45{,}97, \quad bzw. \quad C_{0j}^S = 6{,}89^2 = 47{,}47.$$

Einen sicheren Kapitalwert in Höhe von $C_{0i}^S = 45{,}97$ schätzt ein Entscheider mit der gegebenen Nutzenfunktion gegenüber der gegebenen Kapitalwertwahrscheinlichkeitsverteilung der Alternative I_i präferenzmäßig gleich ein, analoges gilt für C_{0j}^S und der Wahrscheinlichkeitsverteilung der Alternative I_j. 342

Bei Risikoaversion liegt das Sicherheitsäquivalent unterhalb des Zielwerterwartungswertes. Die Differenz zwischen Zielwerterwartungswert und Sicherheitsäquivalent stellt eine **Risikoprämie** (π) dar. 343

$$\pi = \mu(\widetilde{C}_0) - C_0^S$$

Die Risikoprämie gibt den vom jeweiligen Entscheider geforderten Aufschlag auf das sichere Ergebnis im Hinblick auf den Erwartungswert des unsicheren Ergebnisses an, damit eine Indifferenz zwischen der entsprechenden unsicheren Alternative und der sicheren Alternative eintritt. Liegt die tatsächliche Differenz zwischen Erwartungswert und Sicherheitsäquivalent oberhalb der geforderten Risikoprämie, präferiert der Entscheider die unsichere Alternative. 344

6. EXKURS: ENTSCHEIDUNGSTHEORETISCHE FUNDIERUNG EINER INVESTITIONSENTSCHEIDUNG BEI UNSICHERHEIT – FALLBEISPIEL MIT ERWEITERUNGEN

6.1 Zum Entscheidungsbegriff

Eine Entscheidung besteht in der Selektion einer Handlungsalternative a_i aus einem Aktionenraum A = $\{a_1, ..., a_n\}$. A ist endlich, vollständig und alle Alternativen $a_i, a_j \in A$, $a_i \neq a_j$ sind paarweise disjunkt. Zwecks Generierung eines Selektionskriteriums für die optimale Handlungsalternative $a_i^* \in A$ ist eine Bewertung aller Alternativen notwendig. Die Bewertung geschieht mit einer Bewertungsfunktion. Eine Bewertungsfunktion $\Phi : A \rightarrow R$ ordnet 345 jeder Alternative $a_i \in A$ eine reelle Zahl $\Phi(a_i)$ zu. Über einen ordinalen Vergleich zweier beliebiger Werte $\Phi(a_i), \Phi(a_j), a_i, a_j \in A$ kann eine Präferenzrelation formuliert werden gemäß

$$\Phi(a_i) > \Phi(a_j) \leftrightarrow a_i \succ a_j$$
$$\Phi(a_i) = \Phi(a_j) \leftrightarrow a_i \sim a_j$$
$$\Phi(a_i) < \Phi(a_j) \leftrightarrow a_i \prec a_j$$

346 Das Symbol „≻" beschreibt eine starke Präferenz einer Alternative gegenüber einer anderen Alternative, das Symbol „~" kennzeichnet Indifferenz zwischen zwei Alternativen. $\Phi(a_i)$ bezeichnet den Präferenzwert der Alternative a_i er stellt ein quantitatives Maß für den Grad der Zielerreichung dar. Eine rationale Entscheidung ergibt sich aus dem Selektionskriterium

$$\max\{\Phi(a_1),\ldots,\Phi(a_n)\} = \Phi(a_i) \leftrightarrow a_i^* = a_i.$$

347 Bewertungskriterien der Bewertungsfunktion $\Phi : A \to R$ stellen die durch die Initiierung einer Alternativen $a_i \in A$ realisierten zielrelevanten Konsequenzen dar. Diese lassen sich durch ein monovariates stochastisches Ergebnis $\tilde{x}_i$ bzw. einen multivariaten stochastischen Ergebnisvektor $(\tilde{x}_{i1},\ldots,\tilde{x}_{im})$ konkretisieren. Der durch ein Ergebnis reflektierte Zielerreichungsgrad determiniert somit den Präferenzwert.

348 Nachfolgend wird ein ausgewähltes Investitionsentscheidungsproblem modelliert. Es schließt sich eine Beschreibung möglicher Lösungsansätze unter expliziter Berücksichtigung des Risikos an.

6.2 Ein Investitionsentscheidungsproblem

349 Bei einem Investitionsentscheidungsproblem bestehen die Handlungsalternativen in Investitionsalternativen. Eine Investition wird durch eine Initialauszahlung $-I_0$ initiiert, der in diskreter Betrachtung eine diskrete Reihe unsicherer Zahlungsüberschüsse $\{\tilde{c}_t, t = 1,\ldots,n\}$ **(diskreter Zustands- und Parameterraum)** bzw. in stetiger Betrachtung ein kontinuierlicher unsicherer Zahlungsstrom $\{\tilde{c}(t), t \in [0,n]\}$ **(stetiger Zustands- und Parameterraum)** folgt. Die monetären Konsequenzen bilden die für eine Investitionsentscheidung relevanten Ergebnisse im Rahmen eines annahmegemäß erfolgsorientierten Zielsystems. Als Datenbasis für ein Investitionsentscheidungsproblem liege exemplarisch folgende Entscheidungsmatrix vor:

	$b_1(w_1)$	$b_2(w_2)$	$b_3(w_3)$
I_1	$c_{11}(t) = 20$	$c_{12}(t) = 40$	$c_{13}(t) = 60$
I_2	$c_{21}(t) = 30$	$c_{22}(t) = 40$	$c_{23}(t) = 45$

mit $c_{ij}(t)$ = Zahlungsüberschussprofil der Alternative I_i in der Umweltlage $b_j(w_j)$ mit Eintrittswahrscheinlichkeit w_j für den Planungszeitraum $[0, n]$.

Zur Generierung eines auf den Entscheidungszeitpunkt bezogenen Wertmaßstabes für jede Investition (Kapitalwert) als Entscheidungsgrundlage sind die nachfolgenden monetären Wirkungen auf den Entscheidungszeitpunkt zu diskontieren. Hierfür bedarf es einer Diskontfunktion $\delta(t)$ mit der Eigenschaft $c_{T-t} = \delta(t)C_T$. Prinzipiell ergibt sich ein Kapitalwert gemäß 350

$$C_0 = -I_0 + \int_0^n c(t)\delta(t)dt.$$

Die Struktur der Diskontfunktion reflektiert die Zeitpräferenz des Entscheiders. Es wird zeitkonsistentes Verhalten unterstellt, d. h. es wird eine invariante interperiodische Diskontierung für alle beliebigen Zeitintervalle innerhalb $[0, n]$ unabhängig von deren Zeitdistanz vom Entscheidungszeitpunkt angenommen. Zeitkonsistentes Verhalten erfüllt die Spezifikation der Diskontfunktion gemäß 351

$$\delta(t) = e^{-it} \text{ mit konstanter Diskontrate } \left|\frac{\dot{\delta}}{\delta}\right| = i.$$

Als Diskontrate werde $i = 0{,}07$ für eine Laufzeit $n = 10$ angenommen. Die Eintrittswahrscheinlichkeiten der Umweltlagen betragen $w_1 = 0{,}3$; $w_2 = 0{,}4$; $w_3 = 0{,}3$. Für die Höhe der Initialauszahlung werde für beide Alternativen von $-I_{01} = -I_{02} = -\,140$ ausgegangen. 352

Unter den getroffenen Annahmen ergibt sich der Kapitalwert gemäß 353

$$C_0 = -I_0 + \int_0^n c(t)e^{-it}dt.$$

Für den in der Datenbasis vorliegenden Fall $c(t) = c$ folgt 354

$$C_0 = -I_0 + \int_0^n ce^{-it}dt$$

mit der Auflösung

$$C_0 = -I_0 + c\frac{1-e^{-in}}{i}.$$

Das Entscheidungsproblem kann nun durch entsprechende Transformation der Ausgangsmatrix in die Zielmatrix konkretisiert werden. 355

	$b_1(w_1)$	$b_2(w_2)$	$b_3(w_3)$
I_1	$C_{011} = 3{,}83$	$C_{012} = 147{,}67$	$C_{013} = 291{,}50$
I_2	$C_{021} = 75{,}75$	$C_{022} = 147{,}67$	$C_{023} = 183{,}62$

356 Im Folgenden soll anhand ausgewählter Entscheidungskriterien bei Risiko die vorteilhafte Alternative ermittelt werden.

6.3 Erwartungswertmaximierung

357 Der Erwartungswert bezüglich der Zielvariablen Kapitalwert ergibt sich für jede Alternative durch Summation der mit den Eintrittswahrscheinlichkeiten gewichteten zustandsabhängigen Kapitalwerte gemäß

$$\mu(\widetilde{C}_{0j}) = \sum_{k=1}^{z} w_k C_{0jk}.$$

358 Bei Verwendung des Erwartungswertes als Präferenzwert ergibt sich die rationale Investitionsentscheidung gemäß

$$\max\left\{\mu(\widetilde{C}_{01}),\ldots,\mu(\widetilde{C}_{0n})\right\} = \mu(\widetilde{C}_{0i}) \leftrightarrow a_i \succ a_j, i \neq j, \quad i,j \in \{1,\ldots,n\}.$$

359 Berechnungen ergeben $\mu(\widetilde{C}_{01}) = 147{,}67$; $\mu(\widetilde{C}_{02}) = 136{,}88$ mit der Konsequenz

$$\Phi(I_1) > \Phi(I_2) \leftrightarrow I_1 \succ I_2.$$

360 Eine reine Erwartungswertmaximierung generiert eine Präferenzreihenfolge bei vollständiger Negation des Risikos und erscheint daher von eingeschränkter Aussagekraft. Das Risiko kann durch Verwendung adäquater Risikoparameter im Rahmen einer Risikoanalyse berücksichtigt werden.

6.4 ($\mu\sigma$)-Prinzip

361 Mit zunehmender Dispersion der zustandsabhängigen Ergebnisse wächst einerseits die Chance der Erzielung „sehr guter" Ergebnisse, andererseits aber auch die Gefahr der Realisierung „sehr schlechter" Ergebnisse. Letztere beschreibt den Charakter des Risikos im engeren Sinne. Eine Präferenzfunktion mit den Argumenten „Ergebniserwartungswert (μ)" als Zielerreichungsparameter sowie „Standardabweichung σ" als risikoabbildender Dispersionsparameter lautet unter der Prämisse risikoaversen Entscheidungsverhaltens:

$$\Phi = \Phi(\mu,\sigma), \quad \frac{\partial\Phi}{\partial\mu} > 0, \quad \frac{\partial\Phi}{\partial\sigma} < 0.$$

Hierbei beschreibt der mittels impliziter Differentiation ermittelbare Ausdruck 362

$$\frac{d\mu}{d\sigma} = -\frac{\dfrac{\partial\Phi}{\partial\sigma}}{\dfrac{\partial\Phi}{\partial\mu}}$$

die marginale Erwartungswertforderung des Entscheiders, wenn das Risiko um eine infinitesimale Einheit steigt. Der Ausdruck kann als Grenzrate der Risikokompensation interpretiert werden, wobei dessen Wert die Intensität der Risikoaversion reflektiert.

Die Standardabweichung der Zielvariablen Kapitalwert ergibt sich gemäß 363

$$\sigma\left(\tilde{C}_{0j}\right) = \sqrt{\sum_{k=1}^{z} w_k C_{0jk}^2 - \left[\mu\left(\tilde{C}_{0j}\right)\right]^2}$$

Die Standardabweichungen für die beiden Alternativen betragen $\sigma_1 = 111{,}41$ sowie $\sigma_2 = 42{,}69$. 364

Wird konkret als Präferenzfunktion 365

$$\Phi = \mu + \alpha\sigma \quad \text{mit} \quad \frac{d\mu}{d\sigma} = -\alpha$$

angenommen und der Risikokoeffizient auf $\alpha = -0{,}5$ fixiert, so ergeben sich folgende Präferenzwerte: $\Phi(I_2) = 115{,}53$ mit der Folge $I_2 \succ I_1$.

6.5 Bernoulli-Prinzip

Für eine Anwendung des Bernoulli-Prinzips werde von der Nutzenfunktion $u = \ln C_0$ ausgegangen, da sie plausible Risikoeinstellungen reflektiert. Eine Implikation besteht in abnehmender absoluter Risikoaversion wegen 366

$$\frac{dARA}{dC_0} = \frac{d\left(-\dfrac{u''}{u'}\right)}{dC_0} = -C_0^{-2} < 0.$$

Die relative Risikoaversion erscheint dagegen konstant wegen 367

$$\frac{dRRA}{dC_o} = \frac{d\left(-\dfrac{u''}{u'}C_0\right)}{dC_0} = 0.$$

368 Der Quotient $-\frac{u''}{u'}$ beschreibt das absolute Risikoaversionsmaß nach Arrow-Pratt.

369 Eine Bestimmung der Präferenzwerte auf Basis der Nutzenerwartungswerte gemäß

$$\Phi\left\{\mu\left[u\left(\tilde{C}_{0j}\right)\right]\right\}=\Phi\left\{\sum_{k=1}^{z} w_k u(C_{0jk})\right\},\ j=1,\ldots,n$$

führt zu den Präferenzwerten $\Phi(I_1) = 4{,}10$ sowie $\Phi(I_2) = 4{,}86$, sodass $I_2 \succ I_1$.

370 Das Sicherheitsäquivalent beschreibt dasjenige sichere Ergebnis, das der jeweilige Entscheider als indifferent gegenüber einer riskanten Alternative einschätzt. Im Fall der Risikoaversion ist es kleiner als der Erwartungswert. Der Wert des Sicherheitsäquivalentes ergibt sich allgemein gemäß

$$C_0^S = u^{-1}\{\mu\{u(C_0\}\}$$

371 Berechnungen ergeben $C_{01}^S = e^{4{,}10} = 60{,}34$ sowie $C_{02}^S = e^{4{,}86} = 129{,}02$.

D. NICHT-MONETÄRE INVESTITIONS-RECHENVERFAHREN

I. ALLGEMEINES, ÜBERSICHT MONETÄRE/NICHT-MONETÄRE VERFAHREN

Monetäre Verfahren 372

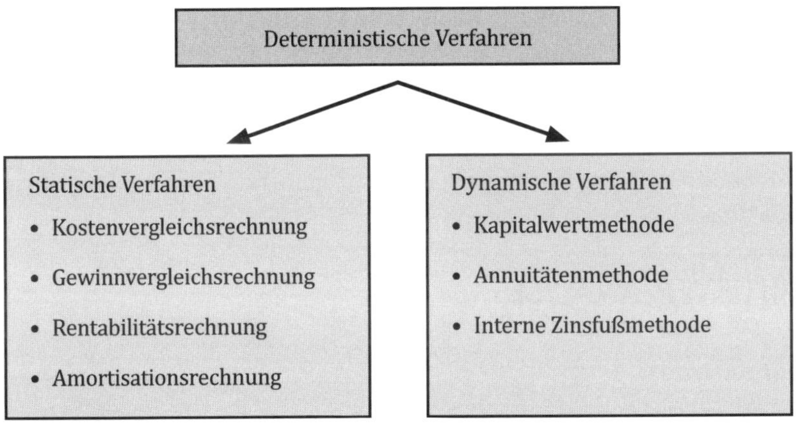

Stochastische Verfahren 373

- Korrekturverfahren
- Sensitivitätsanalyse
- Risikoanalyse

Nicht-monetäre Verfahren 374

Nichtmonetäre Verfahren berücksichtigen im Vorteilhaftigkeitskalkül auch nichtmonetäre Entscheidungsparameter (z. B. Nutzwerte). Nichtmonetäre Verfahren sind z. B.

- Kosten-Nutzen-Analyse
- Nutzwertanalyse
- Kosten-Wirksamkeits-Analyse

375 II. NUTZEN-KOSTEN-METHODEN

- Die monetären Verfahren berücksichtigen insbesondere den betrieblichen Bereich
- N-K-Methoden berücksichtigen darüber hinaus den allgemeinen Bereich
- N-K-Methoden sind umfassender, als andere Wirtschaftlichkeitsrechnungen
- Sie erfassen außerbetriebliche, gesellschaftliche Aspekte
- Ziel: Maximierung des gesamtgesellschaftlichen Nutzens
- Daher günstige Methode bei öffentlichen Investitionen
- Bei öffentlichen Investitionen lassen sich zahlreiche Außenwirkungen nicht mit Hilfe von Marktpreisen beurteilen
- N-K-Methoden berücksichtigen auch nicht-monetäre Entscheidungskriterien

III. NUTZWERTANALYSE

376 **Definition:**

Die Nutzwertanalyse ist ein Verfahren zur Bewertung und Auswahl komplexer Investitionsalternativen, insbesondere zur Berücksichtigung gesellschaftlicher Aspekte

oder anders

377 Sie ...

- ist eine Entscheidungshilfe für komplexe Investitionen
- ist eine Wirtschaftlichkeitsrechnung unter Berücksichtigung nicht-monetärer Aspekte
- ist leicht manipulierbar
- legt Entscheidungsprozesse offen.

Schritte der Nutzwertanalyse 378

1. Festlegung von Zielkriterien (Entscheidungskriterien)
2. Gewichtung der Zielkriterien
3. Offenlegung der zu erreichenden Zielerfüllungsgrade
4. Bewertung der Kriterien mit Hilfe der Zielerfüllungsgrade
5. Ermittlung der Teilnutzenwerte
6. Ermittlung des Gesamtnutzens je Alternative

Stärken: 379

- Komplexe Entscheidungsprobleme werden in Teilentscheidungen zerlegt
- Entscheidungsprozess wird offen gelegt
- Hohe Transparenz und Nachvollziehbarkeit einer Investitionsentscheidung
- Außerökonomische, insbesondere öffentliche Aspekte werden berücksichtigt
- Schnelles und einfaches Handling/Durchführung

Schwächen: 380

- Zielkriterien müssen unabhängig voneinander sein, sonst Doppelzählung: real schwer zu erreichen
- Trotz maximalen Nutzenwertes: Investitionsentscheidung aufgrund von Extremwert nicht realisierbar
- Aufstellen der Zielkriterien nicht immer trennscharf möglich
- Zielkriteriengewichtung nicht eindeutig objektiv fixierbar
- Spielräume für Ergebnismanipulationen

381

Beispieltabelle einer Nutzwertanalyse

Zielkriterien Entscheidungskriterien	absolute Gewichtung	relative Gewichtung	Alternative 1 Ausbau Zielerfüllungsgrade	Alternative 1 Ausbau Teilnutzen	Alternative 2 Neubau Zielerfüllungsgrade	Alternative 2 Neubau Teilnutzen
		g_i	zi	$g_i \cdot z_i$	zi	$g_i \cdot z_i$
–						
–						
–						
–						
–						
–						
Summe						

E. REPETITORIUM FINANZMATHEMATIK

I. GRUNDLAGEN DER ZINSESZINSRECHNUNG

Sei 382

K_n = Endkapital am Ende des n-ten Jahres (alternativ Endvermögen V_n)

K_0 = Anfangskapital am Ende des 0-ten Jahres (alternativ Anfangsvermögen V_0)

i = Jahreszinssatz

n = Laufzeit in Jahren

Die Zinseszinsformel bei geometrischer Verzinsung lautet gemäß

$$K_n = K_0(1+i)^n.$$

Es handelt sich formal um eine Exponentialfunktion mit vier Variablen. Jede Variable ist bei numerischer Spezifikation der jeweils drei anderen eindeutig bestimmt. 383

$$K_0 = K_n(1+i)^{-n}$$

$$i = \sqrt[n]{\frac{K_n}{K_0}} - 1$$

$$n = \frac{\ln\left(\frac{K_n}{K_0}\right)}{\ln(1+i)} = \frac{\ln K_n - \ln K_0}{\ln(1+i)}$$

Erfolgt der Zinszuschlag nicht jährlich, sondern m-mal innerhalb eines Jahres (m = Anzahl der Subperioden), so liegt unterjährige Verzinsung vor. Dann beschreibt $\frac{i}{m}$ den unterjährigen relativen Zinssatz. Das Endkapital ergibt sich in diesem Fall gemäß 384

$$K_n = K_0\left(1+\frac{i}{m}\right)^{m \cdot n}$$

385 **Beispiel 33**

Gegeben sei ein Anfangskapital K_0 = 10.000 bei einer Laufzeit n = 8 sowie einem Zinssatz i = 0,07. Wie hoch ist das Endkapital bei (a) jährlichem, (b) halbjährlichem, (c) monatlichem, (d) täglichem (360 Tage) Zinszuschlag?

(a) $K_8 = 10.000(1+0{,}07)^8 = 17.181{,}87$

(b) $K_8 = 10.000(1+\frac{0{,}07}{2})^{2\cdot 8} = 17.339{,}86$

(c) $K_8 = 10.000(1+\frac{0{,}07}{12})^{12\cdot 8} = 17.478{,}26$

(d) $K_8 = 10.000(1+\frac{0{,}07}{360})^{360\cdot 8} = 17.505{,}78$

386 Für den Fall, dass die Anzahl der Subperioden gegen unendlich läuft, folgt

$$K_n = K_0 \left\{ \lim_{m\to\infty} \left(1+\frac{i}{m}\right)^{m\cdot n} \right\} = K_0 e^{in} \text{ mit e = Eulersche Zahl.}$$

387 Es handelt sich um die Formel für stetige Verzinsung. Merkmale der stetigen Verzinsung sind:

- Jeder Zeitpunkt ist Zinszuschlagstermin,
- Die Verzinsungsperioden sind infinitesimal kurz,
- Bei stetiger Verzinsung wird ein maximaler Zinseszinseffekt erzielt,
- Stetige Verzinsung erfüllt im Gegensatz zur diskreten Verzinsung die

Symmetrie- und Additivitätseigenschaft.

388 **Beispiel 34**

Das Endkapital ergibt sich bezüglich der Daten des Beispiels 33 bei stetiger Verzinsung zu $K_8 = 10.000e^{0{,}07\cdot 8} = 17.506{,}73$

389 **Beispiel 35**

Ein Kapital von 100 verzinst sich bei stetiger Verzinsung für die kommenden 6 Monate zu insgesamt 3 % für die darauffolgenden 6 Monate zu insgesamt 2,5 %. Wie hoch ist der Jahreszinssatz?

$$K_{0,5} = 100e^{0{,}03} = 103{,}05, \quad K_1 = K_{0,5}e^{0{,}025} = 105{,}66$$

Der Jahreszinssatz ergibt sich zu $i = \ln\left(\frac{105{,}66}{100}\right) = 0{,}055$, was der Summe der beiden Zins- 390
sätze entspricht.

Dieses beschreibt die **Additivitätseigenschaft der stetigen Verzinsung**.

Beispiel 36 391

Ein Kapital von 250 rentiert sich im ersten Jahr zu 5 %, im zweiten Jahr zu –5 %. Wie hoch ist das Endkapital am Ende des zweiten Jahres bei (a) diskreter Verzinsung und bei (b) stetiger Verzinsung?

(a) $K_1 = 250(1+0{,}05) = 262{,}5,\quad K_2 = 262{,}5(1-0{,}05) = 249{,}375$

(b) $K_1 = 250e^{0{,}05} = 262{,}82,\quad K_2 = 262{,}82e^{-0{,}05} = 250$

Bei der stetigen Verzinsung wird der Ausgangswert wieder erreicht, was der **Symmetrie-** 392
eigenschaft der stetigen Verzinsung entspricht. Bei diskreter Verzinsung wird der Ausgangswert nicht wieder erreicht.

Die Verzinsungsarten werden kurz in folgender Tabelle zusammengefasst. 393

Verzinsungsart		
Stetig	**Diskret**	
$K_n = K_0 e^{in}$	**ganzjährig**	**unterjährig**
	$K_n = K_0(1+i)^n$	$K_n = K_0\left(1+\frac{i}{m}\right)^{m \cdot n}$

Die Bestimmung der Laufzeit, nach welcher eine Kapitalvervielfachung um den Faktor x 394
stattgefunden hat, erfolgt bei diskreter Verzinsung gemäß

$$xK_0 = xK_0(1+i)^n \Leftrightarrow x = (1+i)^n \Leftrightarrow n = \frac{\ln x}{\ln(1+i)}$$

und bei stetiger Verzinsung gemäß

$$xK_0 = xK_0 e^{in} \Leftrightarrow x = e^{in} \Leftrightarrow n = \frac{\ln x}{i}.$$

II. ZAHLUNGSREIHEN

395 Eine Zahlungsreihe liegt vor, wenn Zahlungen bestimmten Volumens, bestimmter Flussrichtung (Ein- oder Auszahlung), bestimmten Gewissheitsgrades zu bestimmten Zeitpunkten innerhalb eines Zeitintervalls [0, *n*] anfallen. Bei Annahme gleichlanger Perioden ergibt sich folgende Struktur einer Zahlungsreihe:

Periode	**0**	**1**	**2**	**...**	**n**
Zahlung		c_1	c_2		c_n

396 Es wird angenommen, dass die Zahlungen c_t, $t = 1, ..., n$ jeweils am Periodenende anfallen und der diskrete Jahreszinssatz *i* gelte. Dann ergibt sich der **finanzmathematisch äquivalente** Barwert gemäß

$$V_0 = \sum_{t=1}^{n} c_t (1+i)^{-t}$$

397 Für den finanzmathematisch äquivalenten Endwert ergibt sich aus der Zahlungsreihe

$$V_n = \sum_{t=1}^{n} c_t (1+i)^{n-t}$$

398 Für einen beliebigen finanzmathematisch äquivalenten Zeitwert $V_\tau, \tau \in \{0,...,n\}$ ergibt sich

$$V_\tau = \sum_{t=1}^{n} c_t (1+i)^{\tau-t}$$

399 Barwert bzw. Endwert sind spezielle Zeitwerte mit $\tau = 0$ bzw. $\tau = n$. Bei Transformation des bei diskreter Verzinsung gültigen Zinssatzes *i* in den konformen stetigen Zinssatz bei stetiger Verzinsung gemäß

$$\tilde{i} = \ln(1+i)$$

kann ein jeder Zeitwert auch gemäß

$$V_\tau = \sum_{t=1}^{n} c_t e^{-\tilde{i}(\tau-t)}, \tau = 0,...,n$$

berechnet werden. Derartige Rechnungen gestalten sich häufig einfacher und transparenter.

Beispiel 37 400

Betrachtet werde folgende Zahlungsreihe:

Periode	0	1	2	3
Zahlung		60	50	55

Der Kalkulationszinssatz liege bei $i = 0{,}07$. Wie hoch sind (a) Barwert, (b) Endwert, und (c) Zeitwert bezogen auf das Ende der zweiten Periode? 401

(a) $V_0 = 60(1{,}07)^{-1} + 50(1{,}07)^{-2} + 55(1{,}07)^{-3} = 144{,}64$

(b) $V_3 = 60(1{,}07)^2 + 50(1{,}07) + 55 = 177{,}19$
bzw. $V_3 = V_0(1+i)^3 = 144{,}64(1{,}07)^3 = 177{,}19$

(c) $V_2 = 60(1{,}07) + 50 + 55(1{,}07)^{-1} = 165{,}60$
bzw. $V_2 = V_0(1+i)^2 = V_3(1+i)^{-1} = 165{,}6$

Ein Barwertkalkül mit dem konformen stetigen Zins $V_2 = V_0(1+i)^2 = V_3(1+i)^{-1} = 165{,}6$ ergibt 402

$$V_0 = 60e^{-0{,}06766} + 50e^{-2\cdot 0{,}06766} + 55e^{-3\cdot 0{,}06766} = 144{,}64.$$

Analog ergibt sich $V_3 = V_0 e^{3\tilde{i}} = 144{,}64e^{3\cdot 0{,}06766} = 177{,}19$; $V_2 = V_0 e^{2\tilde{i}} = 144{,}64e^{2\cdot 0{,}06766} = 165{,}60$ 403

Für den Fall, dass eine Rente (uniforme äquidistante Zahlungsreihe) vorliegt, vereinfachen sich Barwert- und Endwertkalkül gemäß 404

$$V_0 = cRBF(i,n) = c\frac{1-(1+i)^{-n}}{i},$$

c = Rentenzahlungsvolumen
RBF = Rentenbarwertfaktor

$$V_n = cREF(i,n) = c\frac{(1+i)^n - 1}{i},$$

REF = Rentenendwertfaktor

Der Rentenbarwert bei unterjährigen Zahlungen ergibt sich gemäß 405

$$V_0 = \frac{c}{m}\frac{1-\left(1+\frac{i}{m}\right)^{-mn}}{\frac{i}{m}} = c\frac{1-\left(1+\frac{i}{m}\right)^{-mn}}{i}$$

c = Rente bezogen auf ein Jahr,

m = Anzahl der Subperioden innerhalb eines Jahres.

406 Fließt das konstante jährliche Zahlungsvolumen statt einmalig am Jahresende annahmegemäß gleichmäßig stetig über das Jahr verteilt zu, ergibt sich der Barwert gemäß

$$V_0 = c\frac{1-e^{-in}}{i}$$

407 Der Barwert einer ewigen Rente ergibt sich zu

$$V_0 = c\frac{1}{i}, \text{ wegen } \lim_{n \to \infty} RBF(i,n) = \frac{1}{i}$$

408 **Beispiel 38**

Es liege folgende Zahlungsreihe vor:

Periode	0	1	2	3	4	5	6	7	8	9
Zahlung		25	25	25	25	25	25	25	25	25

409 Der Zinssatz betrage $i = 0{,}07$. Wie hoch sind (a) Rentenbarwert und (b) Rentenendwert?

(a) $V_0 = 25\frac{1-1{,}07^{-9}}{0{,}07} = 162{,}88$

(b) $V_9 = 25\frac{1{,}07^{9}-1}{0{,}07} = 299{,}45$

III. BERÜCKSICHTIGUNG DER INFLATION IN DER ZINSESZINSRECHNUNG

Nach der Zinseszinsformel gemäß 5.1.-1 wird ein **nominales Endkapital** berechnet. Ein reales (d. h. kaufkraftkonservierendes) Endkapital ergibt sich gemäß 410

$$K_n^R = K_0 \frac{(1+i)^n}{(1+\hat{p})^n} \quad \textit{bzw.} \quad K_n^R = K_0(1+i)^n(1+\hat{p})^{-n}, \text{ mit } \hat{p} = \text{jährliche Inflationsrate.}$$

Bei der letzten Formel wird die Periode 0 als Basisperiode angenommen, d. h. das Endkapital wird in Kaufkrafteinheiten des Basisjahres berechnet. Für den Fall, dass $\hat{p} > i$ gilt, stellt sich ein realer Verlust ein, der annualisierte Realzinssatz gemäß 411

$$i_R = \frac{1+i}{1+\hat{p}} - 1$$

weist dann einen negativen Wert auf.

Beispiel 39 412

Ein Kapital von $K_0 = 50.000$ sei für 10 Jahre bei einem Nominalzins von 5 % anzulegen. Die Inflationsrate belaufe sich auf $\hat{p} = 0{,}03$. Welchen Wert weisen das (a) nominale Endkapital, (b) reale Endkapital sowie (c) der Realzinssatz auf?

(a) $K_{10} = 50.000(1{,}05)^{10} = 81.444{,}73$

(b) $K_{10}^R = 50.000(1{,}05)^{10}(1{,}03)^{-10} = 60.602{,}53$

(c) $i_R = \frac{1{,}05}{1{,}03} - 1 = 0{,}0194$

F. VERBINDUNG ZWISCHEN INVESTITION UND FINANZIERUNG

I. ZUM FINANZIERUNGSBEGRIFF

413 Finanzierung impliziert die Beschaffung des für die **Initiierung betriebsnotwendiger Investitionen** erforderlichen Kapitals. Eine Investition ist ohne Finanzierung, d. h. ohne die Beschaffung der hierfür erforderlichen Mittel nicht möglich. Andererseits ergibt eine Finanzierung ohne anschließende Mittelverwendung keinen Sinn. In zahlungsorientierter Sicht beschreibt eine Finanzierung eine Zahlungsreihe, die aus Sicht des Finanzmittelnehmers mit einer Einzahlung beginnt, der zukünftige planmäßige Auszahlungen (**Zins- und Tilgungszahlungen = Annuitäten**) folgen. Zu einer Finanzierungsbeziehung kommt es durch Verkauf eines Finanztitels des Finanzmittelnehmers (FN) an den Finanzmittelgeber (FG) bzw. vice versa durch Kauf eines Finanztitels seitens des Finanzmittelgebers vom Finanzmittelnehmer. Ein Finanztitel beschreibt eine Reihe zukünftiger Einzahlungen bestimmten Volumens, bestimmter zeitlicher Struktur und bestimmten Gewissheitsgrades. Der Käufer eines Finanztitels erwirbt einen Anspruch auf entsprechende zukünftige Einzahlungen. Die Transaktion eines Finanztitels führt zu folgenden Positionen beim FN bzw. FG.

FN: $F_j^N : \{F_0, -a_1, \ldots, -a_n\}$

FG: $F_j^G : \{-F_0, e_1, \ldots, e_n\}$

mit F_j = Finanzierungsart

F_0 = Finanzvolumen, bzw. Preis des Finanztitels

$-a_t$ = Auszahlungsverpflichtung des FN bezüglich Periode t

e_t = Einzahlungsforderung des FG bezüglich Periode t

414 Bei jeder Finanzierungart gilt naturgemäß

$$e_t = |-a_t|$$

415 Sowohl die Charakteristika der Auszahlungsverpflichtungen des FN als auch die Wesensmerkmale der Einzahlungsforderungen des FG sind durch die jeweils konkrete Finanzierungsform festgelegt.

II. SYSTEMATISIERUNG DER FINANZIERUNG

Nach der **rechtlichen Stellung des Finanzmittelgebers** kann in **Eigenfinanzierung** und Fremdfinanzierung differenziert werden. 416

Eigenfinanzierung	Fremdfinanzierung
Erfolgsbeteiligung	Keine Erfolgsbeteiligung
Keine fixen Auszahlungsansprüche	Fixe Auszahlungsansprüche in Form von Zins- und Tilgungszahlungen
Begründung eines Quotenanteils	Begründung eines Nominalanspruchs
Unbefristete Überlassung	Befristete Überlassung
Eigenkapital übernimmt Haftungsfunktion	Fremdkapital übernimmt keine Haftungfunktion
Eigenkapital impliziert Mitwirkungsrechte bei der Unternehmensleitung	Fremdkapital impliziert keine Mitwirkungsrechte bei der Unternehmensleitung

Nach der Kapitalherkunft ist eine Unterscheidung in Außenfinanzierung und Innenfinanzierung möglich. 417

Außenfinanzierung	Innenfinanzierung
Eigen- und Fremdkapitalaufnahme von Kapitalgebern außerhalb des Unternehmens	Deckung des Kapitalbedarfs aus finanzwirtschaftlich relevanten Vorgängen innerhalb des Unternehmens
Kapitalbeträge sind exakt fixiert	Kapitalbeträge zum Teil ungewiss
Überlassungsfristen sind exakt abgegrenzt	Überlassungsfristen zum Teil ungewiss
Terminierte Einzelakte der Finanzierung	Finanzierungsvorgänge entstehen zum Teil laufend

418 **Aufgabe**

Erläutern Sie folgende Finanzierungsformen und ordnen Sie diese, soweit möglich, in obige Systematisierungen ein!

1. Darlehen, Kontokorrentkredit,
2. Finanzierung aus Pensionsrückstellungen,
3. Sonderformen: Leasing, Avalkredit, Factoring,
4. Emission von Aktien, GmbH-Anteilen,
5. Finanzierung aus Gewinn,
6. Wandlung einer Wandelschuldverschreibung in eine Aktie
7. Liquidation von Vermögenswerten, Finanzierung aus Abschreibungsgegenwerten.

III. FINANZIERUNGSKOSTEN ALS KALKULATIONSBASIS FÜR INVESTITIONEN

Eine wichtige Maßzahl für die Höhe der Gesamtkosten einer Finanzierung stellt der Effektivzinssatz dar. Für dessen Ermittlung sind sämtliche Kostenelemente in der betreffenden Zahlungsreihe zu berücksichtigen. Diese Vorgehensweise soll exemplarisch erfolgen. 419

Beispiel 40 420

Folgende Kreditkonditionen liegen vor:

Nominale Kreditsumme: 200 GE

Nominalzins: 6 %

Auszahlungsdisagio: 10 %

Jährliche Bearbeitungsgebühren: 5 GE

Der Kredit sei bei vierjähriger Laufzeit in identischen Raten zu tilgen, Zinsen seien jährlich zu zahlen. 421

Die Zahlungsreihen des Finanzmittelnehmers F_j^N bzw. Finanzmittelgebers F_j^G lauten: 422

$$F_j^N: \{180_{(0)}, -67_{(1)}, -64_{(2)}, -61_{(3)}, -58_{(4)}\}$$

$$F_j^G: \{180_{(0)}, -67_{(1)}, -64_{(2)}, -61_{(3)}, -58_{(4)}\}$$

Der Effektivzinssatz nach der Preisangabenverordnung ergibt sich als der spezielle Diskontierungszinssatz für alle Zahlungen der jeweiligen Zahlungsreihe, bei dessen Anrechnung sich ein Barwert $V_0 = 0$ ergibt. 423

Ansatz: $V_0 = 180 - 67(1+i^*)^{-1} - 64(1+i^*)^{-2} - 61(1+i^*)^{-3} - 58(1+i^*)^{-4} = 0$ 424

Analog kann auch mit der Zahlungsreihe des Finanzmittelgebers gerechnet werden: 425

$$V_0 = -180 + 67(1+i^*)^{-1} + 64(1+i^*)^{-2} + 61(1+i^*)^{-3} + 58(1+i^*)^{-4} = 0$$

Eine Lösung kann nur approximativ gefunden werden, z. B. mit dem Newton-Verfahren gemäß: 426

$$i_{k+1}^* = i_k^* - \frac{V_0(i_k^*)}{V_0'(i_k^*)} \quad k = 0,1,2,\ldots$$

427 Bei Wahl eines Startzinssatzes $i_0^* = 0{,}15$ ergibt sich:

$$i_1 = 0{,}15 - \frac{-180 + 67(1+0{,}15)^{-1} + 64(1+0{,}15)^{-2} + 61(1+0{,}15)^{-3} + 58(1+0{,}15)^{-4}}{-67(1+0{,}15)^{-2} - 128(1+0{,}15)^{-3} - 183(1+0{,}15)^{-4} - 232(1+0{,}15)^{-5}}$$

$$= 0{,}14978647.$$

428 Weitere Iterationen führen zu genaueren Approximationslösungen.

429 **Beispiel 41**

Eine Sparkasse biete einem Kämmerer einen Kredit von 5 Mio. € zu 7 % bei 96 % Auszahlung und einer Laufzeit von 8 Jahren an. Vereinbart werde eine Annuitätentilgung. (Eine Annuitätentilgung ist durch eine im Zeitlauf konstante Zins- und Tilgungssumme gekennzeichnet, wobei der sinkende Zinsanteil durch steigenden Tilgungsanteil kompensiert wird.)

$$\text{Annuität} = 5\ Mio.\,\frac{0{,}07}{1-1{,}07^{-8}} = 837.338{,}81$$

430 Die entsprechenden positionsspezifischen Zahlungsreihen lauten:

$$F_j^N = \{4.800.000_{(0)}, -837.338{,}81_{(1)}, \ldots, 837.338{,}81_{(8)}\}$$

$$F_j^G = \{-4.800.000_{(0)}, 837.338{,}81_{(1)}, \ldots, 837.338{,}81_{(8)}\}$$

431 Der Effektivzinssatz dieses Kredits ergibt sich gemäß:

$$V_0(i^*) = -4{,}8 Mio + 837.338{,}81 \frac{1-(1+i^*)^{-8}}{i^*} = 0$$

432 Hinweis: $$V_0 = c\frac{1-q^{-n}}{i}, \quad V_0' = c\frac{1-q^{-n} + \frac{ni}{q}}{q^n i^2}$$

433 Der Zusammenhang zwischen Investition und Finanzierung stellt sich zusammengefasst derart da, dass die Initiierung einer Investition ohne eine entsprechend vorausgegangene Finanzierung nicht möglich ist, eine Finanzierung ohne anschließende Investitionsabsicht andererseits keinen Sinn ergibt. Dieser Zusammenhang soll exemplarisch dargestellt werden.

Beispiel 42

Der Finanzmittelnehmer, der den in Beispiel 40 beschriebenen Kredit aufnimmt, habe die Möglichkeit, folgende Investition durchzuführen: 434

$$I_k = \{-250_{(0)}, 90_{(1)}, 90_{(2)}, 90_{(3)}, 90_{(4)}\}$$

Die Initialauszahlung der Investition liegt bei 250 GE, es werden jährliche Zahlungsüberschüsse von 90 erzielt. Die Initialauszahlung werde mit 180 GE fremdfinanziert und mit 70 GE eigenfinanziert. 435

Eine jede Finanzierungsform ist durch eine spezifische Kombination von Ansprüchen, Rechten und Möglichkeiten des jeweiligen Kapitalgebers gegenüber dem Kapitalnehmer gekennzeichnet. Die Ansprüche können nur aus den Investitionsüberschusszahlungen bedient werden. Aus den Zahlungsreihen in Beispiel 40 ergeben sich für die FK-Geber **Festbetragsansprüche** von $\{67_{(1)}, 64_{(2)}, 61_{(3)}, 58_{(4)}\}$. Diese sind unabhängig von der Höhe der erwirtschafteten Investitionseinzahlungsüberschüsse und seitens des Finanzmittelnehmers vorrangig zu bedienen. Der verbleibende Differenzbetrag kommt den EK-Gebern zu Gute, es handelt sich um **Restbetragsansprüche (Residualansprüche)** von $\{23_{(1)}, 26_{(2)}, 29_{(3)}, 32_{(4)}\}$. 436

Eine Finanzierungsform impliziert somit eine Aufteilungsregel unsicherer zukünftiger Investitionseinzahlungsüberschüsse auf die Kapitalgeber. In dieser Interpretation stellt Finanzierung sogenannte **Partenteilung** dar. Die Ansprüche der Kapitalgeber an die erwirtschafteten Investitionseinzahlungsüberschüsse stellen je nach Rechtsstellung eine Gläubiger- bzw. Anteilseignerparte dar. 437

Zum Formalzielkatalog eines Betriebes gehört unter anderem die Maximierung der Eigenkapitalrentabilität. Dieses Ziel wird durch eine auf die Interessen der Eigentümer ausgerichtete Betriebstätigkeit erreicht. Die für die EK-Geber relevante Zahlungsreihe lautet: 438

$$Z_k^{EK} : \{-70_{(0)}, 23_{(1)}, 26_{(2)}, 29_{(3)}, 32_{(4)}\}$$

Die Rendite der EK-Geber ergibt sich gemäß 439

$$-70 + 23(1 + r_{EK})^{-1} + 26(1 + r_{EK})^{-2} + 29(1 + r_{EK})^{-3} + 32(1 + r_{EK})^{-4} = 0$$
$$\rightarrow r_{EK} = 0{,}1960$$

Exkurs: Lieferantenkredit als sehr teurer Kredit 440

Im Folgenden soll der **Effektivzinssatz eines Lieferantenkredits** bestimmt werden. Ein Lieferantenkredit besteht in der Stundung des Rechnungsbetrages über einen bestimmten Zeitraum (Skontobezugsspanne). Ein Lieferantenkredit weist folgende zeitliche Struktur auf: 441

t_0	t_1	t_2
Lieferzeitpunkt	spätester Zahlungszeitpunkt mit Skontoabzug	spätester Zahlungszeitpunkt

442 Die Lieferantenkreditlaufzeit (Skontobezugsspanne) umfasst den Zeitraum $t_2 - t_1 = T$. Der Skontosatz betrage s. Die konkrete Zahlungsreihe für einen Lieferantenkredit lautet aus Sicht des Kreditnehmers (R = Rechnungsbetrag):

$$F_L^N : \{(1-s)R_{(t1)}, -R_{(t2)}\}$$

443 Die Höhe des Effektivzinssatzes des Lieferantenkredits ergibt sich aus folgendem Ansatz:

$$(1-s)R - R \cdot (1+i^*)^{-\frac{T}{365}} = 0 \rightarrow i^* = \left(\frac{1}{1-s}\right)^{\frac{365}{T}} - 1$$

444 Zu beachten ist, dass der Effektivzinssatz nur von Skontosatz und Kreditlaufzeit abhängt und von der Höhe des Rechnungsbetrages unabhängig ist.

445 **Beispiel 43**

Ein Kunde kann bezüglich eines Rechnungsbetrages in Höhe von 1000 GE bei Zahlung innerhalb von 10 Tagen 2 % Skonto abziehen. Der späteste Zahlungstermin liegt nach 30 Tagen. Die Terminologie für die gegebenen Konditionen lautet: „10 Tage mit 2 % Skonto oder 30 Tage netto."

446 Der Effektivzinssatz ergibt sich gemäß $i^* = \left(\frac{1}{1-0{,}02}\right)^{\frac{365}{20}} - 1 = 0{,}4459 = 44{,}59\%$

447 Zweifelsohne zählt der Lieferantenkredit zu den teuersten Krediten, ein Skontoabzug sollte generell (notfalls durch einen Überziehungskredit) disponiert werden.

G. AUSGEWÄHLTE INVESTITIONSOBJEKTE

I. INVESTITION IN ZINSTITEL

Zinstitel sind durch eine vereinbarte chronologische Folge von Zins- und Tilgungszahlungen des Schuldners an den Gläubiger zu bestimmten Zeitpunkten in bestimmter Höhe charakterisiert. Vordergründig soll hierunter die Klasse festverzinslicher Wertpapiere (auch als Anleihen, Renten oder Bonds bezeichnet) gefasst werden. 448

1. WESEN VON ANLEIHEN

Anleihen sind eine Form von Schuldverschreibungen. Eine Schuldverschreibung wird durch Ausstellung einer Urkunde begründet, die dem Inhaber eine Leistung (hier Zahlungen) verspricht. Bezieht sich die Schuldverschreibung auf ein Zahlungsversprechen und wendet sie sich an den anonymen Kapitalmarkt spricht man von Anleihe. Die Anleihe wird zerlegt in Teilschuldverschreibungen, die jeweils einen bestimmten Teilbetrag der Schuldverschreibung verbriefen. Diese Teilschuldverschreibungen werden als Effekten bezeichnet. Bei Effekten handelt es sich um fungible (vertretbare) Wertpapiere, sie lauten auf einen Nennbetrag und werden am Kapitalmarkt gehandelt. 449

Zusammengefasst sollen im Folgenden unter Anleihen Effekten von öffentlich-rechtlichen oder privatrechtlichen Schuldnern verstanden werden, die sich durch Anleiheemissionen über den Kapitalmarkt langfristig fremdfinanzieren. Unter die öffentlich-rechtlichen Schuldner fallen Gebietskörperschaften (Bund, Länder, Großgemeinden), Sondervermögen des Bundes sowie Staatsbanken. Privatrechtliche Anleiheschuldner sind i. d. R. Großunternehmen. 450

Wesentliche Merkmale von Anleihen sind **Liquidität, Rentabilität, Kursrisiko** und **Ausfallrisiko**. 451

Ein wichtiger Orientierungsmaßstab für das Zinsniveau am Kapitalmarkt ist die Umlaufrendite. Sie beschreibt die durchschnittliche Rendite aller im Umlauf befindlichen inländischen Anleihen erster Bonität und ist eine volatile Größe. Die Umlaufrendite wird von der Deutschen Bundesbank ermittelt. 452

2. ANLEIHENBEWERTUNG

2.1 Die Marktwertermittlung

Anleihen werden am Kapitalmarkt gehandelt, wobei sich der Anleihepreisaus der jeweiligen Angebots- und Nachfragesituation ergibt. Ein Anleihewert (V_0) zum Bewertungszeit- 453 punkt t_0 kann durch Diskontierung aller zukünftigen Kuponzahlungen c_t, $t = 1,\dots,n$ sowie des Anleihenrückzahlungsbetrages R_n ermittelt werden. Als Diskontierungsrate wird die Umlaufrendite i verwendet. Die Wertermittlung erfolgt gemäß

$$V_0 = \sum_{t=1}^{n} c_t (1+i)^{-t} + R_n (1+i)^{-n}$$

bzw. im Fall konstanter Kuponzahlungen gemäß

$$V_0 = c\frac{1-(1+i)^{-n}}{i} + R_n (1+i)^{-n}.$$

454 **Beispiel 44**

Eine endfällige Anleihe mit Nennwert 100 weise eine sechsjährige Restlaufzeit auf. Die jährlichen Kuponzahlungen betragen 5 % vom Nennwert, die Tilgung erfolge zu 100 %. Die Umlaufrendite betrage zurzeit 4,4 %, die letzte Kuponzahlung habe gerade stattgefunden.

455 Mit dem Kauf einer Anleihe erwirbt der Anleiheinvestor einen Anspruch auf künftige Kuponzahlungen sowie auf Rückzahlung des Nennwertbetrages. Der **Finanztitel**, den der Anleihekäufer erwirbt, entspricht somit folgender Zahlungsreihe:

$$Z_j: \quad \{5_{(1)}, 5_{(2)}, 5_{(3)}, 5_{(4)}, 5_{(5)}, 105_{(6)}\}$$

456 Für den Marktwert bezogen auf den Bewertungszeitpunkt 0 ergibt sich

$$V_0 = 5\frac{1-(1{,}044)^{-6}}{0{,}044} + 100(1{,}044)^{-6} = 103{,}10.$$

457 Die Umlaufrendite ist nicht konstant sondern unterliegt bei börsentäglicher Ermittlung laufenden Änderungen. Variationen der Umlaufrendite wirken sich generell auf Anleihewerte und damit auch auf den jeweiligen Anleihewert einer zu bewertenden Anleihe aus. Eine Veränderung der Umlaufrendite von i_0 auf i_1 impliziert eine Marktwertänderung in Höhe von

$$\Delta V_0 = \sum_{t=1}^{n} c_t \left[(1+i_1)^{-t} - (1+i_0)^{-t}\right] + R_n \left[(1+i_1)^{-n} - (1+i_0)^{-n}\right]$$

bzw. im Fall konstanter Kuponzahlungen von

$$\Delta V_0 = c\left[\left(\frac{1-(1+i_1)^{-n}}{i_1}\right) - \left(\frac{1-(1+i_0)^{-n}}{i_0}\right)\right] + R_n \left[(1+i_1)^{-n} - (1+i_0)^{-n}\right]$$

Beispiel 45 458

Es gelten die Daten aus Beispiel 44. Wegen einer Erhöhung des Hauptrefinanzierungssatzes der EZB steige die Umlaufrendite auf 4,6 %. Wie ändert sich der Marktwert?

$$\Delta V_0 = 5\left[\frac{1-(1+0{,}046)^{-6}}{0{,}046} - \frac{1-(1+0{,}044)^{-6}}{0{,}044}\right] + 100\left[(1+0{,}046)^{-6} - (1+0{,}044)^{-6}\right] = -1{,}05$$

2.2 Die Endwertermittlung

Ein Anleihebesitzer verfügt prinzipiell über zwei Möglichkeiten. Einerseits kann er die Anleihe innerhalb der Laufzeit zum jeweiligen Börsenkurs liquidieren und würde dann einen Preis nahe des Marktwertes erzielen. Andererseits kann er die Anleihe bis zur Endfälligkeit halten. In diesem Zusammenhang erscheint die Annahme plausibel, dass er die Kuponzahlungen reinvestiert, wobei die Umlaufrendite die erzielbare Verzinsungsmöglichkeit reflektiert. Das Vermögen des Anleihebesitzers zum Zeitpunkt der Endfälligkeit beträgt dann 459

$$V_n = \sum_{t=1}^{n} c_t (1+i)^{n-t} + R_n$$

bzw. im Fall konstanter Kuponzahlungen

$$V_n = c\frac{(1+i)^n - 1}{i} + R_n$$

Eine Veränderung der Umlaufrendite von i_0 auf i_1 führt zu einer Endwertänderung gemäß 460

$$\Delta V_n = \sum_{t=1}^{n} c_t \left[(1+i_1)^{n-t} - (1+i_0)^{n-t}\right]$$

bzw. im Fall von konstanten Kuponzahlungen

$$\Delta V_n = c\left[\frac{(1+i_1)^n - 1}{i_1} - \frac{(1+i_0)^n - 1}{i_0}\right]$$

Beispiel 46

461 Es gelten die Daten aus Beispiel 44. Zu berechnen ist der Anleiheendwert bei der ursprünglichen Umlaufrendite. Außerdem soll die Wirkung der Erhöhung der Umlaufrendite auf den Anleiheendwert untersucht werden.

462 Der Endwert beträgt $V_6 = 5\frac{1{,}044^6 - 1}{0{,}044} + 100 = 133{,}5$

463 Die Erhöhung der Umlaufrendite führt zu einer Endwertänderung von

$$\Delta V_6 = 5\left[\frac{1{,}046^6 - 1}{0{,}046} - \frac{1{,}044^6 - 1}{0{,}044}\right] = 0{,}17$$

2.3 Zinsänderungsrisiken von Anleihen

464 Aus der Sicht eines Anleiheinvestors ergeben sich bestimmte zinsänderungsbedingte Risiken. Wie bereits dargestellt, hängt der Marktwert einer Anleihe von der Höhe des Zinssatzes ab. Wegen:

$$\frac{\partial V_0}{\partial i} = \sum_{t=1}^{n} -tc_t(1+i)^{-t-1} - nR_n(1+i)^{-n-1} < 0$$

führt eine Erhöhung der Umlaufrendite zu einer Abnahme des Anleihewertes. Der Anleihebesitzer realisiert somit einen Vermögensverlust, da er im Fall eines Verkaufs der Anleihe einen geringeren Gegenwert realisieren würde. Eine Senkung der Umlaufrendite würde dagegen eine Zunahme des Marktwertes bedeuten mit entsprechend höherem Liquidationswert.

465 Bezüglich des Zinsänderungsrisikos des Endwertes gilt wegen

$$\frac{\partial V_n}{\partial i} = \sum_{t=1}^{n} (n-t)c_t(1+i)^{n-t-1} \geq 0$$

die Aussage, dass eine Erhöhung der Umlaufrendite zu steigendem Endvermögen des Anleiheinvestors führt. Dieses ist auf die zinsverbesserten Reinvestitionsbedingungen der Kuponzahlungen zurückzuführen.

466 Die Ergebnisse können wie folgt zusammengefasst werden:

467 Eine **Senkung der Umlaufrendite** führt zu **steigendem Marktwert** aber zu **sinkendem Endwert**, folglich sind Anleihebesitzer mit Liquidationsabsicht im Vorteil, Anleihebesitzer mit finaler Halteabsicht im Nachteil.

468 Eine **Erhöhung der Umlaufrendite** führt zu **sinkendem Marktwert** aber zu **steigendem Endwert**. Anleihebesitzer mit finaler Halteabsicht sind jetzt im Vorteil, Anleihebesitzer

mit Liquidationsabsicht im Nachteil. Diese Zusammenhänge werden in den nachfolgenden Graphiken veranschaulicht.

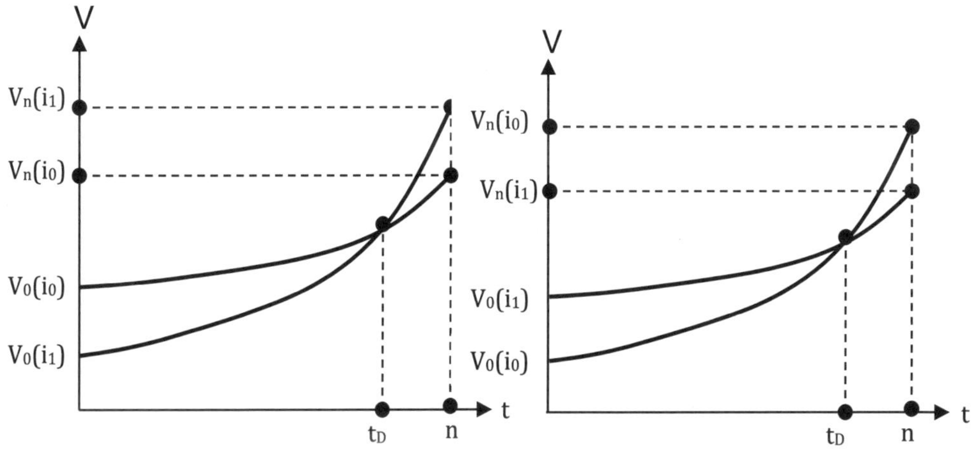

Vermögenswertentwicklung eines Anleiheinvestors bei steigender (i_1 > i_0 linkes Bild) 469
bzw. sinkender (i_1 < i_0 rechtes Bild) Umlaufrendite. Die Graphiken veranschaulichen die Entwicklung des Anleihezeitwertes bei jeweils fixierter Umlaufrendite. Eine Änderung der Umlaufrendite führt zu einer Verlagerung der Zeitwertkurve.

Wegen der gegenläufigen Entwicklung von Marktwert und Endwert bei Zinsänderungen 470
ergibt sich zwischen der ursprünglichen und der aktuellen Zeitwertkurve ein Schnittpunkt. Zu dem diesem Schnittpunkt entsprechenden Zeitpunkt sind die Marktwerte der Anleihe bei beiden Zinsniveaus identisch. Die Laufzeit bis zu diesem speziellen Zeitpunkt t_D wird **Duration** genannt.

Bei einem **Rückgang der Umlaufrendite** steigt zunächst der Marktwert. Da sich die Rein- 471
vestitionsbedingungen der Kuponzahlungen verschlechtern ist die Steigung der neuen Zeitwertkurve an jeder Stelle kleiner. Der positive Effekt einer Marktwertsteigerung und der negative Effekt zinsniedrigerer Kuponreinvestitionen gleichen sich bei t_D gerade aus.

Bei einem **Anstieg der Umlaufrendite** sinkt zunächst der Marktwert. Da sich die Reinves- 472
titionsbedingungen der Kuponzahlungen nunmehr verbessern ist die Steigung der Marktwertkurve an jeder Stelle größer. Negativer Effekt einer Marktwertsenkung und positiver Effekt zinshöherer Kuponreinvestitionen gleichen sich ebenfalls bei t_D aus.

Fazit: Am Ende der Duration kompensieren sich die entgegengesetzten Wirkungen einer 473
Änderung der Umlaufrendite auf Markt- und Endwert. Bei einer Fixierung der Duration als Anlagehorizont erreicht der Anleiheinvestor eine Immunisierung gegen Zinsänderungsrisiken.

Die Duration weist folgende Eigenschaften auf: 474

- Der Zeitwert zum Zeitpunkt t_D entspricht der Summe aller Zahlungen der relevanten Zahlungsreihe des Anleiheinvestors: .

$$V_D = \sum_{t=1}^{n} c_t (1+i)^{t_D - t} + R_n (1+i)^{t_D - n} = \sum_{t=1}^{n} c_t + R_n.$$

- Bei einem Anlagehorizont des Anleiheinvestors in Höhe der Duration besteht eine Immunität gegenüber Zinsänderungsrisiken.

- Die Duration entspricht der **negativen Zinsfaktorelastizität des Barwertes** künftiger Zahlungen aus der Anleihe. Sie ist somit ein Sensitivitätsmaß bezüglich der Reaktion des Marktwertes auf Zinsänderungen.

475 Die Berechnungsformel der Duration lautet gemäß

$$t_D = \frac{\sum_{t=1}^{n} t c_t (1+i)^{-t} + n R_n (1+i)^{-n}}{\sum_{t=1}^{n} c_t (1+i)^{-t} + R_n (1+i)^{-n}} = -\varepsilon_{V_0 q}, \ (q = 1 + i)$$

476 Im Nenner steht der Marktwert der Anleihe zum Zeitpunkt t_0, sodass alternativ gilt

$$t_D = \frac{\sum_{t=1}^{n} t c_t (1+i)^{-t} + n R_n (1+i)^{-n}}{V_0} = -\varepsilon_{V_0 q}.$$

477 **Beispiel 47**

Es gelten wiederum die Daten aus Beispiel 46. Der Finanztitel des Anleiheinvestors wird nochmals aufgeführt: Z_j: $\{5_{(1)}, 5_{(2)}, 5_{(3)}, 5_{(4)}, 5_{(5)}, 105_{(6)}\}$, $i = 0{,}044$. Für die Duration ergibt sich:

$$t_D = \frac{1}{103{,}1}\left[1 \cdot 5(1{,}044)^{-1} + 2 \cdot 5(1{,}044)^{-2} + 3 \cdot 5(1{,}044)^{-3} + 4 \cdot 5(1{,}044)^{-4} + 5 \cdot 5(1{,}044)^{-5} + \right.$$

$$\left. 6 \cdot 105(1{,}044)^{-6}\right] = 5{,}3414.$$

478 Der Zeitwert in t_D entspricht prinzipiell der Summe aller Zahlungen wie folgende Rechnung zeigt:

$$5(1{,}044)^{4{,}3414} + 5(1{,}044)^{3{,}3414} + 5(1{,}044)^{2{,}3414} + 5(1{,}044)^{1{,}3414} + 5(1{,}044)^{0{,}3414} + 105(1{,}044)^{-0{,}6586}$$

$$= 129{,}77 \approx 5+5+5+5+5+5+100 = 130$$

Erhöht sich der Zinsfaktor q um 1 % so sinkt der Barwert um 5,3414 %. Eine Erhöhung von q = 1,044 um 1 % führt zu 1,01q = 1,05444. Der Marktwert ergibt sich zu 479

$V_0 = 5\frac{1-1{,}05444^{-6}}{0{,}05444} + 100(1{,}05444)^{-6} = 97{,}78$. Die Barwertänderung beträgt absolut

$97{,}78 - 103{,}10 = 5{,}32$ und prozentual $\frac{5{,}32}{103{,}1} = 5{,}16\% \approx 5{,}3414\%$. Es ist zu beachten, dass es sich in beiden Fällen um Näherungsrechnungen handelt.

Bei der soeben verwendeten Duration handelt es sich um die **Macaulay-Duration**, die in der Praxis weite Verbreitung findet. Weitere in der Literatur diskutierte Durationsmaße sind die absolute Duration gemäß 480

$$t_{DA} = -\frac{\partial V_0(i)}{\partial i} = \sum_{t=1}^{n} tc_t(1+i)^{-t-1} + nR_n(1+i)^{-n-1} = \frac{1}{q}\sum_{t=1}^{n} tc_t q^{-t} + nR_n q^{-n-1}$$

sowie die modifizierte Duration gemäß

$$t_{DM} = \frac{-\frac{\partial V_0(i)}{\partial i}}{V_0(i)}.$$

Ein weiteres Zinssensitivitätsmaß des Anleihenmarktwertes stellt die **Konvexität** dar. Sie berechnet sich gemäß 481

$$C = \frac{\frac{\partial^2 V_0(i)}{\partial i^2}}{V_0} = \frac{\sum_{t=1}^{n}(t^2+t)c_t(1+i)^{-t-2} + (n^2+n)R_n(1+i)^{-n-2}}{\sum_{t=1}^{n} c_t(1+i)^{-t} + R_n(1+i)^{-n}}$$

Die Konvexität ist ein Maß für die **Asymmetrie der Zinssensitivität**. Bei hoher Konvexität liegt bei Zinssteigerungen eine geringere Zinssensitivität vor als bei Zinssenkungen. Steigt der Zinssatz um ein Prozent reagiert der Marktwert prozentual schwächer nach unten als im Fall einer einprozentigen Zinssenkung prozentual nach oben. 482

3. VARIANTEN DER SCHULDVERSCHREIBUNG

Im Fall der Außenfinanzierung stehen eine Vielzahl von Schuldverschreibungsvarianten zur Verfügung. Eine kleine Auswahl wird in aller Kürze vorgestellt. 483

Optionsschuldverschreibungen 484

Optionsschuldverschreibungen gewähren über die regulären Gläubigerrechte (Verzinsung und Rückzahlung) hinaus dem Inhaber das Recht, Aktien oder Anleihen zu vorab festgelegten Konditionen zu beziehen, wenn er dafür optiert. Bei Ausübung des Optionsrechts bleibt das ursprüngliche Gläubigerpapier bestehen.

485 **Wandelschuldverschreibungen**

Diese gewähren zusätzlich zu den regulären Gläubigerrechten das Recht auf Umtausch der Schuldverschreibungen in Aktien. Ein Umtausch kann erst nach einer bestimmten Sperrfrist ausgeübt werden. Die Emission von Wandelschuldverschreibungen bedarf wie auch die der Optionsschuldverschreibungen eines Beschlusses der Hauptversammlung, da zur Wahrung der jeweiligen Umtauschrechte eine bedingte Kapitalerhöhung vorgenommen werden muss.

486 **Gewinnschuldverschreibungen**

Ein Gewinnobligationär erhält einen gewinnabhängigen Entgeltanspruch, wobei fakultativ ein fester Grundzins existieren kann. In jedem Fall befindet sich ein Gewinnobligationär in der Gläubigerposition.

487 **Anleihen mit variabler Verzinsung (Floating Rate Notes, FRN)**

Bei FRNs, auch kurz als Floater bezeichnet, werden in der Regel alle 3 oder 6 Monate Zinsadjustierungen in Orientierung an der Entwicklung eines Referenzzinssatzes vorgenommen. Als Referenzzinssätze fungieren kurzfristige Geldmarktsätze (LIBOR, EURIBOR), welche die Preise im Interbankengeldhandel reflektieren.

488 **Nullkuponanleihen (Zerobonds)**

Zerobonds sind ohne laufende Zinszahlungen ausgestattet. Zinsen und Zinseszinsen werden thesauriert und erst bei Endfälligkeit der Anleihe zusammen mit der Anleihentilgung an den Anleger ausgezahlt. Die annualisierte Rendite eines Zerobonds ergibt sich gemäß

$$r = \sqrt[n]{\frac{V_n}{V_0}} - 1$$

489 **Beispiel 48**

Am Rentenmarkt sind folgende Zerobonds erhältlich:

Zerobond	Restlaufzeit (Jahre)	Aktueller Kurs	Rückzahlungskurs
A	3	76,31	100
B	2	86,29	100
C	1	93,89	100

490 Die annualisierten Renditen ergeben sich zu:

$$r_A = \sqrt[3]{\frac{100}{76{,}31}} - 1 = 0{,}0943, \quad r_B = \sqrt{\frac{100}{86{,}29}} - 1 = 0{,}0768, \quad r_C = \frac{100}{93{,}89} - 1 = 0{,}0651$$

Aus dem Zusammenhang zwischen annualisierter Rendite und Restlaufzeit lassen sich **Zinsstrukturkurven** konstruieren. Es werden 3 Verlaufsformen unterschieden: 491

- Normale Zinsstruktur: Mit steigender Restlaufzeit nimmt die annualisierte Rendite zu.
- Flache Zinsstruktur: Die annualisierten Renditen sind laufzeitunabhängig konstant.
- Inverse Zinsstruktur: Die annualisierten Renditen sinken mit steigender Restlaufzeit.

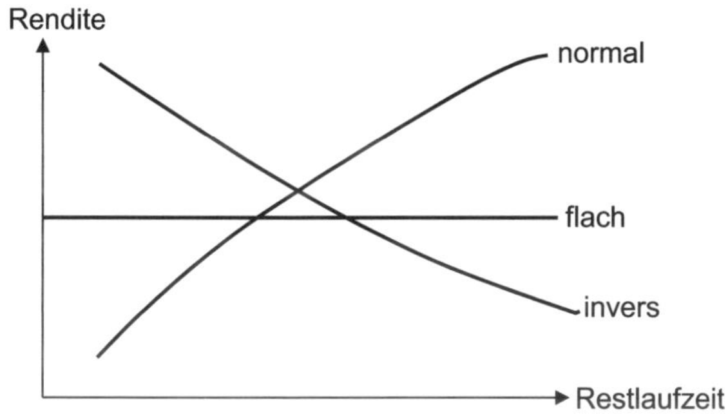

4. EFFEKTIVRENDITE EINER ANLEIHE

Ein Anleiheinvestor erwirbt gegen Zahlung des Börsenpreises zum Investitionszeitpunkt einen spezifischen Finanztitel (Reihe zukünftiger Zahlungen bestehend aus Kuponzahlungen und dem Rückzahlungsbetrag). Die Effektivrendite der Anleihe errechnet sich aus dem speziellen Diskontierungszinssatz, bei dessen Anrechnung der Barwert der gesamten Zahlungsreihe den Wert 0 aufweist. Sei B_0 der Börsenpreis zum Investitionszeitpunkt. Die Effektivrendite ergibt sich durch Lösung der Gleichung 492

$$-B_0 + \sum_{t=1}^{n} c_t (1+r)^{-t} + R_n (1+r)^{-n} = 0$$

Beispiel 49 493

Folgende Anleihemerkmale liegen vor: Nennwert: 100, Kupon: 5, Restlaufzeit: 5 Jahre, Börsenkurs: 94,87. Die Kuponzahlungen erfolgen jährlich, bis zur Zahlung des nächsten Kupons dauert es genau ein Jahr.

494 Der Anleiheinvestor realisiert die Zahlungsreihe I_A: {$-94{,}87_{(0)}$, $5_{(1)}$, $5_{(2)}$, $5_{(3)}$, $5_{(4)}$, $5_{(5)}$, $105_{(6)}$} beziehungsweise erwirbt zum Zeitpunkt t_0 zum Preis von 94,87 den Finanztitel Z_A: {$5_{(1)}$, $5_{(2)}$, $5_{(3)}$, $5_{(4)}$, $5_{(5)}$, $105_{(6)}$}. Die Effektivrendite ergibt sich gemäß:

$$-94{,}87 + 5(1+r)^{-1} + 5(1+r)^{-2} + 5(1+r)^{-3} + 5(1+r)^{-4} + 105(1+r)^{-5} = 0$$

495 Eine Lösung mit einem üblichen Näherungsverfahren ergibt eine Effektivrendite $r = 0{,}0623$.

496 Ein Vorteilhaftigkeitskalkül ergibt sich durch Vergleich der Effektivrendite der Anleihe mit dem spezifischen Kalkulationszinssatz des Investors einschließlich einer Risikoprämie für das Anleiherisiko. Die Höhe der Risikoprämie bemisst sich entsprechend der Risikoeinstellung des potenziellen Anleiheinvestors.

II. INVESTITIONEN IN TEILHABERPAPIERE

Ein Teilhaberpapier ist ein Wertpapier, das Gesellschaftsanteile und damit verbundene Teilhaberrechte verbrieft. Der Investor eines Teilhaberpapiers erzielt Überschüsse, die zum einen aus Dividenden zum anderen aus dem Liquidationserlös zum entsprechenden Liquidationszeitpunkt bestehen. Im Gegensatz zu laufenden Zins- und Tilgungszahlungen bei Zinstiteln sind Rückflüsse bei einer Investition in Teilhaberpapiere unsicher. Diese hängen ab von der zukünftigen Erfolgserzielungskraft des jeweiligen Teilhaberpapiere emittierenden Unternehmens, welche zum einen durch mikroökonomische Faktoren (Preis, Absatzmenge, Marktstellung, Kostenstruktur etc.) und um anderen durch makroökonomische Faktoren (Zinsniveau, Konjunkturphase, etc.) determiniert sind. 497

1. BEWERTUNG VON TEILHABERPAPIEREN

Das bekannteste und universellste Teilhaberpapier ist die Aktie. Eine Aktie ist ein Wertpapier, welches den Anteil an einer Aktiengesellschaft verbrieft. Analog einer Bewertung von Anleihen kann der Marktwert einer Aktie durch Diskontierung der zukünftigen Rückflüsse ermittelt werden. Bei einjähriger Haltedauer ergibt sich der aktuelle Marktwert durch Diskontierung der Dividendenzahlung nach Ablauf einer Periode sowie der Höhe des Marktwertes nach einer Periode gemäß 498

Hierbei beschreibt $q = 1 + r$ den Diskontierungsfaktor, r die Diskontierungsrate. Der Marktwert V_1 ergibt sich bei annahmegemäß einjähriger Haltedauer des Anschlussinvestors gemäß 499

$$V_0 = \frac{D_1}{q} + \frac{V_1}{q}$$

Bei Substitution ergibt sich 500

$$V_0 = \frac{D_1}{q} + \frac{D_2}{q^2} + \frac{V_2}{q^2}$$

Bei beliebiger Fortsetzung dieser Reihe kann der Marktwert eines Teilhaberpapiers durch Diskontierung aller zukünftigen Dividenden gemäß 501

$$V_0 = \sum_{t=1}^{\infty} D_t q^{-t}$$

ermittelt werden. Bei im Zeitlauf konstanten Dividenden gilt

$$V_0 = \frac{D}{r}$$

502 Die Diskontierungsrate r setzt sich zusammen aus dem risikolosen Marktzinssatz i (Zinssatz für sichere Anlagen) und einer Risikoprämie ψ. Die Risikoprämie reflektiert ein vom Investor zusätzlich gefordertes Entgelt für das Eingehen des mit der Investition verbundenen Risikos wobei diese positiv mit der Höhe des Risikos korreliert ist. Somit gilt für den Marktwert gemäß

$$V_0 = \frac{D}{i + \psi}.$$

503 Diese Berechnungsweise wird auch als **Dividendendiskontierungsmodell** bezeichnet.

504 Empirische Beobachtungen zeigen, dass sich Zinsen und Aktienpreise häufig konträr entwickeln. Ein höherer Zins führt zu einem geringeren Marktwert und vice versa wegen

$$\frac{\partial V_0}{\partial i} = -\frac{D}{(i + \psi)^2} < 0.$$

505 Ein höherer Zins steigert die Attraktivität von Zinstiteln als Anlagealternative und löst entsprechende Portfolioumschichtungen aus. Steigende Zinsen erhöhen zudem die Kosten der Aktiengesellschaften, was ceteris paribus die Gewinnerwartungen schmälert. Beide Phänomene lösen Aktienverkäufe aus und bewirken entsprechende Aktienpreisrückgänge.

506 Eine größere Unsicherheit potenzieller Investoren bezüglich Aktieninvestments drückt sich in der Forderung nach einer größeren Risikoprämie aus. Auch dieses führt zu einem niedrigeren Marktwert wegen

$$\frac{\partial V_0}{\partial \psi} = -\frac{D}{(i + \psi)^2} < 0$$

507 Bei Annahme eines über die Zeit konstanten Dividendenwachstums mit Wachstumsfaktor g (g =1+w, w = Wachstumsrate) ergibt sich für einen endlichen Horizont über n Jahre

$$V_0 = D\frac{q^n - g^n}{q^n(q - g)} = D\frac{1}{q - g}\left(1 - \left(\frac{g}{q}\right)^n\right).$$

508 Hierbei ist $q > g$ angenommen, andernfalls ergibt sich ein Barwert $V_0 = \infty$. Bei unendlich langer Laufzeit berechnet sich der Barwert gemäß

$$V_0 = D\frac{1}{q - g} = D\frac{1}{r - w} = D\frac{1}{i + \psi - w}$$

mit der impliziten Annahme eines positiven Nenners, andernfalls beträgt der Barwert $V_0 = \infty$. Eine Zunahme der Dividendenwachstumsrate führt zu einem Anstieg des Marktwertes und viceversa wegen

$$\frac{\partial V_0}{\partial w} = D\frac{1}{(r - w)^2} > 0.$$

2. AKTIENKENNZAHLEN

Für eine überblicksartige Fixierung der Preiswürdigkeit von Aktien und damit einhergehend der Investitionsattraktivität existieren leicht zu ermittelnde statische Kennzahlen in der fundamentalen Aktienanalyse. Die bekannteste Kennzahl ist das Kurs-Gewinn-Verhältnis (KGV) auch als Price Earning Ratio (PER) bezeichnet. 509

$$KGV = \frac{Aktienpreis}{Gewinn\ pro\ Aktie}$$

Je niedriger das KGV ausfällt, desto günstiger erscheint die Aktie bewertet. Eine weitere erfolgsbezogene Kennzahl stellt das Kurs-Cash-Flow-Verhältnis (KCV) dar. 510

$$KCV = \frac{Aktienpreis}{Cashflow\ pro\ Aktie}$$

Der Vorteil dieser Kennzahl liegt in der höheren Resistenz des Cash Flow gegenüber bilanzpolitischen Manipulationen. Dieses wird in einem späteren Kapitel noch erläutert. 511

Neben den erfolgsbezogenen Kennzahlen stellt das Kurs-Buchwert-Verhältnis eine substanzbezogene Kennzahl dar. Die Ermittlung erfolgt gemäß 512

$$KBV = \frac{Marktkapitalisierung}{Eigenkapital}$$

Ein KBV kleiner 1 signalisiert, dass die Marktbewertung der Aktiengesellschaft unterhalb des Wertes des Nettovermögens liegt. 513

3. MODELLIERUNG VON AKTIENPREISENTWICKLUNGEN

Aktienpreise bilden sich auf den Finanzmärkten durch Angebot und Nachfrage. Aktienpreisprognosen erfolgen auf Basis der Fundamentalanalyse, der Technischen Analyse oder mit Hilfe sogenannter Random-Walk-Modelle, die eine rein zufällige zukünftige Preisentwicklung unterstellen. Für Aktieninvestments sind Projektionen zukünftiger Kursverläufe eine wichtige Entscheidungsgrundlage. 514

Die **Fundamentalanalyse** leitet auf Basis unternehmensspezifischer erfolgsrelevanter Daten zukünftige Preisziele ab. Im Rahmen der **Technischen Analyse** werden auf Basis der in einem Preischart dokumentierten Kurshistorie zukünftige Preisentwicklungen bzw. Preisziele prognostiziert. Hierfür existiert ein sehr vielfältiges und sehr komplexes Instrumentarium. Im Rahmen der **Random-Walk-Theorie** erfolgt eine Modellierung der Preisentwicklung durch stochastische Prozesse. Sei S der Preis einer Aktie zu einem bestimmten Zeitpunkt t. Nach einem kurzen (streng genommen infinitesimalen) Zeitintervall dt ändere sich der Aktienpreis um dS. Die Aktienrendite (in diesem Fall **Momentanrendite**) ergibt sich gemäß 515

$$r = \frac{dS}{S}.$$

516 Zwecks weiterer Analyse wird die Rendite r in einen **deterministischen** r_1 und einen **stochastischen Anteil** r_2 zerlegt. Für den deterministischen Anteil gilt

$$r_1 = \mu dt$$

517 Der Parameter μ reflektiert eine stetige Wachstumsrate, die auch als Drift bezeichnet wird. Der stochastische Anteil wird über einen sogenannten **Wiener Prozeß (geometrische Brownsche Bewegung)**, multipliziert mit einem Diffusionsparameter, beschrieben gemäß

$$r_2 = \sigma dW$$

518 Als Diffusionsparameter σ wird die Standardabweichung der Renditen verwendet, der Wiener Prozess dW ergibt sich gemäß

$$dW = \varepsilon\sqrt{dt}$$

wobei sich ε aus der zufälligen Ziehung einer normalverteilten Zufallsvariable mit Erwartungswert 0 ergibt, $\sqrt{dt}$ beschreibt die Höhe der Standardabweichung.

519 Die Synthese beider Renditekomponenten führt zu der stochastischen Differenzialgleichung

$$\frac{dS}{S} = \mu dt + \sigma dW$$

bzw.

$$dS = \mu S dt + \sigma S dW$$

die einen Random Walk bezüglich des Aktienpreises beschreibt. Eine Verallgemeinerung dergestalt, dass bezüglich Drift- und Diffusionsparameter eine Abhängigkeit von Preis und Zeit eingeführt wird, führt zu der Differenzialgleichung, die einen sogenannten Ito-Prozess (benannt nach dem japanischen Mathematiker Ito) beschreibt.

$$\frac{dS(t)}{S(t)} = \mu(S(t),t)dt + \sigma(S(t),t)dW$$

bzw.

$$dS(t) = \mu(S(t),t)S(t)dt + \sigma(S(t),t)S(t)dW.$$

Beispiel 50 520

Die Preisentwicklung einer Aktie weise eine erwartete Drift von $\mu = 0{,}05$ sowie eine Volatilität (beschrieben durch die Standardabweichung) von $\sigma = 0{,}2$ auf. Welche Preisänderung kann unter der Annahme eines Wiener Prozesses mit Drift nach 2 Wochen erwartet werden.

$$\Delta S = 0{,}05 \cdot 100 \cdot \frac{2}{52} + 0{,}2 \cdot \varepsilon \cdot \sqrt{\frac{2}{52}} = 0{,}1923 + 3{,}92\varepsilon$$

H. FINANZIERUNGSSTRUKTURANALYSE DES INVESTITIONSBEREICHS

I. AUSGANGSLAGE

521 Ausgangspunkt der Betrachtungen ist das Grundschema der Bilanz:

Aktiva	**Passiva**
Anlagevermögen (AV)	Eigenkapital (EK)
Umlaufvermögen (UV)	Fremdkapital (FK)
Gesamtvermögen (V)	Gesamtkapital (K)

522 Die Aktivseite der Bilanz beschreibt die gesamte Mittelverwendung bzw. den gesamten **Investitionsbereich**, die Passivseite die gesamte Mittelherkunft bzw. den gesamten **Finanzierungsbereich**. Der Erfolg wird durch die Art der Mittelverwendung (Investition) und den dadurch ausgelösten laufenden Investitionsgewinnen bestimmt. Der relevante Erfolg für die Unternehmenseigentümer ergibt sich, nachdem die Zinsansprüche der Fremdkapitalgeber bedient wurden. Es stellt sich die Frage, inwieweit die Kapitalstruktur (Verhältnis aus Fremd- und Eigenkapital) bestimmend für den Anteil der Investitionsgewinne ist, der den Eigentümern (Eigenkapitalgebern) zugerechnet werden kann.

523 Aus der Gewinn- und Verlustrechnung ergibt sich der Jahresüberschuss als Differenz von Erträgen und Aufwendungen. Dieser sei im Folgenden als Nettogewinn G_N bezeichnet. Werden die Fremdkapitalzinsen Z hinzuaddiert ergibt sich der Bruttogewinn G_B, die Fremdkapitalzinsen ergeben sich aus dem Produkt des Fremdkapitalkostensatzes k und dem Fremdkapital. Es gilt definitionsgemäß

$$G_B = G_N + Z = G_N + kFK$$

524 Wie bereits definiert, beschreibt Finanzierung die Beschaffung des für die Durchführung betriebsnotwendiger Investitionen erforderlichen Kapitals. Dabei ist zu entscheiden, wie das Kapital auf Fremd- bzw. Eigenkapital aufzuteilen ist. Diese Aufteilung hängt von der betrieblichen Zielsetzung ab. Als Ziel werde im Folgenden die Maximierung der Eigenkapitalrentabilität angenommen. Mit diesem marktwirtschaftskompatiblen Ziel werden die Interessen der Unternehmenseigentümer vertreten, die für ihre Einlagen eine hinreichende Rendite erwarten.

Definitionen der Rentabilität werden in knapper Form wiederholt. Rentabilität beschreibt allgemein das Verhältnis aus einer Erfolgsgröße und einer Erfolgsdeterminante. Sie drückt prozentual die durchschnittliche Erfolgserzielungskraft je Einheit der jeweiligen Bezugsgröße aus. Beispiele für Erfolgsgrößen sind z. B. Bruttogewinn, Nettogewinn, Cash Flow, für Erfolgsdeterminanten z. B. Gesamtkapital, Eigenkapital, Umsatz etc. Die Gesamtkapitalrentabilität ergibt sich gemäß 525

$$r_K = \frac{G_B}{K} = \frac{G_N + Z}{K}$$

Die Fremdkapitalzinsen sind aus dem Gesamtkapitaleinsatz erwirtschaftet worden und folglich als „erwirtschafteter Erfolg" zur Abbildung der Leistungsfähigkeit des Gesamtkapitals bei der Rentabilitätsberechnung mit zu berücksichtigen. Die für die Eigenkapitalgeber relevante Rentabilität stellt die Eigenkapitalrentabilität dar. Sie lautet: 526

$$r_{EK} = \frac{G_N}{EK}.$$

Die Eigenkapitalrentabilität informiert über die Verzinsung des von den Eigentümern bereitgestellten Kapitals. Neben der **Finanzierungsfunktion** erfüllt Eigenkapital die für das Funktionieren einer Marktwirtschaft wichtige Funktion der **finanziellen Haftung**. Eine ausreichende Eigenkapitalversorgung ist daher nur sichergestellt, wenn Eigenkapitalgeber mit einer hinreichend hohen Eigenkapitalrentabilität, die entsprechende Rückflüsse an die Eigenkapitalgeber sicherstellt, rechnen können. 527

II. DER LEVERAGE-EFFEKT

1. EIN GRUNDLEGENDES BEISPIEL

Zunächst wird der Leverage-Effekt exemplarisch behandelt, wobei von folgender stark vereinfachter Bilanz eines Unternehmensausgegangen wird: 528

Aktiva		Passiva	
AV	60	EK	80
UV	60	FK	40
	120		120

Die Kapitalstruktur kann durch diverse Kennzahlen beschrieben werden. Es werden zum einen der **Verschuldungskoeffizient** 529

$$L = \frac{FK}{EK},$$

der eine Beziehungszahl darstellt, zum anderen der **Verschuldungsgrad**

$$V = \frac{FK}{K}$$

als eine Gliederungszahl betrachtet. Beide Kennzahlen stehen in unmittelbarem Zusammenhang gemäß

$$V = \frac{L}{1+L} \quad \leftrightarrow \quad L = \frac{V}{1-V}.$$

530 Das Unternehmen erziele einen Nettogewinn $G_N = 11$, der Fremdkapitalkostensatz betrage $k = 0{,}1$. Daraus ergibt sich ein Bruttogewinn $G_B = G_N + kFK = 15$. Gesamt- und Eigenkapitalrentabilität ergeben sich nun zu

$$r_K = \frac{15}{120} = 0{,}125, \quad r_{EK} = \frac{11}{80} = 0{,}1375.$$

531 Der Verschuldungsgrad sei nun variabel und soll jeweils die Werte V= 0,2; 0,33; 0,5; 0,8 annehmen. Die Implikationen für die jeweils anderen Variablen sind in der folgenden Tabelle dargestellt.

V	**L**	G_B	**FK**	**Z**	G_N	**EK**	r_{EK}
0,20	0,25	15	24	2,4	12,6	96	0,1313
0,33	0,50	15	40	4	11	80	0,1375
0,50	1	15	60	6	9	60	0,1500
0,80	4	15	96	9,6	5,4	24	0,2250

Leverage-Effekt-Beispiel mit positiver Verschuldungswirkung

532 Es fällt auf, dass mit steigender Verschuldung die Eigenkapitalrentabilität steigt. Es wird zu untersuchen sein, von welchen Bedingungen dieser Effekt abhängt. Nachfolgend wird bei gegenüber dem letzten Beispiel unveränderter Verschuldungsvariation die Entwicklung der Eigenkapitalrentabilität bei einer Gesamtkapitalrentabilität von $r_K = 0{,}08$ dargestellt.

V	L	G_B	FK	Z	G_N	EK	r_{EK}
0,20	0,25	9,6	24	2,4	7,2	96	0,075
0,33	0,50	9,6	40	4	5,6	80	0,07
0,50	1	9,6	60	6	3,6	60	0,06
0,80	4	9,6	96	9,6	0	24	0

Leverage-Effekt-Beispiel mit negativer Verschuldungswirkung

Die Entwicklung in der letzten Tabelle verdeutlicht, dass mit steigender Verschuldung die Eigenkapitalrentabilität sinkt. Im Folgenden sind allgemeine Bedingungen zu erarbeiten, die den Zusammenhang zwischen Verschuldung und Eigenkapitalrentabilität eindeutig explizieren. Zu diesem Zweck wird wie folgt die **Leverage-Formel** hergeleitet 533

$$r_{EK}=\frac{G_N}{EK}=\frac{G_B-Z}{EK}=\frac{r_K\cdot K-k\cdot FK}{EK}=\frac{r_K(EK+FK)-k\cdot FK}{EK}=r_K+(r_K-k)\frac{FK}{EK}$$

In der Endfassung lautet die Leverage-Formel gemäß 534

$$r_{EK}(r_K,k,L)=r_K+(r_K-k)L$$

Die Eigenkapitalrentabilität hängt von den drei Variablen Gesamtkapitalrentabilität, Fremdkapitalkostensatz und Verschuldungskoeffizient ab. Nachfolgend werden die Wirkungen ausgewählter Variablen ceteris paribus auf die Eigenkapitalrentabilität untersucht. 535

2. DIE EIGENKAPITALRENTABILITÄT BEI VARIABLER VERSCHULDUNG

Im Folgenden soll der Zusammenhang zwischen Eigenkapitalrentabilität und Verschuldungshöhe dargestellt werden. Dieses führt zu der Spezifizierung der **Leverage-Formel** 536

$$r_{EK}(L)=r_K+(r_K-k)L,$$

die ausdrückt, **dass die Eigenkapitalrentabilität bei steigender Verschuldung ceteris paribus gesteigert werden kann, wenn die Gesamtkapitalrentabilität größer ist als der Fremdkapitalkostensatz**. Formal gilt

$$\frac{\partial r_{EK}}{\partial L}=r_K-k$$

Prinzipiell können nun drei Fälle unterschieden werden gemäß 537

$$\frac{\partial r_{EK}}{\partial L}>0\leftrightarrow r_K>k\rightarrow(L\uparrow\rightarrow r_{EK}\uparrow)$$

$$\frac{\partial r_{EK}}{\partial L} = 0 \leftrightarrow r_K = k \rightarrow (L \uparrow \rightarrow r_{EK} = const)$$

$$\frac{\partial r_{EK}}{\partial L} < 0 \leftrightarrow r_K < k \rightarrow (L \uparrow \rightarrow r_{EK} \downarrow)$$

538 Bei Verschuldungsänderungen können prinzipiell 2 Fälle unterschieden werden. Bei **substitutiver Zunahme** der Verschuldung wird bei konstantem Gesamtkapital Eigenkapital durch Fremdkapital substituiert. Es gilt folglich

$$\Delta FK = |-\Delta EK|, \quad K = const.$$

539 Den Zusammenhang zwischen Eigenkapitalrentabilität und Verschuldungskoeffizient bei substitutiver Zunahme der Verschuldung verdeutlicht folgende Abbildung

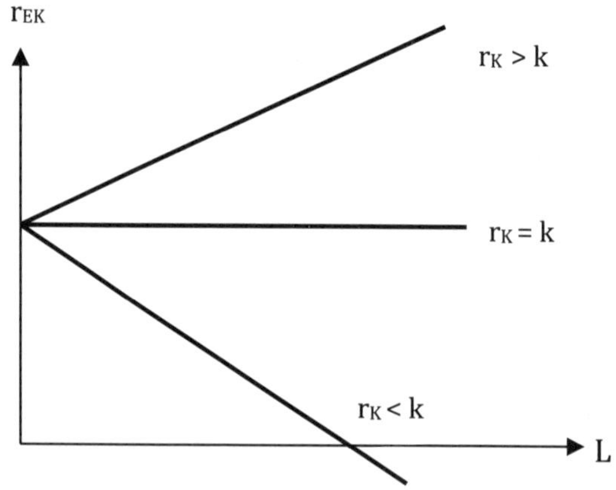

540 Eigenkapitalrentabilität und Verschuldungskoeffizient bei substitutiver Zunahme der Verschuldung.

541 Bei **expansiver Zunahme** der Verschuldung wird die Kapitalbasis ausschließlich durch Aufnahme weiteren Fremdkapitals erweitert. Ausgehend von einem nur aus Eigenkapital bestehenden Gesamtkapital gilt somit

$$\Delta FK = \Delta K, \quad K_0 = EK_0$$

Den Zusammenhang zwischen Eigenkapitalrentabilität und Verschuldungskoeffizient bei expansiver Zunahme der Verschuldung verdeutlicht folgende Abbildung 542

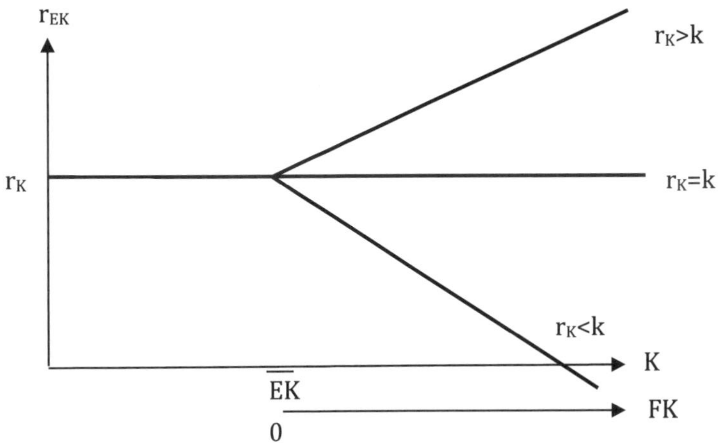

Eigenkapitalrentabilität und Verschuldungskoeffizient bei expansiver Zunahme der Verschuldung. 543

3. DIE EIGENKAPITALRENTABILITÄT BEI VARIABLER ERTRAGSLAGE

Ausgangspunkt ist weiterhin die allgemeine Leverage-Formel. Untersucht wird die Entwicklung der Eigenkapitalrentabilität in Abhängigkeit von der Gesamtkapitalrentabilität bei invariantem Fremdkapitalkostensatz und parametrisch veränderlichem Verschuldungskoeffizienten. Entsprechende Umformungen führen zu dem Ausdruck 544

$$r_{EK}(r_K, \overline{L}) = -k\overline{L} + (1 + \overline{L})r_K$$

wobei $\overline{L}$ ein bestimmtes Verschuldungsniveau repräsentiert. Eine Differenziation nach r_K ergibt

$$\frac{\partial r_{EK}}{\partial r_K} = (1 + \overline{L}) \geq 1$$

und zeigt, dass die Eigenkapitalrentabilität umso sensitiver gleichsinnig auf Änderungen der Gesamtkapitalrentabilität reagiert, je größer die Verschuldung ausgeprägt ist. Dieses impliziert höhere Chancen aber auch höhere Risiken bei steigender Verschuldung. 545

546 Folgende Abbildung verdeutlicht diesen Zusammenhang.

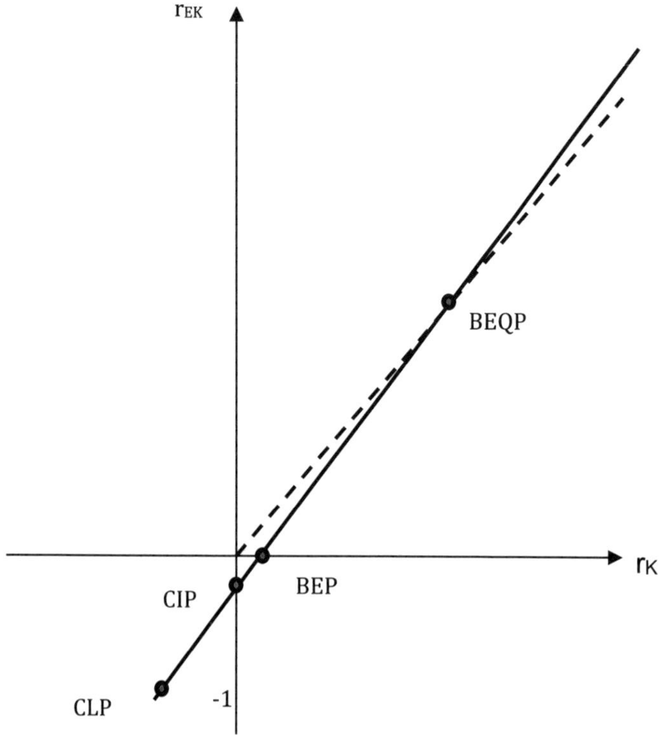

547 Drei signifikante Koordinaten lassen sich zunächst spezifizieren. Bei einer Gesamtkapitalrentabilität $r_K = 0$ (d. h. es wird kein Bruttogewinn erwirtschaftet) beträgt die Eigenkapitalrentabilität $r_{EK} = -k\overline{L}$. Die zu zahlenden Fremdkapitalzinsen gehen zu Lasten der Eigenkapitalgeber und steigen mit der Höhe der Verschuldung. Es handelt sich um den sogenannten **Cut-Into-Point** (CIP) gemäß

$$CIP = \left(0 / - k\overline{L}\right)$$

548 Bei einer Eigenkapitalrentabilität $r_{EK} = 0$ beträgt der Nettogewinn $G_N = 0$. Der Bruttogewinn wird vollständig für die Bedienung der Fremdkapitalzinsen verwendet. Die bei bestimmter Verschuldung notwendig zu erwirtschaftende Gesamtkapitalrentabilität, die zur Bedienung der Fremdkapitalzinsen ausreicht, ergibt sich gemäß

$$r_{EK}(r_K, \overline{L}) = 0 \leftrightarrow -k\overline{L} + (1 + \overline{L})r_K = 0 \leftrightarrow r_K = \frac{k\overline{L}}{1 + \overline{L}} = k\overline{V}.$$

549 Diese Gesamtkapitalrentabilitätsschwelle markiert den **Break-Even-Point** (BEP) gemäß

$$BEP = \left(\frac{k\overline{L}}{1 + \overline{L}}, 0\right).$$

Bei weiterer Zunahme der Gesamtkapitalrentabilität wird ein Niveau erreicht, wo Gesamtkapitalrentabilität und Eigenkapitalrentabilität identisch sind. Aus dem Ansatz $r_{EK} = r_K$ folgt 550

$$r_K = -k\bar{L} + (1+\bar{L})r_K \leftrightarrow r_K = k$$

sodass letztendlich in dem betreffenden Punkt gilt

$$r_{EK} = r_K = k.$$

Erreicht der Wert der Gesamtkapitalrentabilität die Höhe des Fremdkapitalkostensatzes stimmen Eigen- und Gesamtkapitalrentabilität überein. Die entsprechende Koordinate markiert den **Break-Equal-Poin**t (BEQP) gemäß 551

$$BEQP = (k/k).$$

Bei einem Anstieg der Gesamtkapitalrentabilität über den Fremdkapitalkostensatz hinaus gilt stets $r_{EK} > r_K$. Der Hebeleffekt der Verschuldung auf die Eigenkapitalrentabilität wirkt sich jetzt positiv aus. Der Hebeleffekt wirkt dabei umso intensiver, je größer der Wert des Verschuldungskoeffizienten ausfällt. 552

Aus $\frac{\partial r_{EK}}{\partial r_K} = (1+\bar{L}) \geq 1$ geht hervor, 553

dass die Eigenkapitalrentabilität bei rückläufiger Gesamtkapitalrentabilität desto stärker sinkt je größer die Verschuldung ausgeprägt ist. Die Grenze der Überschuldung wird erreicht, wenn das Eigenkapital aufgezehrt ist, d. h. wenn $r_{EK} = -1$ gilt. Die entsprechende Gesamtkapitalrentabilität, die das analoge Ausmaß der Verlustsituation reflektiert, ergibt sich gemäß

$$r_{EK}(r_K, \bar{L}) = -k\bar{L} + (1+\bar{L})r_K = -1 \quad \leftrightarrow \quad r_K = \frac{k\bar{L}-1}{1+\bar{L}}.$$

Somit kann eine weitere signifikante Koordinate, der **Critical-Loss-Point** (CLP)gemäß 554

$$CLP = \left(\frac{k\bar{L}-1}{1+\bar{L}}, -1\right)$$

spezifiziert werden. In diesem Punkt wird die Gesamtkapitalrentabilität transparent, bei deren Unterschreiten eine Überschuldung und damit ein Insolvenztatbestand vorliegt.

Betrachtet man die Gesamtkapitalrentabilität als Zufallsvariable und supponiert man entsprechend die Existenz einer Wahrscheinlichkeitsfunktion $P(\tilde{r}_K)$ mit den entsprechenden Parametern Erwartungswert $\mu(\tilde{r}_K)$ sowie Standardabweichung $\sigma(\tilde{r}_K)$, so ergibt sich aus den entsprechenden Transformationsregeln bezüglich der Zufallsvariable Eigenkapitalrentabilität für den Erwartungswert 555

$$\mu(\tilde{r}_{EK}) = -k\bar{L} + (1+\bar{L})\mu(\tilde{r}_K).$$

556 Für die Standardabweichung ergibt sich

$$\sigma(\tilde{r}_{EK}) = (1 + \bar{L})\sigma(\tilde{r}_K).$$

$\sigma(\tilde{r}_K)$ ist als Maß für das leistungswirtschaftliche Risiko aufzufassen, es reflektiert die Erfolgsrisiken aus der sachzielorientierten Geschäftstätigkeit; $(1 + \bar{L})$ beschreibt einen **Verstärkungsfaktor**. Das leistungswirtschaftliche Risiko schlägt desto stärker auf das Risiko der Eigenkapitalgeber durch je höher die Verschuldung ausgeprägt ist. Dieses beschreibt der Ausdruck

$$\frac{\partial\sigma(\tilde{r}_{EK})}{\partial\sigma(\tilde{r}_K)} = (1 + \bar{L}).$$

557 Multipliziert man bei $\sigma(\tilde{r}_{EK}) = (1 + \bar{L})\sigma(\tilde{r}_K)$ die rechte Seite aus, ergibt sich

$$\sigma(\tilde{r}_{EK}) = \sigma(\tilde{r}_K) + \bar{L}\sigma(\tilde{r}_K)$$

$\sigma(\tilde{r}_K)$ beschreibt das leistungswirtschaftliche Risiko, $\bar{L}\sigma(\tilde{r}_K)$ das Kapitalstrukturrisiko für die Eigenkapitalgeber, das positiv mit der Verschuldung korreliert.

I. INVESTITIONSPROGRAMMENTSCHEIDUNGEN (PORTFOLIOSELEKTION)

Der Gegenstand eines Portfolioplanungsproblems besteht in der Allokation eines Investitionsbudgets auf mehrere alternative Investitionsobjekte. Gemäß der bekannten Alltagsweisheiten „Man soll nicht alle Eier in einen Korb legen" oder „nicht alles auf das gleiche Pferd setzen" wird die Allokation des gesamten Investitionsbudgets auf genau nur ein Anlageaktivum im Regelfall suboptimal sein. Portfoliooptimierung beinhaltet die optimale Diversifikation eines Investitionsvolumens auf Investitionsobjekte im Hinblick auf die Erreichung bestimmter Renditeziele. Das Grundprinzip wird zunächst anhand eines Zwei-Alternativen-Ein-Periodenmodells dargestellt bevor eine Ausdehnung auf den n-Alternativenfall erfolgt. 558

I. RENDITE- UND RISIKOPARAMETER

Betrachtet werde ein Investitionsentscheidungsproblem unter Risiko. Der Alternativenraum bestehe in den Portfolioanteilen x_1, x_2 jeweils zweier Investitionsalternativen 1, 2 wobei $x_1 + x_2 = 1$. Die Investitionsrenditen r_j der Investitionsalternativen $j = 1, 2$ seien abhängig von bestimmten Umweltzuständen $b_i \in \{b_{1,...,} b_n\}$, die mit einer entsprechenden Eintrittswahrscheinlichkeit w_i eintreten. Folgende Tabelle verdeutlicht die entsprechende Datenbasis. 559

	$b_1(w_1)$	$b_2(w_2)$	...	$b_n(w_n)$
r_1	r_{11}	r_{12}	...	r_{1n}
r_1	r_{21}	r_{22}	...	r_{2n}

Datenbasis eines Investitionsselektionsproblems bei Risiko im Zwei-Alternativen-Fall

Der **Renditeerwartungswert** für Alternative j, $j = 1, 2$ ergibt sich aus der Summe der mit den Eintrittswahrscheinlichkeiten gewichteten zustandsabhängigen Renditen gemäß 560

$$\mu_j = \sum_{i=1}^{n} w_i r_{ji}.$$

Als Maß für das Renditerisiko einer Investition wird die **Renditestandardabweichung** gewählt gemäß 561

$$\sigma_j = \sqrt{\sum_{i=1}^{n} w_i r_{ji}^2 - \mu_j^2}.$$

562 Letztere beschreibt ein Maß für die durchschnittliche Abweichung der zustandsabhängigen Renditen vom Renditeerwartungswert. Je höher die Standardabweichung ausfällt, desto höher ist die durchschnittliche Abweichung einer jeden zustandsabhängigen Rendite vom Erwartungswert. Dieses impliziert die Gefahr höherer negativer Abweichungen vom Erwartungswert, was ein höheres Verlustrisiko bedeutet.

563 Das Ausmaß der stochastischen Abhängigkeit der zustandsabhängigen Investitionsrenditen kann mittels der **Kovarianz** ausgedrückt werden. Sie ergibt sich gemäß

$$\sigma_{12} = \left(\sum_{i=1}^{n} w_i r_{1i} r_{2i}\right) - \mu_1 \mu_2.$$

564 Die Renditekovarianz drückt aus, in welchem Maß die Wertpapierrenditen in gleicher Richtung und in gleicher Stärke von ihren Mittelwerten abweichen. Eine Division der Kovarianz durch das Produkt der Standardabweichungen ergibt den **Korrelationskoeffizienten** gemäß

$$k_{12} = \frac{\sigma_{12}}{\sigma_1 \sigma_2}.$$

565 Der Korrelationskoeffizient k_{12} ist hier als relatives Gleichlaufmaß der zustandsabhängigen Investitionsrenditen bezüglich der Abweichungen von ihrem Erwartungswert zu interpretieren. Er gibt die Stärke des linearen Zusammenhangs der Wertpapierrenditen an. Er ist eine dimensionslose Zahl mit Wertebereich $k_{12} \in [-1; 1]$.

566 Bei Bildung eines Investitionsportfolios aus Investition 1, 2 mit den Portfolioanteilen x_1, x_2 $(x_1 + x_2 = 1)$ergibt sich der Renditeerwartungswert des Investitionsportfolios aus der Summe der mit den Portfolioanteilen gewichteten Investitionsrenditeerwartungswerten gemäß

$$\mu_P = x_1 \mu_1 + x_2 \mu_2.$$

567 Wie kann nun ein Portfoliorisiko ermittelt werden? Ein denkbarer Ansatz besteht, analog wie bei der Berechnung des Portfoliorenditeerwartungswertes, in der Addition der portfolioanteilsgewichteten Investitionsrisiken gemäß

$$Portfoliorisiko = x_1 \sigma_1 + x_2 \sigma_2.$$

568 Es wird sich zeigen, dass $Portfoliorisiko = x_1\sigma_1 + x_2\sigma_2$ nur für einen Spezialfall gilt. Für einen generell gültigen Ausdruck wird kurz auf die Berechnungsformel der Varianz einer Summe von faktorskalierten Zufallsvariablen eingegangen. Seien X, Y zwei Zufallsvariablen sowie a der Skalenfaktor für X und b der Skalenfaktor für Y so gilt

$$\sigma^2{}_{(aX+bY)} = a^2\sigma_X^2 + b^2\sigma_Y^2 + 2ab\sigma_{XY}$$

569 Bei Substitution der Kovarianz durch das Produkt des Korrelationskoeffizienten mit dem Produkt der Standardabweichungen ergibt sich

$$\sigma^2{}_{(aX+bY)} = a^2\sigma_X^2 + b^2\sigma_Y^2 + 2ab\sigma_X\sigma_Y k_{XY}$$

bzw. für die Standardabweichung

$$\sigma_{(aX+bY)} = \sqrt{a^2\sigma_X^2 + b^2\sigma_Y^2 + 2ab\sigma_X\sigma_Y k_{XY}}.$$

Übertragen auf die korrekte Berechnung der Portfoliostandardabweichung folgt 570

$$\sigma_P = \sqrt{x_1^2\sigma_1^2 + x_2^2\sigma_2^2 + 2x_1x_2\sigma_1\sigma_2 k_{12}}.$$

Der Ausdruck $\sigma_P = \sqrt{x_1^2\sigma_1^2 + x_2^2\sigma_2^2 + 2x_1x_2\sigma_1\sigma_2 k_{12}}$ beschreibt das methodisch korrekt berechnete **Portfoliorisiko**, während in $Portfoliorisiko = x_1\sigma_1 + x_2\sigma_2$ ein **Durchschnittsrisiko** (DR_P) berechnet wird. Determinanten des Portfoliorisikos σ_P sind die Einzelrisiken, die Portfolioanteile sowie das Maß des Renditezusammenhangs der einzelnen Investitionsalternativen. Durch die Streuung des Anlagevolumens auf zwei (oder mehr) Investitionsalternativen lässt sich offenbar Risiko eliminieren, man spricht von **Risikoreduktion durch Diversifikation**. Sie ergibt sich aus der Differenz des Durchschnittsrisikos und des Portfoliorisikos. 571

Beispiel 51 572

Folgende Datenbasis bezüglich eines Portfolioplanungsproblems sei gegeben:

	$b_1(0{,}3)$	$b_2(0{,}4)$	$b_3(0{,}3)$
r_1	0,02	0,04	0,06
r_2	0,05	-0,02	0,12

Für die Renditeerwartungswerte, Renditevarianzen, Renditestandardabweichungen (Einzelrisiken), Kovarianz sowie Korrelationskoeffizient ergibt sich 573

$$\mu_1 = 0{,}3\cdot 0{,}02 + 0{,}4\cdot 0{,}04 + 0{,}3\cdot 0{,}06 = 0{,}0400$$

$$\mu_2 = 0{,}3\cdot(0{,}05) + 0{,}4\cdot(-0{,}02) + 0{,}3\cdot 0{,}12 = 0{,}0430$$

$$\sigma_1^2 = 0{,}3\cdot 0{,}02^2 + 0{,}4\cdot 0{,}04^2 + 0{,}3\cdot 0{,}06^2 - 0{,}04^2 = 0{,}000240$$

$$\sigma_2^2 = 0{,}3\cdot 0{,}05^2 + 0{,}4\cdot(-0{,}02)^2 + 0{,}3\cdot 0{,}12^2 - 0{,}043^2 = 0{,}003381$$

$$\sigma_1 = \sqrt{0{,}3\cdot 0{,}02^2 + 0{,}4\cdot 0{,}04^2 + 0{,}3\cdot 0{,}06^2 - 0{,}04^2} = 0{,}015492$$

$$\sigma_2 = \sqrt{0{,}3\cdot 0{,}05^2 + 0{,}4\cdot(-0{,}02^2) + 0{,}3\cdot 0{,}12^2 - 0{,}043^2} = 0{,}058146$$

$$\sigma_{12} = 0{,}3\cdot 0{,}02(0{,}05) + 0{,}4\cdot 0{,}04\cdot(-0{,}02) + 0{,}3\cdot 0{,}06\cdot 0{,}12 - 0{,}04\cdot 0{,}043 = 0{,}000420$$

$$k_{12} = \frac{0{,}00042}{0{,}015492 \cdot 0{,}058146} = 0{,}466253$$

574 Für ein Portfolio, dass zu 40 % aus einer Aktie 1 und zu 60 % aus einer Aktie 2 besteht ergibt sich

$$\mu_P = 0{,}4 \cdot 0{,}04 + 0{,}6 \cdot 0{,}043 = 0{,}0418$$

$$DR_P = 0{,}4 \cdot 0{,}015492 + 0{,}6 \cdot 0{,}058146 = 0{,}041084$$

$$\sigma_P = \sqrt{0{,}4^2 \cdot 0{,}00024 + 0{,}6^2 \cdot 0{,}003381 + 2 \cdot 0{,}4 \cdot 0{,}6 \cdot 0{,}015492 \cdot 0{,}058146 \cdot 0{,}466253} = 0{,}038173$$

575 Der Risikoreduktionseffekt mittels Diversifikation beziffert sich auf $DR_P - \sigma_P = 0{,}041084 - 0{,}038173 = 0{,}002911.$

576 Daraus ergibt sich, dass jede Portfoliostruktur $(x_1, x_2) \in \{(x_1, x_2) : x_1 + x_2 = 1\}$ eindeutig einen bestimmten Renditeerwartungswert und ein bestimmtes Renditerisiko impliziert. Entsprechend lässt sich eine Menge *P* definieren gemäß

$$P = \{(\sigma_P, \mu_P) : x_1 + x_2 = 1\}$$

die den geometrischen Ort aller mittels stetiger Variation der Portfoliostruktur realisierbaren (σ_P, μ_P) Kombinationen beschreibt. Portfolioerwartungswert und Portfoliostandardabweichung können in Form eines funktionalen Zusammenhangs dargestellt werden gemäß

$$\mu_P = f(\sigma_P).$$

577 Es handelt sich um eine zunächst sehr allgemeine Darstellung der Funktionsgleichung der **Portfoliolinie**. Letztere beschreibt den geometrischen Ort aller (σ_P, μ_P)-Kombinationen bei Variation der Portfoliostruktur. Mittels Variablensubstitution und Äquivalenzumformungen ergibt sich die konkrete Form der Portfoliolinie gemäß (auf eine Herleitung wird wegen des hohen Rechenaufwands verzichtet)

$$\sigma_P = \sqrt{\frac{1}{(\mu_1 - \mu_2)^2}\left[(\mu_P - \mu_2)^2 \sigma_1^2 + (\mu_1 - \mu_p)^2 \sigma_2^2 + 2(\mu_P - \mu_2)(\mu_1 - \mu_P)\sigma_1 \sigma_2 k_{12}\right]}.$$

Nachfolgende Abbildung verdeutlicht den Verlauf. 578

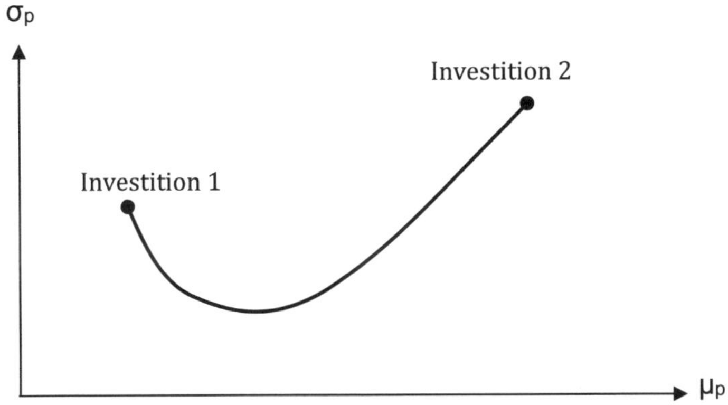

Portfoliolinie

Beispiel 52 579

Bezüglich der Daten des Beispiels 51 lautet die Funktionsgleichung der Portfoliolinie 580

$$\sigma_P = \sqrt{\frac{1}{(0{,}04-0{,}043)^2}\left[(\mu_P-0{,}043)^2 0{,}00024+(0{,}04-\mu_p)^2 0{,}003381+2(\mu_P-0{,}043)(0{,}04-\mu_P)0{,}00042\right]}$$

In ausmultiplizierter Form ergibt sich $\sigma_P = \sqrt{309\mu_P^2 - 24{,}6\mu_P + 0{,}48984}$ 581

Einsetzen für $\mu_P = 0{,}0418$ ergibt für das Portfoliorisiko wie in Beispiel 51 berechnet $\sigma_P = 0{,}038173$. 582

Für die Verlaufsform der Portfoliolinie spielt der Korrelationskoeffizient der Investitionsrenditen eine entscheidende Rolle. Die Bedeutung des Korrelationskoeffizienten wird anhand folgender Fallunterscheidungen untersucht. 583

Fall 1: Vollständige positive Korrelation ($k_{12} = 1$) 584

Für das Portfoliorisiko ergibt sich

$$\sigma_P = \sqrt{x_1^2\sigma_1^2 + x_2^2\sigma_2^2 + 2x_1x_2\sigma_1\sigma_2 \cdot 1}.$$

Aus der Anwendung des binomischen Lehrsatzes folgt 585

$$\sigma_P = \sqrt{(x_1\sigma_1 + x_2\sigma_2)^2} = x_1\sigma_1 + x_2\sigma_2$$

mit der Konklusion, dass für den Fall vollständiger positiver Korrelation der Investitionsrenditen das Portfoliorisiko dem Durchschnittsrisiko entspricht und eine Risikoreduktion mittels Diversifikation als nicht möglich erscheint. Die Portfoliolinie beschreibt eine Gerade.

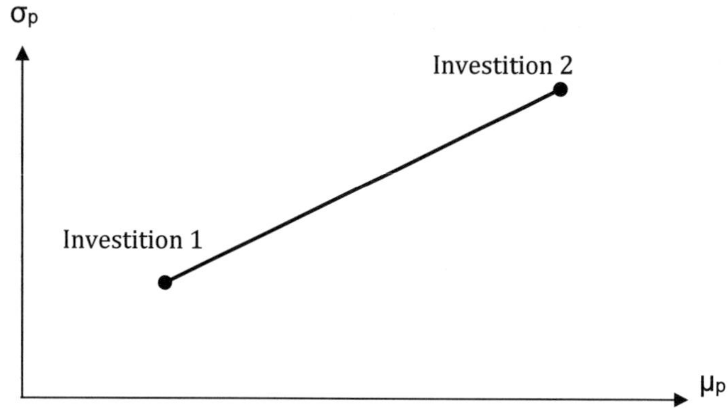

Portfoliolinie bei perfekter positiver Korrelation

586 **Fall 2:** Korrelation von $k_{12} = 0$

Das Portfoliorisiko beträgt

$$\sigma_P = \sqrt{x_1^2\sigma_1^2 + x_2^2\sigma_2^2 + 2x_1x_2\sigma_1\sigma_2 \cdot 0} = \sqrt{x_1^2\sigma_1^2 + x_2^2\sigma_2^2} < x_1\sigma_1 + x_2\sigma_2$$

587 Das Portfoliorisiko ist für jede Portfoliostruktur $(x_1, x_2) \in \{(x_1, x_2) : x_1 + x_2 = 1\}$ kleiner als das Durchschnittsrisiko, d. h. es ist eine Risikoreduktion mittels Diversifikation realisierbar. Die Portfoliolinie beschreibt einen nach links geschwungenen Kurvenzug. Für die Ermittlung des risikominimalen Portfolios wird eine Substitution $x_2 = 1 - x_1$ vorgenommen und wegen der besseren Rechenbarkeit die Portfoliovarianz betrachtet gemäß

$$\sigma_P^2 = x_1^2\sigma_1^2 + (1 - x_1)^2\sigma_2^2$$

Differentiation nach x_1 und Nullsetzung ergibt

$$\frac{\partial\sigma_P^2}{\partial x_1} = 2x_1\sigma_1^2 - 2(1 - x_1)\sigma_2^2 = 0 \rightarrow x_1^* = \frac{\sigma_2^2}{\sigma_1^2 + \sigma_2^2}, x_2^* = \frac{\sigma_1^2}{\sigma_1^2 + \sigma_2^2},$$

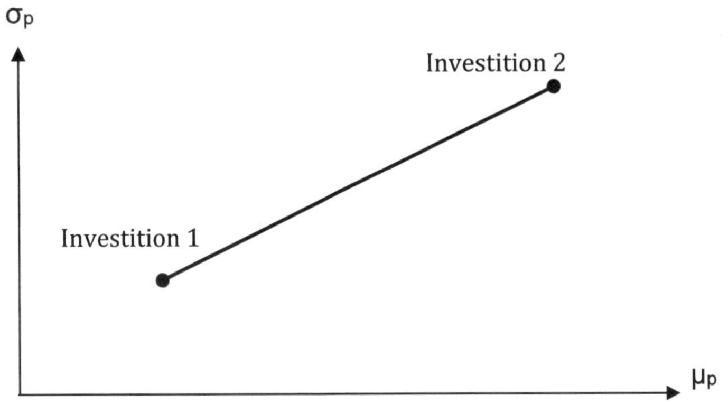

Portfoliolinie bei Unkorreliertheit

Nicht alle Portfolios auf der Portfoliolinie stellen **effiziente Portfolios** dar. Ein Portfolio ist effizient, wenn kein anderes Portfolio existiert, das 588

- bei identischem Renditeerwartungswert ein geringeres Renditerisiko,
- bei identischem Renditerisiko einen höheren Renditeerwartungswert,
- sowohl einen höheren Renditeerwartungswert als auch ein geringeres Renditerisiko

aufweist. Der effiziente Bereich der Portfoliolinie entspricht dem vom Risikominimum aufsteigenden Ast der Portfoliolinie in Richtung größerer μ_p-Werte. In der Gegenrichtung sind dagegen sinkende Renditeerwartungswerte bei gleichzeitig steigenden Renditerisiken zu verzeichnen.

Fall 3: Vollständige negative Korrelation ($k_{12} = -1$) 589

Das Portfoliorisiko beträgt

$$\sigma_P = \sqrt{x_1^2\sigma_1^2 + x_2^2\sigma_2^2 + 2x_1x_2\sigma_1\sigma_2 \cdot (-1)} = \sqrt{(x_1\sigma_1 - x_2\sigma_2)^2} = |x_1\sigma_1 - x_2\sigma_2|$$

In diesem Fall existiert ein risikoloses Portfolio. Bei Substitution von $x_2 = 1 - x_1$ folgt 590

$$\sigma_P = |x_1\sigma_1 - (1 - x_1)\sigma_2|$$

und für das risikolose Portfolio ($\sigma_p = 0$) ergibt sich

$$x_1 = \frac{\sigma_2}{\sigma_1 + \sigma_2};\ x_1 = \frac{\sigma_2}{\sigma_1 + \sigma_2}$$

Hieraus ergibt sich der Zusammenhang 591

$$\frac{x_1}{x_2} = \frac{\sigma_2}{\sigma_1},$$

der besagt, dass im risikolosen Portfolio das Verhältnis der Wertpapieranteile dem reziproken Verhältnis der Standardabweichungen der Wertpapierrenditen (Risikoverhältnis) entspricht. Das Wertpapier mit hohem Risiko erscheint tendenziell untergewichtet und vice versa.

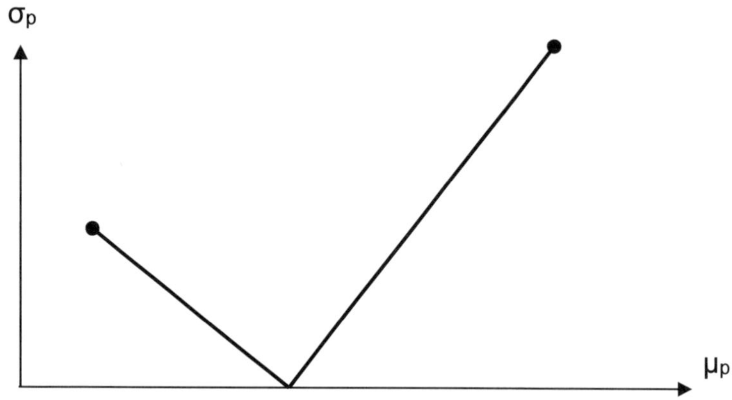

Portfoliolinie bei perfekter negativer Korrelation

592 Der effiziente Bereich befindet sich nun auf der vom Punkt des risikolosen Portfolios ausgehenden in μ_P–Richtung steigenden Gerade.

Wird die Anzahl der Investitionsalternativen nun von bisher 2 auf μ erhöht, erweitert sich die Datenbasis wie folgt:

	$b_1(w_1)$	$b_2(w_2)$	...	$b_n(w_n)$
r_1	r_{11}	r_{12}	...	r_{1n}
r_1	r_{21}	r_{22}	...	r_{2n}
...	...	...	...	...
r_m	r_{m1}	r_{m2}	...	r_{mn}

Datenbasis eines Selektionsproblems im μ-Alternativen-Fall.

593 Bei einem Investitionsportfolio mit den Portfolioanteilen $x_1, x_2, \ldots, x_n$ mit $\sum_{i=1}^{m} x_i = 1$ ergibt sich für den Portfoliorenditeerwartungswert

$$\mu_P = \sum_{i=1}^{m} x_i \mu_i$$

594 Das Portfoliorisiko berechnet sich gemäß

$$\sigma_P = \sqrt{\sum_{i=1}^{m} \sum_{j=1}^{m} x_i x_j \sigma_{ij}}$$

Die Portfoliolinie ergibt sich aus dem effizienten Rand aller potenziellen Portfolios im (μ_P, σ_P)-Diagramm, sie trägt auch den Namen **Effizienzlinie**. 595

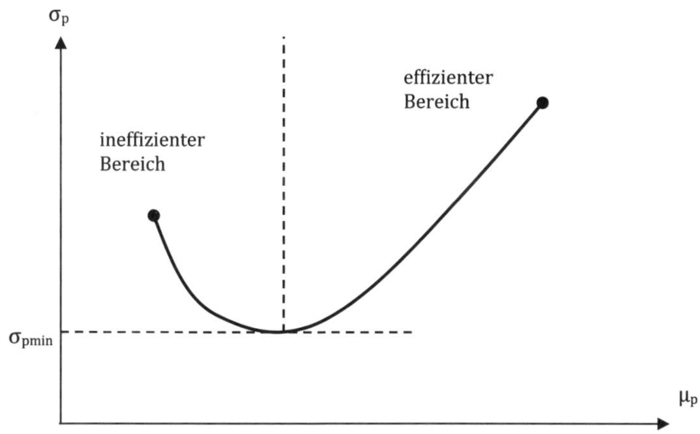

Portfolio- bzw. Effizienzlinie

II. DAS OPTIMALE INVESTITIONSPORTFOLIO

596 Die Portfolio- bzw. Effizienzlinie stellt den geometrischen Ort aller realisierbaren Portfolios dar. Die Position des optimalen Portfolios hängt von der Risikoeinstellung des Investors ab. Im Folgenden werde Risikoaversion unterstellt, was streng konkav steigende Risiko-Rendite-Indifferenzlinien impliziert. Je weiter eine Risiko-Rendite-Indifferenzlinie vom Ursprung entfernt liegt, desto höher ist der Wert des entsprechenden Präferenzparameters Φ. Das optimale Investitionsportfolio ist im Tangentialpunkt von Portfoliolinie und der entsprechenden Risiko-Rendite-Indifferenzlinie lokalisiert. Nachfolgende Abbildung verdeutlicht diesen Sachverhalt.

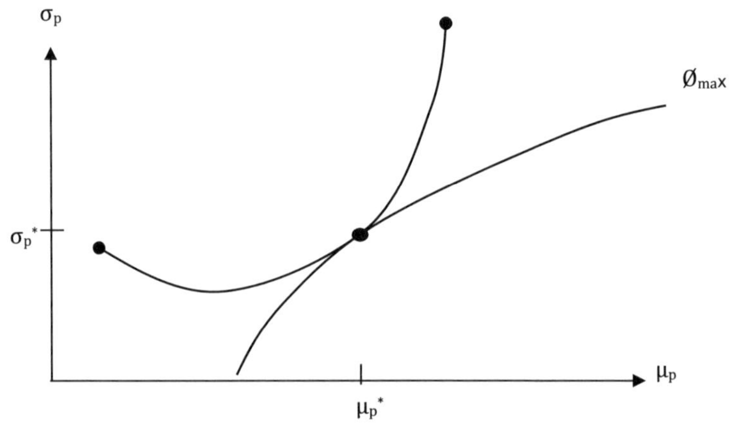

Optimales Investitionsportfolio

597 Eine analytische Ermittlung des optimalen Investitionsportfolios ist auf mehrere Art und Weise möglich. Zum einen kann bei fixierter Minimalrendite das risikominimale Portfolio bestimmt werden gemäß

$$\min \sigma_P = \sum_{i=1}^{m} \sum_{j=1}^{m} x_i x_j \sigma_{ij} \quad \text{und} \quad \sum_{i=1}^{m} x_i \mu_i \geq \mu_P^*$$
$$\sum_{i=1}^{m} x_i = 1$$

598 Alternativ kann bei fixiertem Maximalrisiko das renditemaximale Portfolio bestimmt werden gemäß

$$\max \mu_P = \sum_{i=1}^{m} x_i \mu_i \quad \text{u. d. N.} \quad \sum_{i=1}^{m} \sum_{j=1}^{m} x_i x_j \sigma_{ij} \leq \sigma_P^*$$
$$\sum_{i=1}^{m} x_i = 1$$

Eine weitere Möglichkeit besteht in der Kombination von Portfoliorendite und Portfoliorisiko in der Zielfunktion wobei der Risikoterm mit einem Risikoparameter α gewichtet werden kann. Das Optimierungsproblem lautet in diesem Fall 599

$$\max Z = \sum_{i=1}^{m} x_i \mu_i - \alpha \left\{ \sum_{i=1}^{m} \sum_{j=1}^{m} x_i x_j \sigma_{ij} \right\} \quad \text{u. d. N.} \quad \sum_{i=1}^{m} x_i = 1$$

Lösungen sind mit Hilfe von Verfahren der nichtlinearen Programmierung (z. B. von Ph. Wolfe) möglich, bzw. im Fall von Gleichheitsrestriktionen auch mit der Lagrange-Optimierung. Auf die Darstellung der teilweise sehr aufwändigen Lösungstechniken wird verzichtet. 600

FORMELSAMMLUNG

Zahlungsreihe Investition:	$I_j: \{-I_0, c_1, c_2, \ldots, c_n + L_n\}$
Zahlungsreihe Finanzierung:	$F_i: \{F_0, -a_1, -a_2, \ldots, -a_n\}$
Gesamtkosten:	$K_j = KK + BK + sonstige\ K_F + sonstige\ K_v$
Kapitalkosten:	$KK = A + Z$
Abschreibung:	$A = \frac{I_0 - L_n}{n}$
Zinsen:	$Z = \frac{I_0 + L_n}{2} \cdot i$
Kritische Menge:	$\hat{x} = \frac{K_{FA} - K_{FB}}{k_{vB} - k_{vA}}$
Gewinn:	$G = p \cdot x - \left(\frac{I_0 - L_n}{n} + \frac{I_0 + L_n}{2} \cdot i + K_F + k_{v \cdot x}\right)$
Bruttorentabilität:	$r_I = \frac{G + Z}{0{,}5(I_0 + L_n)}$
Statische Amortisationsrechnung:	$Amortisationsdauer = \frac{Kapitaleinsatz}{durchschn.\ Rückfluss\ pro\ Jahr}$
Break-even-Menge:	$\hat{x} = \frac{K_F}{p - k_v}$
Sicherheitskoeffizient:	$SK = \frac{x - \hat{x}}{x}$
Operate Leverage:	$OL = \varepsilon_{GE} = \frac{\frac{\Delta G}{G}}{\frac{\Delta E}{E}} = \frac{\frac{(p - k_v)\Delta x}{(p - k_v)x - K_F}}{\frac{p\Delta x}{px}}$
Kapitalwert:	$C_{0j} = -I_0 + \sum_{t=1}^{n} c_t (1+i)^{-t} + L_n (1+i)^{-n}$
Ertragswert:	$EV_0 = \sum_{t=1}^{n} c_t (1+i)^{-t} + L_n (1+i)^{-n}$

Annuität: $\bar{c}_j(n) = C_{0j} \frac{i}{1-q^{-n}}$

Interner Zinssatz: $C_{0j}(r_j) = -I_0 + \sum_{t=1}^{n} c_t(1+r_j)^{-t} + L_n(1+r_j)^{-n} = 0$

Baldwin-Rentabilität: $\hat{r}_j = \sqrt[n]{\frac{\sum_{t=1}^{n} c_t(1+i)^{n-t}}{I_0 - L_n(1+i)^{-n}}} - 1$

Erwartungswert: $E(\widetilde{C}_{0i}) = \mu_i = \sum_{k=1}^{n} w_k C_{0ik}$

Standardabweichung Kapitalwert: $\sigma = \sqrt{\sum_{k=1}^{n} w_k (C_{0k} - \mu)^2} = \sqrt{(\sum_{k=1}^{n} w_k C_{0k}^2) - \mu^2}$

ABKÜRZUNGSVERZEICHNIS

I_0	= Anschaffungsauszahlung	C_0	= Kapitalwert
ANF	= Annuitätenfaktor	KK	= Kapitalkosten
BK	= Betriebskosten	K_{fix}	= Fixkosten
$\bar{c}$	= Kapitalwertannuität	K_v	= Gesamtkosten variabel
E	= Einzahlung	k_v	= variable Stückkosten
EK	= Eigenkapital	Z	= kalkulatorische Zinsen
FKZ	= Fremdkapitalzinsen	n	= Nutzungsdauer/Laufzeit
G	= Gewinn	p	= Preis
GK	= Gesamtkapital	r	= interner Zinsfuß
i	= Zinssatz (p/100)	RBF	= Rentenbarwertfaktor
L	= Liquidationserlös	t	= Zeit/Jahr/Periode
K	= Kosten	U	= Umsatzerlöse
A	= kalkulatorische Abschreibungen	x	= Menge

AUFGABENSAMMLUNG

Aufgabe 1

In der städtischen Sport und Freizeit GmbH soll die Welleness-Abteilung erweitert werden. Die Verantwortlichen denken darüber nach den Saunabereich neu zu strukturieren und im Rahmen von Umbauarbeiten eine Finn-Sauna anzubieten. Es wurden drei Angebote eingeholt, die folgende Kosten mit sich bringen würden:

Angebot	I	II	III
Geschätzte Besuche pro Jahr	400	400	200
Variable Kosten pro Besuch	30	50	70
Fixkosten pro Jahr	20.000	10.000	40.000
Laufzeit	7 Jahre	7 Jahre	5 Jahre

1. Welches ist das kostengünstigste Angebot?

2. Es ist damit zu rechnen, dass die Finn-Sauna stärker nachgefragt wird. Die Verantwortlichen fragen sich, welche Konsequenzen eine Erhöhung der Besucherzahlen auf 600 pro Jahr für jedes Angebot mit sich bringen würde?

3. Berechnen Sie die kritische Menge zwischen den beiden wirtschaftlichsten Angeboten (Break–Even-Point).

Aufgabe 2

Nach einem selbstverschuldeten Unfall eines Rasenmäherfahrers des Grünflächenamtes, muss das Rechnungsprüfungsamt nun klären, ob die Haftpflichtversicherung in Anspruch genommen werden soll, oder der Schaden selbst reguliert wird. Die dabei entstehende und sofort (in $t = 0$) fällige Auszahlung beläuft sich auf 1.500 €. Wird die Schadensregulierung der Haftpflichtversicherung überlassen, hat man jedoch durch den Verlust des Schadenfreiheitsrabattes in den nächsten Jahren mit folgenden zusätzlichen Prämienzahlungen zu rechnen:

1. Jahr	$t = 1$	500,- €
2. Jahr	$t = 2$	400,- €
3. Jahr	$t = 3$	400,- €
4. Jahr	$t = 4$	300,- €
5. Jahr	$t = 5$	300,- €
6. Jahr	$t = 6$	0,- €
7. Jahr	$t = 7$	0,- €

Welche Entscheidung empfehlen Sie, wenn die zu leistenden Auszahlungen aus eigenen Geldmitteln erfolgen, die bei anderweitiger Anlage Habenzinsen in Höhe von 8 % bzw. 10 % erbracht hätten?

Aufgabe 3

Die Stadt Eisenleben überdenkt die Anschaffung einer neuen Türschließanlage. Dazu liegen bereits drei Kostenvoranschläge vor: Die Firma A bietet die komplette Anlage für 3.000 €, die Firma B zum Festpreis für 2.500 € und die Firma C für 3.100 € netto an. Die Gemeinde hat eine Planungsrechnung erstellt, nach der bereits im ersten Jahr Ersparnisse in Höhe von 1.500 € und im darauffolgenden Jahr nochmals 1.600 € eintreten sollen. Die Anlage wird linear abgeschrieben. Der Kalkulationszinssatz liegt bei 10 %.

Berechnen Sie den internen Zinsfuß und interpretieren diesen.

Aufgabe 4

Kreuzen Sie nur die richtige(n) und sinnvolle(n) Aussage(n) an!

	Statische und dynamische Verfahren gehören zu den deterministischen Modellen.
	Der Annuitätenfaktor ist der Parallelwert zum aufgezinsten Barwert.
	Renten werden immer aufgezinst.
	Der Kehrwert des Annuitätenfaktors wird auch als Rentenfaktor bezeichnet.
	Der Annuitätenfaktor ist der Parallelwert zum abgezinsten Barwert.
	Der Zukunftserfolgsbarwert zeigt den Barwert aller Kapitalrückflüsse der Investition.
	Dynamische Verfahren unterliegen nicht den Regeln des vollständigen Kapitalmarktes.
	Statische Verfahren gehören zu den deterministischen Modellen.
	Dynamische Verfahren unterliegen den Regeln des vollständigen Kapitalmarktes.
	Der Kapitalwertbarfaktor zeigt den reziproken Wert des Annuitätenfaktors.

Aufgabe 5

Bauunternehmer Betonmax möchte eine Erweiterungsinvestition zum Ausbau seiner Kapazitäten tätigen. Er bittet daher seinen Mitarbeiter Easy Eisner die verschiedenen Investitionsobjekte zu vergleichen. Eisner hat daher folgende Tabelle erarbeitet, wobei er als Kalkulationszinssatz 8 % verwendet hat.

Investition	Nutzungsdauer	Investitionssumme	Jährlicher Rückfluss	Kapitalwert
A	10 Jahre	20 Mio. €	4 Mio €	6,84 Mio. €
B	10 Jahre	25 Mio. €	5 Mio. €	8,55 Mio. €
C	10 Jahre	30 Mio. €	5,5 Mio. €	6,91 Mio. €

Bauunternehmer Betonmax ist mit dieser Entscheidungsgrundlage nicht zufrieden. Er denkt in jährlichen Dimensionen und bittet Sie daher die Annuität für die drei Investitionsalternativen auszurechnen.

1. Erläutern Sie, was man unter einer Erweiterungsinvestition versteht!
2. Berechnen Sie die Annuität für die drei Investitionsalternativen.
3. Für welche Investition entscheiden Sie sich auf Grundlage Ihrer Rechnung?
4. In welchen Fällen ist die Annuitätenmethode der Kapitalwertmethode vorzuziehen?

Aufgabe 6

Sie sind Mitarbeiter im Hauptamt und sollen ein neues Kopiergerät beschaffen. Sie gehen davon aus, dass etwa 500.000 Kopien pro Jahr erstellt werden. Ihnen stehen zwei Geräte zur Auswahl.

Der Kopierer A erfordert alle 10.000 Kopien einen neuen Toner zum Preis von 120 €. Nach Herstellerangaben hat der Kopierer eine Nutzungsdauer von 5 Jahren. Um eine dauernde Betriebsbereitschaft des Gerätes zu garantieren, ist in den ersten beiden Nutzungsjahren eine halbjährliche Wartung erforderlich. Diese wird pauschal zum Preis von je 250 € durch den Hersteller angeboten. Ab dem dritten Nutzungsjahr sind 4 Wartungen jährlich zum Preis von jeweils 400 € erforderlich. Dieser Kopierer kostet 12.000 €.

Der Kopierer B erfordert nur alle 12.000 Kopien einen neuen Toner, allerdings kostet dieser 150 €. Außerdem hat dieses Gerät nur eine Nutzungsdauer von 4 Jahren. Wartungsintervalle sind hier über die gesamte Nutzungsdauer 4-mal jährlich erforderlich. Der Hersteller bietet die Wartungen zum Pauschalpreis von je 280 € an. Dieser Kopierer kostet 10.000 €.

Als Kalkulationszinssatz werden 6 % angenommen.

Außerdem wird in Ihrem Amt die Kosten- und Leistungsrechnung betrieben. Sie führen eine interne Leistungsverrechnung durch und stellen den jeweiligen Organisationseinheiten die Kopien in Rechnung. Bei der Alternative A lassen sich 0,025 € pro Kopie realisieren. Für eine Kopie aus der Alternative B können Sie 0,03 € verlangen.

1. Welchen Kopierer beschaffen Sie unter Kostenaspekten für die Verwaltung?

2. Nutzen Sie die Gewinnvergleichsrechnung als Entscheidungshilfe!

3. Die Kopien des Kopierers B werden in den ersten zwei Betriebsjahren zu einem Preis von 0,03 € und in den Folgejahren für 0.01 € an die Organisationseinheiten verkauft. Welches Gerät ist auszuwählen?

4. Welche Bedeutung hat es, dass Kopierer A nach fünf Jahren für 4000 € verkauft wird?

5. Der Bezugspreis für Papier beträgt nun 5 € je 500 Blatt, welche Investitionsalternative ist zu wählen?

Aufgabe 7

Ihre Erbtante aus den USA hinterlässt Ihnen endlich ein Vermögen im Wert von 120.000 €, das in Wertpapieren, die eine Rendite von jährlich 8 % erbringen, angelegt ist. Das scheint Ihnen nicht attraktiv genug zu sein. Beim Studieren der Finanzblätter stoßen Sie auf die nachfolgende Offerte:

„Die easy GmbH wird mit einem neuen Immobilienkonzept im nächsten Jahr auf den Markt treten. Beteiligen Sie sich und verdoppeln Sie Ihr Kapital nahezu risikolos in kurzer Zeit. Die Bedingungen sind einfach: Sofortige Einzahlung in Höhe von 70.000 €, weitere 50.000 € in Raten zu je 10.000 € zu Beginn der nächsten fünf Jahre. Wir garantieren Ihnen Auszahlungen in Höhe von 20.000 € nach Ablauf des ersten Jahres sowie Folgezahlungen jeweils zum Jahresende, die immer ein Fünftel über der Zahlung des Vorjahres liegen."

1. Welche der beiden Anlagen ist für Sie zum jetzigen Zeitpunkt die Bessere?

2. Bestimmen Sie mit Hilfe des Koordinatensystems die Renditedifferenz der beiden Investitionsalternativen!

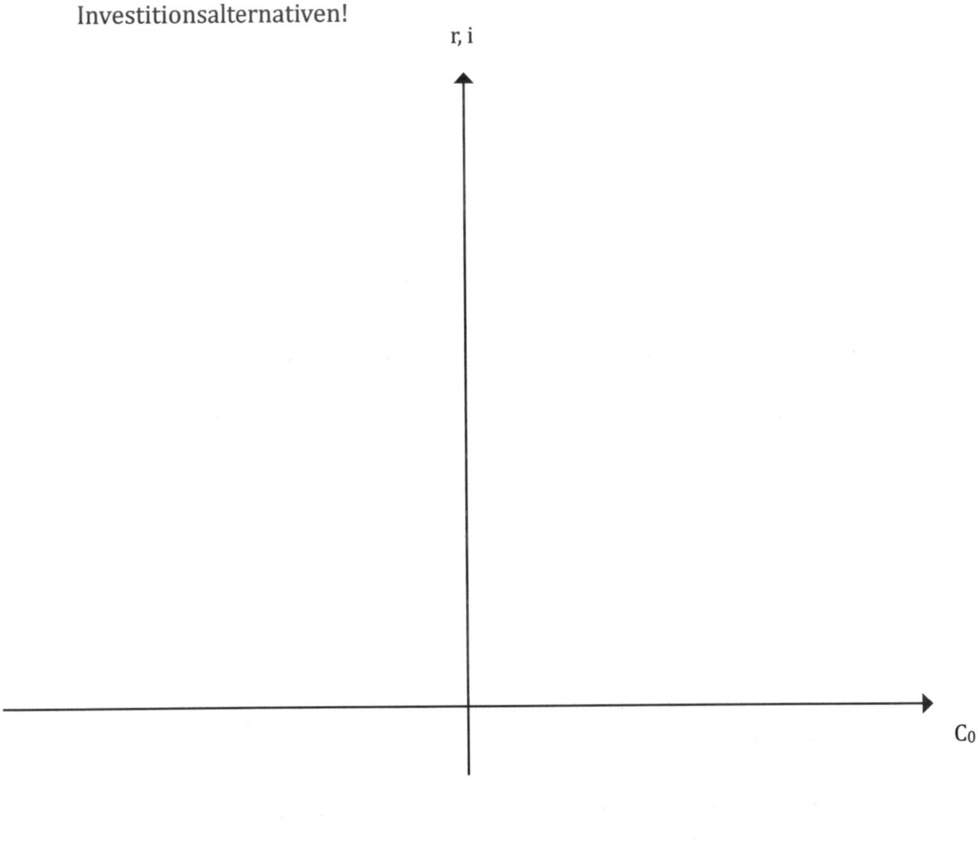

Aufgabe 8

Im Amt für Finanzwesen soll zur Beurteilung der Investitionsalternativen A, B sowie der Alternative C (Fremdbezug) die Kostenvergleichsrechnung herangezogen werden. Es stehen folgende Informationen zu Verfügung:

Daten	Alternative A	Alternative B
Anschaffungsauszahlung	13.000 €	12.000 €
Liquidationserlös	4.000 €	2.000 €
Nutzungsdauer	6 Jahre	72 Monate
Kapazität (Stück/Jahr)	10.000	8.000
Kalkulationszinnsatz in %	10	10
Variable Kosten €/Jahr (x = Produktionsmenge)	$\frac{-8}{100.000}x^2 + 1{,}7x$	0,8 x
Fixe Kosten (€/Jahr)	50	600

Alternative C (Fremdbezug):

Zum Preis von 1,50 €/Stück kann eine Menge von 10.000 gekauft werden.

1. Bestimmen Sie die Kostenfunktionen K_A, K_B und K_C für die Alternativen!

2. Welche Alternative ist bei den folgenden Produktionsmengen vorteilhaft und welche Kosten entstehen bei dieser Alternative?

   a) bei 4.000 Stück

   b) bei 8.000 Stück

   c) bei 10.000 Stück

3. Berechnen Sie die kritische Menge, sodass der Fremdbezug die vorteilhafteste Alternative darstellt.

4. Welche Gründe sprechen – unabhängig von den oben berechneten Zahlen – trotzdem für einen Fremdbezug?

Aufgabe 9

Das Tiefbauamt muss zum nächsten Winter einen neuen Schneepflug beschaffen. Daraufhin wurden im Rahmen der Ausschreibung zwei Investitionsalternativen ausgewählt, die theoretisch in Frage kämen. Unter Berücksichtigung des von der Lieferfirma für den Spezial-Schneepflug „Antirutsch" angebotenen Barzahlungspreis von 100 Geldeinheiten für den Kauf betragen die prognostizierten Ein- und Auszahlungen:

	t = 1	t = 2	t = 3
Laufende Auszahlungen für Benzin, Öl, Wartung etc.	50	70	80
Erlöse	90	120	120
Kalk. Zinssatz in %	10	10	10
Liquidationserlös			20

Die zweite Investitionsalternative ist durch folgende Merkmale gekennzeichnet:

Die Lieferfirma für den Schneepflug „Brisant" eröffnet die Möglichkeit, den Spezialpflug in Raten zu bezahlen, und zwar in den Zeitpunkten t = 0, 1, 2, 3 in Höhe von 40, 35, 30, 20 GE. In diesem Angebot enthalten ist die Ausführung von Wartungsarbeiten, sodass sich die laufenden Auszahlungen in den Zeitpunkten t = 1, 2, 3 um je 3 GE verringern. Weitere Informationen:

	t = 1	t = 2	t = 3
Erlöse	90	120	120
Kalk. Zinssatz in %	10	10	10
Liquidationserlös			20

1. Welcher Kapitalwert ist unter absoluten Gesichtspunkten vorteilhaft?

2. Beurteilen Sie die beiden Alternativen unter relativen Gesichtspunkten.

Aufgabe 10

Die Stadt Eisenhauer schafft eine neue Straßenreinigungsmaschine namens „Schnellfeger" für 150 Einheiten an. Die Aufwendungen für Reparaturen und sonstige laufende Kosten betragen in den betrachteten drei Jahren (t_1 bis t_3) jeweils 20 Einheiten. Die Einsparungen (Einzahlungen) belaufen sich für $t = 1$ auf 80, $t = 2$ auf 100 und $t = 3$ auf 110 Einheiten.

Die Kommune will das Projekt komplett mit Eigenkapital finanzieren, das in alternativer Verwendung eine Rendite von genau 10 % erbringen würde.

1. Erstellen Sie die Zahlungsreihe für das Investitionsobjekt Schnellfegemaschine.

2. Wie hoch ist der Kapitalwert des Investitionsobjektes?

3. Ist die Durchführung sinnvoll?

4. Welche Aussage macht der berechnete Kapitalwert?

5. Nehmen Sie an, die Anschaffungsauszahlung sei eine unbekannte, unsichere Größe. Wie hoch darf die Anschaffungsauszahlung maximal sein, damit das Investitionsobjekt noch vorteilhaft ist?

Aufgabe 11

Die Kommune Eisstadt hat die Wahl zwischen den beiden Investitionsalternativen A und B, für die die folgenden Daten vorliegen:

Daten	Objekt A	Objekt B
Anschaffungspreis in €	180.000	200.000
Frachtkosten in €	15.000	25.000
Errichtungskosten in €	2.000	2.000
Nutzungsdauer in Jahren	5	5
Liquidationserlös	12.000	17.000
Sonstige fixe Kosten in €	4.000	20.000
Absatzmenge	9.000	12.000
Verkaufspreis in €/Stück	10	10
Variable Stückkosten	2	1,90
Kalkulationszinssatz in %	6	6

1. Beurteilen Sie die absolute und relative Vorteilhaftigkeit mit Hilfe der Gewinnvergleichsrechnung.
2. Treffen Sie nun eine Aussage auf Basis der Rentabilitätsrechnung.
3. Berechnen Sie die Amortisationszeiten der beiden Alternativen!

Aufgabe 12

Der Beamte E. Isner erhält zum 65. Lebensjahr aus seiner Lebensversicherung 200.000 € ausgezahlt. Von seiner Bank erhält er das Angebot, den Betrag so anzulegen, dass er monatlich eine Rente von 1.500 € erhält. Isner rechnet damit, dass er aufgrund seiner soliden Lebensweise 85 Jahre alt wird. Der Kalkulationszinsfuß beträgt 6 %.

Frage: Soll E. Isner das Angebot seiner Bank annehmen oder besser nicht?

Aufgabe 13

Der Beschäftigungsbetrieb der Stadt Bad Eisner verleiht kleine Lastkraftwagen an Selbstfahrer. Man steht vor der Entscheidung, einen neuen Kleintransporter anzuschaffen. Drei Fahrzeugtypen M, O, P stehen zur Wahl, die unterschiedliche Anschaffungskosten A_0 aufzuweisen haben.

Es liegen folgende Daten vor:

Fahrzeugtyp	M	O	P
Nutzlast in Tonnen (t)	3	4	5
Anschaffungskosten A_0	60.000,–	50.000,–	80.000,–
Nutzungsdauer n (Jahre)	6	4	4
Zinskosten/Jahr i	0,08	0,08	0,08
Fixe Kosten/Jahr:			
Kfz-Steuer	1.900,–	1.800,–	2.100,–
Kfz-Versicherung	1.700,–	1.700,–	1.700,–
Kalk. Abschreibung (linear)	$\frac{A_0}{n}$	$\frac{A_0}{n}$	$\frac{A_0}{n}$
Kalk. Zinsen	$\frac{A_0}{2} * i$	$\frac{A_0}{2} * i$	$\frac{A_0}{2} * i$
Variable Kosten / 1.000 km:			
Öl	10,–	10,–	10,–
Reparatur + Wartung	270,–	170,–	70,–
Reifen	20,–	20,–	20,–

1. Ermitteln Sie für alle drei Fahrzeugtypen die Gesamtkostenfunktion K!
2. Welcher Fahrzeugtyp verursacht die minimalsten Gesamtkosten (rechnerische oder graphische Lösung möglich).
3. Es wird mit einer Jahreskilometerleistung von 60.000 km gerechnet.
4. Wie hoch sind die Durchschnittskosten/km (k) bei den einzelnen Fahrzeugtypen?

Aufgabe 14

Die Gemeinde Eisenhausen steht vor der Entscheidung, zur Qualifizierung von Langzeitarbeitslosen eine Beschäftigungsgesellschaft zu gründen. Die Arbeitsbeschaffungsmaßnahme soll auf zwei Jahre ausgelegt werden. In t_0 kostet die Schaffung eines Arbeitsplatzes in der Beschäftigungsgesellschaft 100.000 €. In t_2 erbringt die Auflösung eines Arbeitsplatzes einen Liquidationserlös von +30.000. In den kommenden zwei Jahren verursacht ein Arbeitsplatz folgende laufende Ein- und Auszahlungen

	t_1	t_2
E_t	+20.000	+22.000
A_t	-60.000	-60.000

Die Gemeinde Eisenhausen unterhält bei der örtlichen Sparkasse ein Kontokorrentkonto, wo Guthaben und Schulden mit einheitlichen 10 % p. a. verzinst werden.

Vor Realisierung der Beschäftigungsmaßnahme will der Gemeindekämmerer wissen, mit welchem jährlich gleichbleibenden Subventionsbetrag aus dem öffentlichen Haushalt jeder Arbeitsplatz in der Beschäftigungsgesellschaft bezuschusst werden muss.

Wie lässt sich diese Frage beantworten?

Aufgabe 15

Eine Kommunale Immobiliengesellschaft steht vor der Frage, in welche Immobilien in Zukunft investiert werden soll.

Folgende Daten sind gegeben:

Alternativen	Grundmietzeit (Jahre)	Investitionsbetrag (in €)	Erwartete jährliche Nettoeinkommen (in €)
A	40	3.000.000,-	135.278,-
B	40	4.000.000,-	163.232,-
C	40	4.500.000,-	226.723,-
D	40	5.500.000,-	258.884,-

Welche Alternative würden Sie vorziehen, wenn Sie das Objekt mit einer Grundschuld finanzieren, die effektiv 7 % kostet, wobei es sich um einen Festzins für die Gesamtlaufzeit von 40 Jahren handelt? Die Mieten sind ebenfalls für die Gesamtlaufzeit fest geschrieben und es ist davon auszugehen, dass der Wert des Objektes nach Ablauf von 40 Jahren in etwa dem Barwert, der danach in gleicher Größenordnung wie zuvor noch anfallenden Nettomieteinnahmen für weitere 60 Jahre – bei einem Kalkulationszinssatz von 7 % – entspricht.

1. Prüfen Sie mit Hilfe der Kapitalwertmethode!

2. Prüfen Sie mit Hilfe der Annuitätenmethode!

3. Wie ändern sich Kapitalwert wenn davon auszugehen ist, dass in den Mietverträgen eine Mietanpassungsklausel eingebaut ist, die vorsieht, dass die Mieten jährlich um 7 % angehoben werden?

4. Wie ändern sich Annuität, wenn davon auszugehen ist, dass in den Mietverträgen eine Mietanpassungsklausel eingebaut ist, die vorsieht, dass die Mieten jährlich um 7 % angehoben werden?

Aufgabe 16

In der Samtgemeinde Eisenhof sollen vier Investitionsalternativen in eine Rangfolge gebracht werden, die ihre Vorteilhaftigkeit widerspiegeln. Dazu soll die Nutzwertanalyse angewandt werden. Der Bewertung liegt eine zweistufige Kriterienhierarchie zugrunde. Die Faktoren, mit denen die einzelnen Kriterien gewichtet werden (g_K für Kriterien der oberen Ebene, g_{jk} für die dem k-ten Oberkriterium zugeordneten Unterkriterien) sowie die Zielwerte (Teilnutzenwerte) – gemessen auf einer Skala von 0 (sehr schlecht) bis 10 (sehr gut) – der einzelnen Investition bezüglich der definierten Kriterien sind der folgenden Tabelle zu entnehmen:

KRITERIEN	g_K	g_{jk}	I-1	I-2	I-3	I-4
Ziele	0,5					
Umwelt		0,2	9	7	2	3
Soziales		0,2	5	7	3	1
Image		0,4	4	6	6	9
Qualität		0,2	6	8	9	5
Stärken/Schwächen	0,25					
Know-how		0,2	3	2	8	5
Marketing		0,3	6	3	6	4
Kapazität		0,2	8	4	3	6
Finanzierung		0,3	4	8	5	7
Chancen/Risiken	0,25					
Substitutionsgefahr		0,6	3	8	4	7
Energieversorgung		0,4	9	2	4	3

Erstellen Sie die entsprechende Rangfolge!

Aufgabe 17

Die Samtgemeinde *Bad Eisen* plant in 5 Jahren ($t = 5$) einen Sportplatz für 950.000,– € zu bauen. Der Bürgermeister möchte sofort wissen, welchen Betrag er bereits heute anlegen müsste, damit er in fünf Jahren die Summe zusammengespart hat. Der marktübliche Zinssatz liegt bei 10 %.

Aufgabe 18

Der Oberbürgermeister der Stadt Eisenhagen möchte einen neuen Dienstwagen anschaffen. Zur Diskussion stehen die gasbetriebenen Modelle eines regionalen Autoproduzenten. Aus Gründen der Sparsamkeit denkt der Oberbürgermeister an einen Pooloo, entweder als Modell „Short“ oder als Modell „Daisy“. Short soll 10.000 € kosten, Gas für 0,03 € pro Kilometer verbrauchen. Die Versicherung kostet für Short 510 € und für Daisy 1.000 €. Der Ölverbrauch liegt für Daisy bei 0,01 € pro Kilometer, während Short 0,02 € Ölkosten je Kilometer hat. Die Reparaturkosten belaufen sich beim Short auf 500 € pro Jahr und Daisy benötigt genau das Doppelte für Reparaturen. Der Gasverbrauch pro Kilometer liegt für Daisy bei 0,025 €, der Anschaffungspreis liegt bei 20.000 €. Man geht von kontinuierlichen Einsparungen in den Folgejahren aus. Beim Kauf wird jeweils eine Rückkaufgarantie vereinbart, sodass Short nach sechs Jahren für 1.000 € zurückgegeben wird. Daisy erzielt nach acht Jahren noch einen Preis von 4.000 €. Der marktübliche Zins liegt bei 7 %.

1. Für welchen Dienstwagen sollte sich die Kommune entscheiden, wenn eine Laufleistung von 100.000 km geplant ist?

2. Wie sieht die Entscheidung aus, wenn Short 100.000 km zurücklegen würde, Daisy dagegen 150.000 km pro Jahr?

3. Das Rechnungsprüfungsamt (RPA) stellt sich die Frage, bei welcher Laufleistung in km die Kosten pro km identisch sind?

   a) Zeigen Sie dem RPA eine rechnerische Lösung.

   b) Zeigen Sie dem RPA eine graphische Lösung.

Aufgabe 19

Der Brandmeister Daniel A. muss über die Anschaffung eines neuen Feuerwehrautos entscheiden. Aus der Erlösrechnung liegen ihm folgende Zahlen für die Jahre 1 bis 4 vor: 130.000, 180.000, 140.000 und 95.000. Die Kosten für die Steuern und Versicherung betragen 10.000,– € p. a. Die variablen Kosten werden für die Jahre 1 bis 4 wie folgt angegeben: 20.000, 23.000, 25.000, 30.000. Der Bürgermeister will das Feuerwehrauto komplett mit Eigenkapital finanzieren, das in alternativer Verwendung eine Rendite von genau 10 % erbringen würde. Aus der GuV ist bekannt, dass das Feuerwehrauto über fünfzehn Jahre mit je 20.000 € linear abgeschrieben wird.

1. Wie hoch ist der Kapitalwert des Investitionsobjektes?

2. Ist die Durchführung sinnvoll?

3. Welche Aussage macht der berechnete Kapitalwert?

4. Nehmen Sie an, die Anschaffungsauszahlung sei eine unbekannte, unsichere Größe. Wie hoch darf die Anschaffungsauszahlung maximal sein, damit das Investitionsobjekt noch vorteilhaft ist? Begründen Sie Ihre Entscheidung.

Aufgabe 20

Der Dozent B. Offer beansprucht häufig das Nervenkostüm seiner Teilnehmerinnen und Teilnehmer. Insbesondere sehr komplexe, mathematische oder wissenschaftstheoretische Ansätze bringen die Köpfe zum Rauchen. Um diesem Ansatz entgegenzuwirken arbeitet er vermehrt mit sprachlich einfachen Definitionen, wie der nachfolgenden:

„Immer dann, wenn der Kalkulationszins i unter dem internen Zinsfuß r liegt, ist der Kapitalwert einer Investition positv."

1. Stellen Sie den Sachverhalt in einem Koordinatensystem graphisch dar.

2. Erstellen Sie eine beliebige Wertetabelle auf, die ebenfalls diesen Sachverhalt wiedergibt.

Aufgabe 21

In der weltberühmten und durch nichts zu überbietenden Fußballstadt Braunstadt überlegt das Stadtmarketing, ob es sich ökonomisch lohnen würde „Caps“ des traditionsreichen und ehrwürdigen Vereins „Eintracht Braunstadt“ herzustellen, um endlich mal sinnvolle Weihnachtsgeschenke anbieten zu können. Zwei Maschinen stehen dabei alternativ zur Auswahl. Die relevanten Informationen für diese Maschinen A und B sehen wie folgt aus:

		A	B
Anschaffungskosten	€	20.000	25.000
Beabsichtigte Nutzungsdauer	Jahre	8	8
Resterlös am Ende der Nutzungsdauer	€	2.000	3.000
Beabsichtigte Ausbringungsmenge	Stück/Jahr	10.000	10.000
Fixe Betriebskosten	€/Jahr	10.500	15.000
Variable Betriebskosten	€/Stück	2,20	2,00
Absatzpreis	€/Stück	4,50	5,00

Als Kalkulationszins werden 8 % angenommen.

1) Führen Sie eine Kostenvergleichsrechnung durch!

2) Treffen Sie auf Basis der Gewinnvergleichsrechnung eine Entscheidung.

3) Ermitteln Sie unter Kostengesichtspunkten die kritische Ausbringungsmenge.

4) Berechnen Sie unter Gewinngesichtspunkten die kritische Ausbringungsmenge.

5) Welche Entscheidung würden Sie im Rahmen einer Amortisationsrechnung treffen?

6) Wie viele Caps müsste das Stadtmarketing von A mindestens verkaufen, damit die Stadt keine Subventionen leisten muss? Wie viele Caps von B?

Aufgabe 22

Das Fuhrparkmanagement der Samtgemeine Eisendorf plant eine Erweiterung des Fuhrparks und will zwischen drei vergleichbaren Kombifahrzeugen jenes mit den geringsten Jahreskosten auswählen. Für die Entscheidung liegen folgende Daten vor:

Informationen	Modell A	Modell B	Modell C
Anschaffungskosten (€)	24.000,–	36.000,–	35.000,–
Abgaben (€/Jahr)	350,–	400,–	400,–
Benzinverbrauch (Liter/100 km)	14	12	13
Benzinpreis pro Liter (€)	1,10	1,10	1,10
Service-Intervall (km)	10.000	15.000	30.000
Servicekosten/Intervall (€)	500,–	650,–	900,–
Lebensdauer pro Reifensatz (km)	40.000	50.000	60.000
Kosten pro Reifensatz (€)	650,–	800,–	950,–
Lebensdauer der Fahrzeuge (km)	120.000	130.000	165.000

Das Fahrzeug wird pro Jahr durchschnittlich 30.000 km zurücklegen. Das Fuhrparkmanagement legt eine lineare Abschreibung zu Grunde und rechnet mit einem kalkulatorischen Zinssatz von 8 %.

1. Welches ist das kostengünstigste Kombifahrzeug?

2. Welche Faktoren werden bei der Berechnung durch das Fuhrparkmanagement nicht in Betracht gezogen?

3. Welche Nachteile schränken die Verwendung der Kostenvergleichsrechnung als geeignetes Investitionsrechenverfahren ein.

Aufgabe 23

Das Grünflächenamt muss für die kommende Saison einen neuen Rasenmäher anschaffen. Für die drei Rasenmähertypen **G**rün, **R**ot und **B**lau liegen folgende Informationen vor:

Typ	Grün	Rot	Blau
Preis (A_0)	8.000 €	7.000 €	14.000 €
Restwert (L_n)	1.500 €	1.000 €	2.000 €
Erlöse je km	19 Cent	22 Cent	20 Cent
Kalkulationszins: 7 %		Nutzung p. a.: 12.000 km	

Aus der Kosten- und Leistungsrechnung sind die internen Verrechnungssätze mit G = 19 Cent, R = 22 Cent und B = 20 bekannt.

Der Rasenmäher G braucht alle 2.000 km eine Wartung für rund 80,– €. Nach Herstellerangaben beträgt die Nutzungsdauer 8 Jahre. Um einer möglichst sichere Betriebsbereitschaft des Rasenmähers zu erzielen ist in den ersten drei Nutzungsjahren ein halbjähriger Ölwechsel notwendig, der zu einen fest vereinbarten Preis von je 130,– € durchgeführt werden kann. Ab dem vierten Nutzungsjahr sind drei Ölwechsel pro Jahr erforderlich, die aufgrund des höheren Aufwands dann je 170,– € kosten.

Zufälligerweise betragen die laufenden Kosten für Rasenmäher B genau die Hälfte der Kosten wie bei Rasenmäher G. Das Wartungsintervall ist mit 2.000 km ebenso identisch wie Nutzungsdauer und die anderen technischen Anforderungen von G.

Für den Rasenmäher Rot muss man alle 500 km eine Wartung für 200,– € einplanen, die Nutzungsdauer beträgt 12 Jahre. Ölwechsel ist hier zweimal jährlich notwendig und kostet jeweils 500,– €.

Es wird aus der Erfahrung der letzten Jahre mit einer Fahrleistung (Nutzung) von 12.000 km p. a. gerechnet.

1. Ermitteln Sie die unter Kostengesichtspunkten günstigste Investitionsalternative.

2. Führen Sie eine Gewinnvergleichsrechnung durch!

Aufgabe 24

Berechnen Sie den internen Zinsfuß für die fünf nachfolgenden Zahlungsreihen:

A1

T0	T1	T2
–1.500	900	900

A2

T0	T1	T2
–20.000	0	29.000

A3

T0	T1	T2
–125.000	90.000	50.000

A4

T0	T1	T2	T3	T4	T5
–2.000	900	500	–	200	100

A5

T0	T1	T2	T3	T4	T5
–20.000	9.000	5.000	–	2.000	1.000

Aufgabe 25

Die Stadt Bad Eisenschön stellt Überlegungen zur Nutzung des alten Schlachthofes im Westteil der Stadt an. Eine Bürgerinitiative hat dazu zahlreiche Ideen ausgearbeitet und sogar einige betriebswirtschaftliche Größen ermittelt. Im optimalen Fall sollen im alten Schlachthof Ausstellungen von jungen Künstlern sowie Musikprojekte veranstaltet werden. Die Umbaukosten belaufen sich auf 2.000.000 €, wobei 20 % bei Auftragserteilung und der Rest nach einem Jahr (in t_1) anfallen. Da gleichzeitig eine Erweiterung stattfinden soll, wurden die Erweiterungskosten für den alten Schlachthof auf 3 Mio. € geschätzt. Die Zahlungsabwicklung für die Erweiterungsinvestition sieht wie folgt aus:

1/3 bei Auftragsvergabe

2/6 bei Fertigstellung (in t1)

4/12 ein Jahr nach der Fertigstellung

Bisher sind darüber hinaus Planungs- und Projektierungskosten in folgender Höhe angefallen:

100.000 € vor zwei Jahren beim Architekten Dieter Dödel, 500.000 € im letzten Jahr beim Statikbüro Eis & Ner sowie 1 Mio. € gerade aktuell für Verwaltungskosten. Der Zinssatz liegt bei 10 %.

Der Betreiber des neugeschaffenen Schlachthofes rechnet mit folgenden Zahlungsströmen:

Zeitpunkt (t_n)	Einzahlungen in €	Auszahlungen in €
1		200.000
2	4 Mio.	2.200.000
3	5 Mio.	2.260.000
4	5.200.000	2.340.000
5	5.200.000	2.400.000

1. Stellen Sie anhand eines Zahlenstrahles die Zahlungsströme des Projektes dar.
2. Der Rat der Stadt möchte zum jetzigen Zeitpunkt eine betriebswirtschaftliche Entscheidungsgrundlage über die Durchführung des Projektes.
3. Erläutern Sie was unter einer Erweiterungsinvestition zu verstehen ist.

Aufgabe 26

Der Fachbereichsleiter Finanzen der Gemeinde Eisenbruch – G. Eizig – prüft seit einem Jahr alle Investitionen der Gemeinde auf ihre Wirtschaftlichkeit. Investitionen die keine Kostendeckung erzielen, sollen nicht realisiert werden.

Für das geplante Freibad liegen folgende Daten vor:

Baukosten in €:	1.200.000
Nutzungsdauer in Jahren:	50
Zinssatz in %:	8
Liquidationserlös in €:	–
Personalkosten/Jahr in €:	60.000
Energiekosten/Jahr in €:	3.000
Materialkosten/Jahr in €	6.000
Umsatzerlöse/Jahr in €:	148.000
Sonstige Fixkosten/Jahr in €:	2.000
Sonstige variable Kosten/Jahr in €:	3.000

1. Prüfen Sie die Investition auf Kostendeckung!

2. Ist die Vorgehensweise des Fachbereichsleiters G. Eizig auch listig (wirtschaftlich sinnvoll)?

Aufgabe 27

Seit Februar 2002 ist die Energiesparverordnung (EnEV) in Kraft getreten. Dies hat zur Folge, dass sowohl Wärmeschutz als auch eine effiziente Wärmeerzeugung stärker in den Fokus bei Bau- und Modernisierungsarbeiten rücken. Auf Grund dessen hat die Gemeinde Eisenrode beschlossen beim Neubau der zweiten Grundschule zusätzlich Geld für eine innovative Gebäude- und Anlagentechnik auszugeben. Das Hochbauamt der Stadt hat folgende Zahlen für die beiden Alternativen „Wärmeschutz“ und „Wärmeerzeugung“ ermittelt:

	Wärmeschutz	**Wärmeerzeugung**
Anschaffungskosten	1,4 Mio. €	1,2 Mio. €
Nutzungsdauer	30 Jahre	20 Jahre
Kalkulatorische Zinsen	8 %	8 %
Betriebskosten/Jahr	–	200.000 €
Variable Kosten/Jahr	8.000 €	20.000 €
Fixkosten pro Jahr	6.000 €	12.000 €
Liquidationserlös	–	200.000 €
Energieersparnis/Jahr	100.000 €	300.000 €

Beurteilen Sie die beiden Investitionsalternativen unter Rentabilitätsgesichtspunkten.

Aufgabe 28

Aus einer Power Point Präsentation die im Rat der Stadt Eisenburg gezeigt wurde, liegen nachfolgende Ausschnitte vor. Nach hitzigen Diskussionen wurde beschlossen, dass für das Investitionsvorhaben „Bau einer Müllverbrennungsanlage“ eine Wirtschaftlichkeitsberechnung durchgeführt werden soll. Der Kalkulationszinsfuß beträgt 8 %.

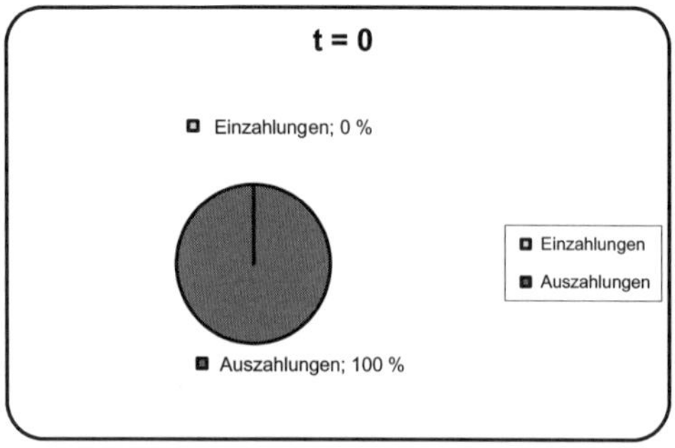

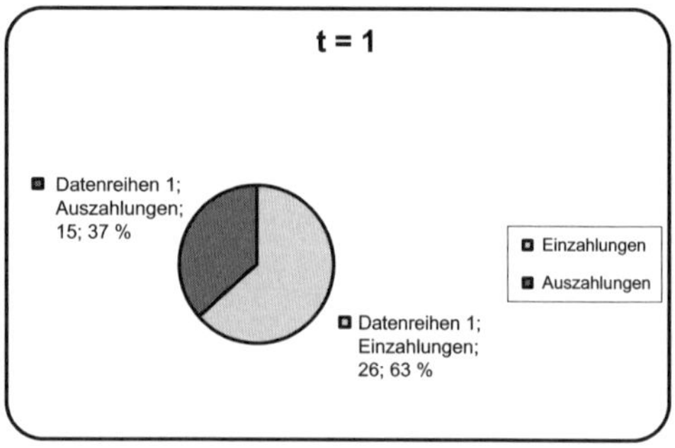

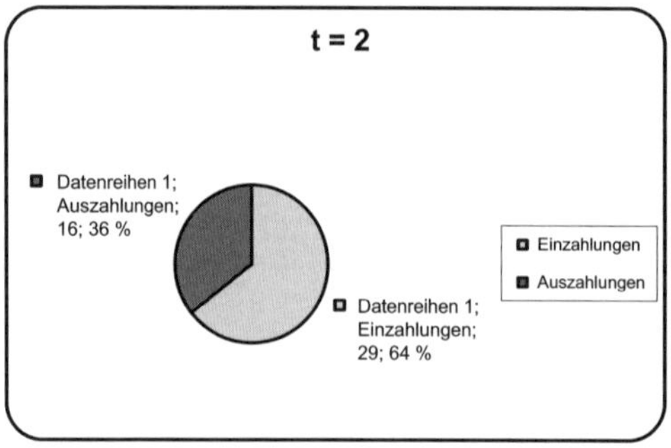

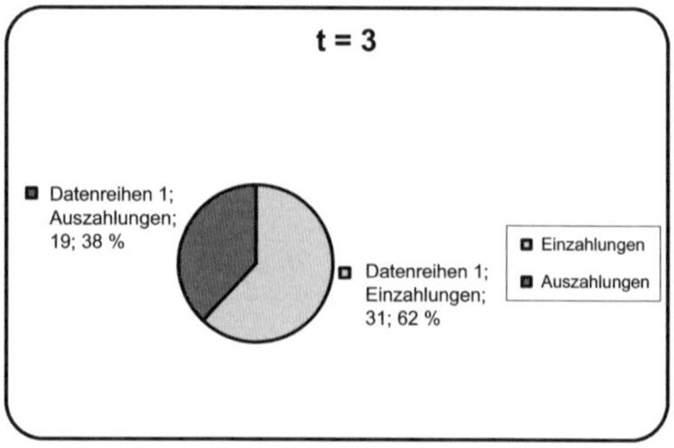

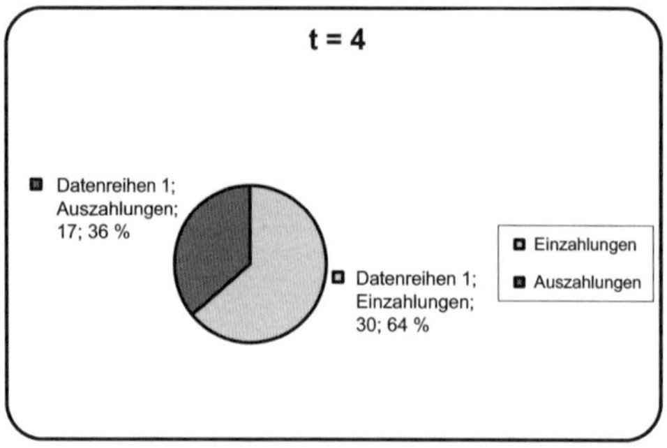

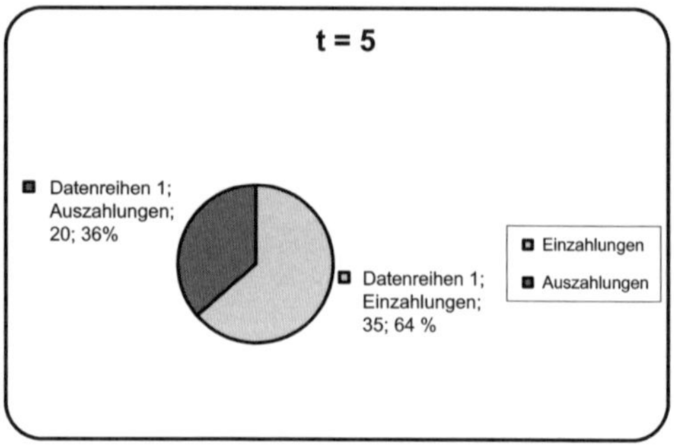

Prüfen Sie die Wirtschaftlichkeit mit Hilfe der Kapitalmethode! (Zahlen in Mio. €)

Aufgabe 29

Kreuzen Sie alle falschen Aussagen an:

- ☐ Investition lässt sich als „Bindung des betrieblichen Kapitals in betriebliche Vermögensgegenstände" definieren.
- ☐ Der korrigierte gewinn bei der Rentabilitätsrechnung ergibt sich durch die Addition aller Aufwendungen und den Zinsen.
- ☐ Bei Erweiterungsinvestitionen wird die technische Kapazität durch eine zusätzliche Anlage erhöht.
- ☐ Kalkulatorische Zinsen sind auf das Kapital zu beziehen, das durchschnittlich während der Nutzungsdauer in der Investition gebunden ist.
- ☐ Da die Gewinnvergleichsrechnung den Gewinn nicht in Relation zur Höhe des eingesetzten Kapitals setzt, ist keine Aussage über die Verzinsung des Kapitals möglich.
- ☐ Nutzen-Kosten-Methoden berücksichtigen auch nicht-monetäre Entscheidungskriterien.
- ☐ Die Amortisationsdauer einer Investition ist die kritische Nutzungsdauer eines Investitionsobjektes, die mindestens erreicht werden muss, damit ein Überschuss erzielt werden kann.
- ☐ Investitionsrechenverfahren wollen grundsätzlich Aussagen über die Vorteilhaftigkeit von Investitionsentscheidungen treffen.
- ☐ Zieht man von der Anschaffungsauszahlung den Zukunftserfolgswert ab, erhält man den Kapitalwert.
- ☐ Der Annuitätenfaktor ist der Kehrwert des Rentenbarwertfaktors.

Aufgabe 30

Im Rahmen des „44-Beine“ Projektes hat der Rat der Stadt Eisenbach beschlossen einen neuen Bolzplatz zu bauen. Nach dem Besuch zahlreicher Fachmessen und etlichen Beratungen mit allen Betroffenen Fachbereichen, haben sich zwei Alternativen herauskristallisiert, die das sportliche Image der Stadt fördern sollen und gleichzeitig den Jugendfußball fördern mögen. Folgende Daten liegen vor:

Kosten	Kunstrasenplatz	Normalrasenplatz
Anschaffungskosten Platz	650.000	450.000
Anschaffungskosten Zubehör	50.000	70.000
Nutzungsdauer	10 Jahre	12 Jahre
Kalkulatorischer Zinssatz	7 %	7 %
Bewässerungskosten pro Jahr	1.000	10.000
Pflegekosten pro Jahr	16.000	22.000
Energiekosten pro Jahr	5.000	7.500
Umsatzerlöse pro Jahr	90.000	80.000

1. Welcher Platz ist unter Kostenaspekten anzuschaffen?

2. Beurteilen Sie die beiden Alternativen unter Rentabilitätsgesichtspunkten.

3. Um die Investitionen im Sportbereich zu unterstützen, sichert der Stadtsportbund der Stadt einen Zuschuss vertraglich zu. Beide Investitionsalternativen erzielen durch diese Vereinbarung einen Liquidationserlös für Zubehör. Für den Kunstrasenplatz schießt der Stadtsportbund 10.000 und für den Normalrasenplatz sogar 20.000 nach.

    a) Welchen Einfluss hat diese Unterstützung auf die Kostensituation?

    b) Inwieweit sind die Rentabilitäten verändert?

Aufgabe 31

Beurteilen Sie die beiden Investitionsalternativen mit einem Investitionsrechenverfahren!

Investitionsalternative I

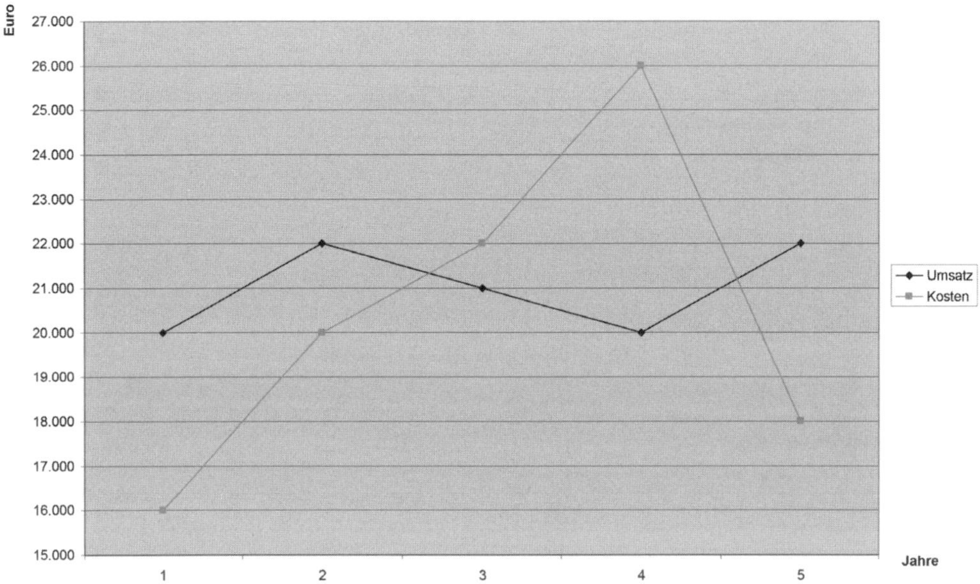

Investitionsalternative II

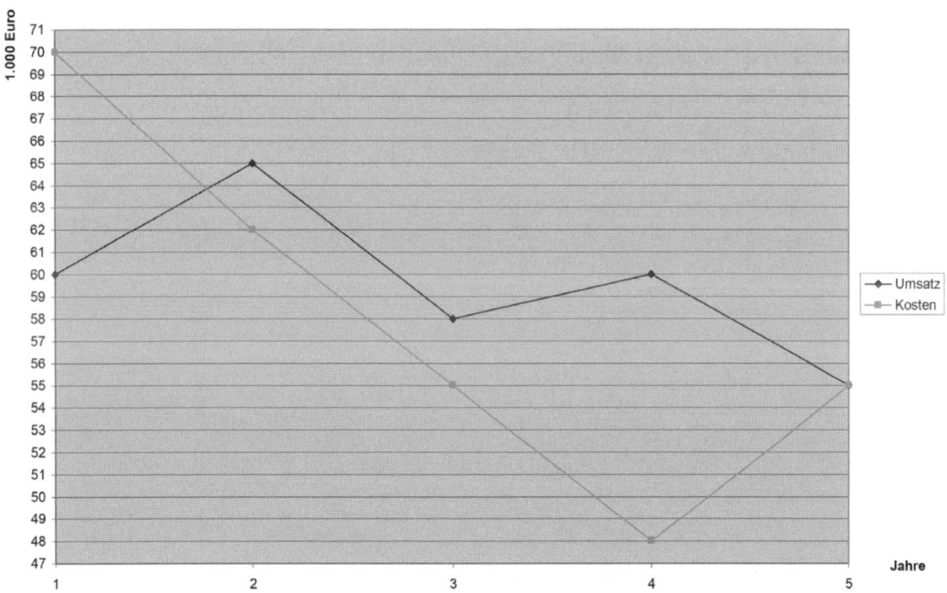

Aufgabe 32

Die Stadt Eisengreuth muss umgehend einen neuen Schneepflug beschaffen. Zwei Modelle kamen in die Endausscheidung und sollen in einem letzten Schritt noch einmal genau unter die „wirtschaftliche Lupe" gestellt werden. Dazu liegen folgende Daten vor:

	Modell „ice"	Modell „nice"
Anschaffungskosten in €	250.000	300.000
Nutzungsdauer in Jahren	15	20
Zinssatz in %	10	10
Versicherungen und Steuern in €/Jahr	5.000	6.000
Wartungs- und Reparaturen in €/Jahr	19.000	15.000
Verbrauch auf 100 km in Liter	20	25
Fahrleistung/Jahr in km	20.000	20.000
Kosten/Liter Kraftstoff in €	1,50	1,50

1. Welches Modell ist unter Kostengesichtspunkten anzuschaffen?
2. Bei welcher km-Leistung wäre das andere Modell kostengünstiger?
3. Berechnen Sie denjenigen Zinssatz, bei dem beide Modelle die gleichen Kosten haben.
4. Wie teuer müsste ein Liter Kraftstoff sein, damit Indifferenz bei den Kosten vorliegt?

Aufgabe 33

Die Stadt Eisenboden möchte einen neuen Rasenmäher kaufen. Für diese Investition liegt folgendes Diagramm vor. Der Kalkulationsfuß liegt bei 10 %.

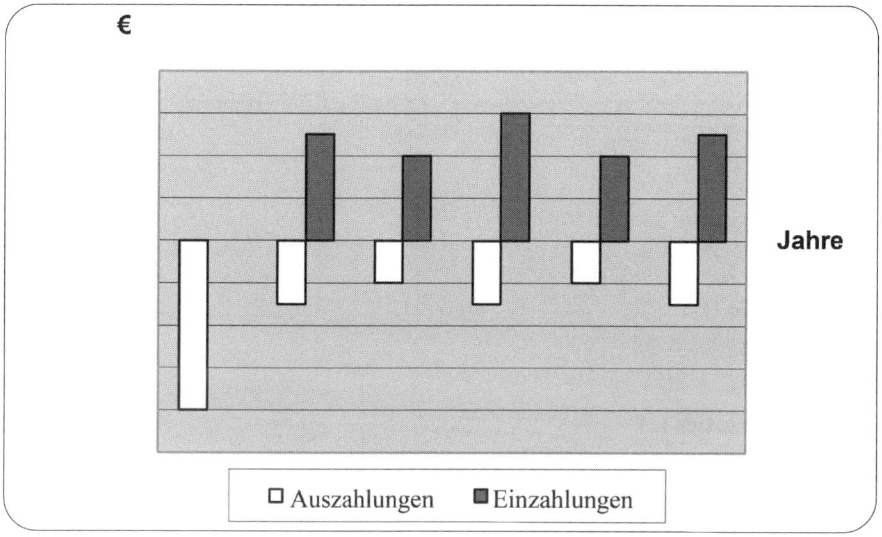

Prüfen Sie die Vorteilhaftigkeit der Investition!

Aufgabe 34

Die Stadtwerke eruieren eine Erweiterung des Kraftfahrliniennetzes. Notwendig ist die Anschaffung eines neuen Linienbusses. Zwei Alternativen A, B stehen zur Disposition (Beträge in Geldeinheiten):

	Typ A	Typ B
Anschaffungswert (I_0)	500.000 GE	600.000 GE
Nutzungsdauer (n)	10 Jahre	10 Jahre
Kalkulationszinssatz (i)	0,06	0,06
Liquidationserlös (L_n)	50.000 GE	60.000 GE
Kosten pro km (k_v)	0,8 GE	0,7 GE
Kilometerzahl jährlich (x)	50.000 km	50.000 km
Sonstige Fixkosten jährlich (zahlungswirksam)	20.000 GE	20.000 GE
Erlös pro km	3,20 GE	3,60 GE

a. Ermitteln Sie die vorteilhafte Alternative auf Basis einer Kostenvergleichsrechnung!

b. Ermitteln Sie die kritische jährliche Kilometerleistung auf Basis einer Kostenvergleichsrechnung!

c. Welche Alternative erscheint auf Basis einer Gewinnvergleichsrechnung vorziehenswürdig?

d. Berechnen Sie für beide Alternativen den Break-Even-Point!

e. Welchen Wert weist der Sicherheitskoeffizient für jede Alternative auf? Wie ist der Wert zu interpretieren?

f. Berechnen Sie für beide Alternativen die statischen Investitionsrentabilitäten und ermitteln Sie die vorteilhafte Alternative!

g. Formulieren Sie die Zeitreihen der Zahlungsüberschüsse für beide Alternativen! (Hinweis: Gewinne sind nicht gleich Zahlungsüberschüsse, kalkulatorische Abschreibungen und kalkulatorische Zinsen sind keine Auszahlungen)

h. Ermitteln Sie den Barwert für jede Alternative! (Ein Barwert ergibt sich aus der Summe aller auf den Zeitpunkt der Investitionsdurchführung diskontierten Zahlungsüberschüsse abzüglich der Initialauszahlung)

i. Wie heißt der in h) jeweils ermittelte Wert? Interpretieren Sie diesen Wert!

j. Berechnen Sie für jede Alternative die Annuität! Welche Alternative erscheint auf Basis der Annuitätenmethode vorteilhaft? Wie ist die Annuität zu interpretieren?

k. Formulieren Sie einen Ansatz zur Bestimmung der internen Zinssätze beider Investitionen! Wie ist der interne Zinssatz zu interpretieren?

l. Die internen Zinssätze beider Investitionen seien bekannt. Begründen Sie, warum eine relative Vorteilhaftigkeitsbeurteilung auf Basis dieser beiden Zinssätze problematisch erscheint!

m. Skizzieren Sie den Kapitalwertverlauf der Alternative A in Abhängigkeit vom Zinssatz!

Aufgabe 35

Der sehr ökonomisch denkende Oberbürgermeister Herbert Eisenhauer möchte seinen Haushalt sanieren. Im Rahmen eines Konsolidierungsprogramms schlägt er vor, einen Teil der städtischen Immobilien zu veräußern. Der Oberbürgermeister plant nur bis zum Ende seiner Amtsperiode, also lediglich für sechs weitere Jahre. Der zur Zeit gültige Zinssatz liegt bei 5 % p. a.. Der Rat der Stadt teilt seinen Vorschlag nur in Teilen und verlangt eine differenzierte Betrachtung der Angelegenheit. Also wird der qualifizierte Sachbearbeiter aus der Kämmerei – Stadtoberinspektor D. Errik – beauftragt eine strukturierte Darstellung der Faktenlage zu präsentieren. Stadtoberinspektor Errik teilt die Immobilien in drei Gruppen ein und stellt folgende Ein- und Auszahlungen vor:

	Gruppe I	Gruppe II	Gruppe III
Allgemeine Merkmale	Stark renovierungs- und sanierungsbedürftige Immobilien, 2–3 Zimmer, Stadtrandlage	Vollsanierte Immobilien mit modernster Haustechnik, voll vermietet, beste Stadtlage, 120–180 qm	Sanierte Immobilien in mittelmäßiger, teilweise sehr ungünstiger Lage, hoher Leerstand, niedrige Mieten
Sofortige Maßnahmen	Instandsetzung für ca. 2 Mio. €	keine	Verbesserung der Wohnqualität 2 Mio. €
Aktueller, geschätzter Verkaufspreis	6 Mio. €	30 Mio. €	1,5 Mio. €
Jahresnettomiete p. a.	1,8 Mio. €	7 Mio. €	1,2 Mio. €
Verwaltungskosten p. a.	0,1 Mio. €	0,1 Mio. €	0,2 Mio. €
Nächste Sanierung	$t = 6$ ca. 4 Mio. €	$t = 3$ ca. 1 Mio. €	$t = 2+4$ je ca. 8 Mio. €

Machen Sie für jede Gruppe einen begründeten Vorschlag, der mit ökonomischen Rechnungen belegt werden kann.

Aufgabe 36

Mitten in Niedersachsen liegt die sehr idyllische Stadt Bad Eisengrund. Wesentliches Merkmal dieser mitten im Landschaftsschutzgebiet gelegenen Stadt ist die extrem hohe Geburtenrate. Daraus resultierend, bestehen zurzeit sechs Kindergärten. Träger der Kindergärten „Nord, Ost, Süd und West" ist die Stadt, der alternative Ökokindergarten „Rudy Stainer" wird von einer Elterninitiative getragen und der Kindergarten „Peter & Paul" wird von einer karitativen Einrichtung betrieben. Der Dezernent für Bildung, Kultur und Soziales möchte im Rahmen einer Gebührenneuordnung eine Wirtschaftlichkeitsanalyse durchführen. Die Stadt legt die entsprechenden Daten für die vier Kindergärten ebenso offen wie die beiden anderen Träger:

	NOSW	R.S.	P&P
Anzahl der Kinder:	104	12	18
Anzahl der Betreuungskräfte:	6	3	2
Kosten je Betreuungskraft in € p. a.:	2.200	1.600	1.900
Gebäudegröße in qm:	1.600	900	600
Fixe Kosten p. a. je qm in €:	7,20	3,70	6,50
Variable Kosten p. a. je qm in €:	12,80	11,30	12,50
Anschaffungskosten der Immobilien in €:	4,4 Mio.	200.000	800.000
Nutzungsdauer in Jahren:	15	25	10
Kalkulatorischer Zinssatz in %:	4	8	7
Sonstige variable Kosten p. a. je Kind in €:	5	4	8
Sonstige fixe Kosten p. a. in €:	48.000	4.000	6.000

1. Vergleichen sie mit Hilfe eines geeigneten Investitionsrechenverfahrens die Wirtschaftlichkeit der drei Kindergartenträger und beurteilen Sie diese.

2. Nach einiger Zeit stellt sich heraus, dass vermutlich die Anzahl der Kinder falsch angegeben wurde. Prüfen Sie die Wirtschaftlichkeit unter der Annahme, dass sich die Anzahl der Kinder verdoppelt.

Aufgabe 37

Die schöne, sportbegeisterte Weltstadt Eisenschweig hat eine phantastische Fußballmannschaft, die weit über die Stadtgrenzen das positive Image der Stadt verbreitet. Diesen Werbeträger Nummer Eins unterstützt die Stadt Eisenschweig, indem das städtische Stadion für 15 Mio. € verschönert wird. Nachdem alle Baumaßnahmen abgeschlossen sind, liegt die Rechnung des regionalen Bauunternehmers in der Stadtkasse. Folgende vier Zahlungsmodalitäten sind bei einem am Markt gültigen Zinssatz von 10 % möglich:

1. Alternative:

Fünf Mio. € müssen sofort überwiesen werden. Der Rest muss anschließend in vier aufeinanderfolgenden, gleichhohen Jahresraten gezahlt werden.

2. Alternative:

Das Bauunternehmen bietet eine sofortige Anzahlung von 2 Mio. € sowie anschließend beliebig hohe Jahresraten von mindestens einer Million pro Jahr an.

3. Alternative:

Die Stadt überweist sofort den vollen Rechnungsbetrag.

4. Alternative:

Es gibt keine sofortige Anzahlung. Die Zahlungen müssen nach folgendem Zahlungsplan geleistet werden:

*t*1	*t*2	*t*3	*t*4	*t*5
6 Mio. €	5 Mio. €	2 Mio. €	–	2 Mio. €

Für welche Alternative sollte sich die Stadtkasse entscheiden?

Aufgabe 38

Die Wirtschaftsförderungsgesellschaft der Stadt Eisental schlägt vor, dem ortsansässigen Getränkehersteller unter die Arme zu greifen. Das Traditionshaus ist in die Hände multinationaler Abhängigkeiten geraten und möchte sich wieder zurück zu den heimischen Wurzeln orientieren. Die rund 150 MitarbeiterInnen sind bereit die Aktien zu übernehmen und in „Ihr" Unternehmen zu investieren. Leider sind die Banken eher risikoavers und stellen nur begrenzte Kredite zur Verfügung. Die Idee des Wirtschaftsdezernenten Achim Gelb, die Immobilien zu kaufen und an das Traditionsunternehmen zurückzuvermieten, findet in ganz Eisental breite Zustimmung und würde den neuen Eigentümern weiterhelfen. Unter der Bedingung der Kostenneutralität, ist auch der Rat der Stadt Eisental bereit diese Idee mitzutragen. Die neue Getränke-Regionalmarke wäre in der Lage jährliche Mietzahlungen an die Stadt in Höhe von 700.000 € zu leisten. Die neue Getränkegesellschaft soll nach fünf Jahren soviel Geld erwirtschaftet haben, dass sie in der Lage ist die Immobilie zurückzukaufen. Der Kaufpreis wird auf 5 Mio. € geschätzt. Der Wirtschaftsdezernent geht von einer Verzinsung für die Stadt von 5,36 % p. a. aus.

Berechnen Sie den Rückkaufpreis, damit der Rat der Stadt Eisental zustimmt!

Aufgabe 39

Das Straßenbauamt der Stadt Eisenheim beabsichtigt einen neuen Schneepflug für den kommenden Winter zu kaufen. Nachdem zahlreiche Informationen beschafft worden sind, konzentriert sich die Auswahl auf zwei Investitionsalternativen (I_1 und I_2). Beide Investitionsalternativen haben eine Nutzungsdauer von neun Jahren. Während I_1 252.000 € kostet, beläuft sich die Anschaffungsauszahlung für I_2 auf 225.000 €. Das Straßenbauamt geht von einer jährlichen Auslastung von 23.000 Einheiten aus und kalkuliert mit einem Zinssatz von 11,5 % p. a. Für die Kosten liegen folgende Zahlen vor:

	I_1	I_2
Sonstige Fixkosten pro Jahr in €	3.260	3.360
Variable Kosten pro Jahr in €		
• Material	38.900	47.400
• Energie	2.300	2.500
• Sonstiges	11.000	11.000

1. Prüfen Sie die Vorteilhaftigkeit der beiden Investitionsalternativen mit Hilfe der Kostenvergleichsrechnung!

2. Ermitteln Sie die kritische Auslastung für diese Investitionsalternativen.

3. Die innerbetriebliche Leistungsrechnung hat einen Ertrag von 50 € pro 10 Leistungseinheiten ermittelt. Berechnen Sie unter der Annahme der oben genannten Auslastung die Amortisationszeit der beiden Investitionsvorhaben und treffen eine begründete Entscheidung.

Aufgabe 40

Im Rat der Stadt Eisenhüttenstadt ist eine kontroverse Debatte aufgekommen. Es geht um den Neubau eines Freizeitbades. Eine Wirtschaftlichkeitsberechnung durch die EisConsult GmbH hatte eine Rentabilität von –12 % p. a. prognostiziert. Allen Mitgliedern des Rates liegt das Gutachten – einschließlich aller Investitionsberechnungen – vor. Eigentlich waren sich alle Fraktionen bereits über den Neubau einig geworden, jedoch nur unter der Bedingung der Wirtschaftlichkeit. Zum Ärger aller Beteiligten weisen die Rentabilitätsberechnungen der EisConsult nun ein ungewünschtes Ergebnis aus. Was nun?

Plötzlich meldet sich aus der letzten Bank der scheinbar listige Roland König und fragt nach dem zugrungeliegenden Zinssatz für die Wirtschaftlichkeitsberechnungen, schließlich müsse man doch nur eine Bank finden, die einen günstigeren Zinssatz anbiete, und schon würde sich sicher die Rentabilität ins Positive wenden!

Klären Sie fachmännisch die Sachlage.

Aufgabe 41

Die Gemeinde Eisenheim steht vor der Entscheidung Schließung oder Ausbau des Jugendzentrums. Der sehr ökonomisch denkende Bürgermeister E. Isner möchte die Entscheidung mit betriebswirtschaftlichen Instrumenten untermauern. Er argumentiert, dass dazu insbesondere die Nicht-Monetären-Investitionsrechenverfahren (N-M-I) geeignet sind.

1. Ist die Anwendung eines N-M-I hier sinnvoll? Begründen Sie Ihre These!

2. Stellen Sie kurz ein Nicht-Monetäres Investitionsrechenverfahren in Grundzügen dar.

3. Nennen Sie stichwortartig die schrittweise Vorgehensweise des Verfahrens!

Aufgabe 42

Im städtischen Freibad stehe eine Erweiterungsinvestition zur Disposition. Als Alternativen seien eine Riesenrutsche (I) sowie ein Abenteuerbecken (II) vorhanden. Der Planungshorizont betrage $n = 8$ Jahre, kalkuliert werde mit einem Zinssatz $i = 0{,}07$. Die Investitionsvolumina beider Alternativen seien annähernd identisch (70.000 Geldeinheiten). Bezüglich der jährlichen Nettozahlungsüberschüsse der Riesenrutsche gelte folgende Wahrscheinlichkeitsverteilung:

Wahrscheinlichkeit w	**0,3**	**0,4**	**0,3**
Zahlungsüberschuss	10.000	13.800	15.000

Die Wahrscheinlichkeitsverteilung der Kapitalwerte des Abenteuerbeckens lautet:

Wahrscheinlichkeit w	**0,2**	**0,4**	**0,4**
Zahlungsüberschuss	–4.000	6.000	12.000

1. Ermitteln Sie die vorteilhafte Alternative auf Basis des Erwartungswertverfahrens!
2. Wo liegt der Mangel der reinen Erwartungswertmaximierung?
3. Berechnen Sie die Kapitalwertstandardabweichungen und ermitteln Sie die vorziehenswürdige Alternative geometrisch im ($\mu\sigma$)–Diagramm bei starker Risikoaversion!
4. Der Entscheider disponiere auf Basis folgender Nutzenfunktion in Abhängigkeit vom Kapitalwert:

   $$u = \sqrt{10.000 + C_0}$$

   a) Welche Risikoeinstellung liegt vor? Begründen Sie Ihre Antwort!

   b) Ermitteln Sie die vorziehenswürdige Alternative mit Hilfe des Bernoulli-Prinzips!

Aufgabe 43

Im städtischen Freibad stehe eine Erweiterungsinvestition zur Disposition. Als Alternativen existieren ein Erlebnisbecken (I_1) sowie ein Spielplatz (I_2). Die Initialausgabe von I_1 betrage 125 GE, die von I_2 100 GE. Die jährlich erzielbaren Zahlungsüberschüsse von I_1 belaufen sich auf 25, die von I_2 auf 22. Der Kalkulationszinssatz (i) betrage 7 %, als Planungshorizont werden 10 Jahre angesetzt.

1. Stellen Sie die Zahlungsreihen der beiden Alternativen dar!

2. Bestimmen Sie die Kapitalwerte beider Alternativen! Welche Alternative erscheint vorziehenswürdig?

3. Die jährlichen Zahlungsüberschüsse seien unsicher. In Abhängigkeit von der saisonalen Großwetterlage ergeben sich folgende Überschüsse c_{ij}:

Wetterlage	**1: Verregnete Saison**	**2: Wechselhafte Großwetterlage**	**3: Sonnige Saison**
Wahrscheinlichkeit	w_1	w_2	w_3
I_1	20	25	30
I_2	15	22	33

5. Bestimmen Sie die Wahrscheinlichkeitsverteilungen für die Kapitalwerte!

6. Ermitteln Sie die vorteilhafte Alternative nach dem μ-Prinzip (Erwartungswertmaximierung)!

7. Beziffern Sie das Risiko im weiteren Sinne mit Hilfe der Standardabweichung!

8. Ermitteln Sie geometrisch die vorziehenswürdige Alternative bei starker Risikoaversion, schwacher Risikoaversion!

9. Es gelte folgende Nutzenfunktion: $u = \sqrt{C_0}$

Berechnen Sie die vorteilhafte Alternative nach dem Bernoulli-Prinzip! Berechnen Sie für jede Alternative das Sicherheitsäquivalent und die Risikoprämie!

Aufgabe 44

Im städtischen Zoo sei zu entscheiden zwischen der Installation eines Abenteuerspielplatzes I_j und einer Trampolinanlage I_i. Vor Realisierung der Investition werde mit der Preisabsatz-funktion p(x) = 6 – 0,0005x bei konstanten Besuchsgrenzkosten in Höhe von 0,1 geplant. Die Installation des Abenteuerbeckens erhöhe den Prohibitivpreis um 2. jährliche Wartungskosten betragen 800 GE. Der Planungshorizont sei auf 8 Jahre fixiert. Die dispositionsrelevante Zahlungsreihe für die Trampolinanlage sei bereits ermittelt worden:

	–100.000	20.000	20.000	...	20.000
I_i:	0	1	2		8

Der Kalkulationszinssatz betrage i = 0,07.

1. Ermitteln Sie die entscheidungsrelevante Zahlungsreihe der Investition I_j!

2. Wie hoch ist der Kapitalwert der Investition I_j?

3. Ermitteln Sie die vorteilhafte Alternative mit Hilfe der Annuitätenmethode!

4. Bestimmen Sie für I_i

   a) den kritischen Einzahlungsüberschuss,

   b) den kritischen Kalkulationszinssatz! Wie kann letzterer interpretiert werden?

5. Welche Alternative erscheint auf Basis der Baldwin-Rentabilität relativ vorteilhaft?

6. Angenommen der Spielplatz werde nach 10 Jahren demontiert, wobei Demontagekosten in Höhe von 10.000 GE anfallen. Wie hoch ist jetzt die Baldwin-Rentabilität?

Aufgabe 45

Ein Betrieb eruiere die Akzeptanz einer Erweiterungsinvestition. Folgende Daten stehen zur Verfügung (Beträge in Geldeinheiten):

Anschaffungswert (I_0):	80.000
Nutzungsdauer (n):	6 Jahre
Voraussichtliches Absatzvolumen (x):	12.000 ME
Verkaufspreis (p):	5
Stückvariable Kosten (k_v):	2,5
Jährliche Wartungskosten (WK):	7.500
Kalkulationszinssatz (i):	0,07

1. Überprüfen Sie die Akzeptanzwürdigkeit der Investition mit Hilfe der Kapitalwertmethode, wenn von sicheren Zukunftsdaten ausgegangen wird!
2. Berücksichtigen Sie die Unsicherheit mit Hilfe des Korrekturverfahrens (10 %-tige Korrektur am Preis bzw. stückvariablen Kosten)!
3. Die Unsicherheit sei nun mit Hilfe einer Sensitivitätsanalyse in Form einer Ermittlung kritischer Werte im Investitionskalkül zu berücksichtigen. Bestimmen Sie jeweils ceteris paribus
   a) die kritische Absatzmenge,
   b) den kritischen Preis,
   c) die kritische Deckungsspanne!
4. Im Rahmen einer Abweichungsanalyse sei nun die Kapitalwertsensitivität
   a) in Beug auf eine Reduktion des Absatzvolumens um 5 %,
   b) in Bezug auf eine Preiserhöhung um 5 %,
   c) in Bezug auf eine Anpassung des Kalkulationszinssatzes auf 10 % zu überprüfen.

5. Weiterhin sei eine Risikoanalyse zur Verbesserung der Transparenz der Entscheidungssituation heranzuziehen. Bezüglich des Absatzvolumens existiere folgende Wahrscheinlichkeitsverteilung:

W	0,4	0,5	0,1
X	10.000	12.000	15.000

a) Ermitteln Sie die Wahrscheinlichkeitsverteilung der Kapitalwerte!

b) Wie hoch ist der Erwartungswert der Zielvariablen Kapitalwert?

c) Wie hoch ist die Standardabweichung der Zielvariablen Kapitalwert?

d) Zeichnen Sie das Risikoprofil (komplementäre Verteilungsfunktion) bezüglich der Kapitalwertwahrscheinlichkeitsverteilung!

e) Die Nutzenfunktion des potenziellen Investors laute: $u(C_0) = l_n C_0$. Welche Risikoeinstellung weist der Investor auf? Bestimmen Sie den Nutzenerwartungswert, das Sicherheitsäquivalent, die Risikoprämie!

Aufgabe 46

Es sei eine Entscheidung über die Art kommunaler Gewerbeförderung zu treffen. Zwei Alternativen stehen zur Wahl:

a_1: Ansiedlung neuer Betriebe durch Steuer- und Gebührensenkung

a_2: Subventionen an bereits ansässige Betriebe

Alternative 1 würde den Haushalt mit 50 Mio. €, Alternative 2 mit 10 Mio. € belasten. Bei a_1 sei mit einer Wahrscheinlichkeit von 70 % damit zu rechnen, dass sich 30 zusätzliche Betriebe ansiedeln, was Einnahmen von 90 Mio. € erwarten lässt. Die Wahrscheinlichkeit keiner zusätzlichen Betriebsniederlassung liege bei 30 %; Mehreinnahmen entstehen nicht. Bei a_2 sei mit einer Wahrscheinlichkeit von 90 % damit zu rechnen, dass die ansässigen Betriebe expandieren, was zu Mehreinnahmen von 20 Mio. € führe. Andererseits gehe man mit 10 %-tiger Wahrscheinlichkeit von zurückhaltender Investitionstätigkeit aus, die Mehreinnahmen betragen lediglich 10 Mio. €.

1. Berechnen Sie den Erwartungswert des Haushaltsüberschusses für jede Alternative!

2. Ermitteln Sie das Risiko einer jeden Alternative mit Hilfe der Standardabweichung!

3. Welche Risikoeinstellungen werden unterschieden? Wie verlaufen die jeweiligen Indifferenzlinien im Erwartungswert-Standardabweichungsdiagramm?

4. Positionieren Sie beide Alternativen im ($\mu\sigma$)-Diagramm und ermitteln Sie die vorteilhafte Alternative bei

    a) schwacher Risikoaversion,

    b) starker Risikoaversion

    auf Basis des Erwartungswert-Standardabweichungskriteriums!

Aufgabe 47

Im städtischen Verkehrsbetrieb stehe eine Erweiterung des Liniennetzes zur Disposition.

Als Alternativen existieren

I_A : Kleine Erweiterung

I_B : Große Erweiterung

Hinsichtlich des Informationsstandes bezüglich der zielwertrelevanten Umweltlagen b_j (w_j) mit Eintrittswahrscheinlichkeit w_j herrsche Risiko.

Umweltlage	$b_1(0{,}3)$	$b_2(0{,}4)$	$b_3(0{,}3)$
Einzahlungsüberschuss I_A	20	50	80
Einzahlungsüberschuss I_B	-20	120	160

Das Investitionsvolumen einer kleinen Erweiterung liege bei 100 GE, das einer großen bei 400 GE. Es werde mit einem unendlichen Planungshorizont gerechnet, als Kalkulationszinssatz erscheinen 10 % sinnvoll.

1. Ermitteln Sie die Wahrscheinlichkeitsverteilungen der Kapitalwerte für beide Alternativen!

2. Ermitteln Sie die optimale Handlungsalternative nach dem Erwartungswertverfahren!

3. Ermitteln Sie geometrisch die vorziehenswürdige Alternative auf Basis des $(\mu\sigma)$-Prinzips bei starker Risikoaversion!

4. In jedem Fall ist ein Verlust zu vermeiden. Welche Alternative erscheint unter diesem Blickwinkel vorziehenswürdig? Bedienen Sie sich einer Risikoprofildarstellung.

5. Ermitteln Sie die vorziehenswürdige Alternative auf Basis des Bernoulli-Prinzips wenn folgende Nutzenfunktion angenommen wird: $U = \sqrt{1.000 + C_0}$

6. Berechnen Sie für beide Alternativen das Sicherheitsäquivalent sowie die Risikoprämie!

Aufgabe 48

Zum Zwecke des Schülertransports stehe die Anschaffung eines weiteren Schulbusses zur Disposition. Zu entscheiden ist zwischen den Alternativen Typ A und Typ B. Folgende Daten stehen zur Verfügung (Beträge in Geldeinheiten):

	Typ A	Typ B
Anschaffungswert	50.000	55.000
Sonstige (zahlungswirksame) Fixkosten	1.200	1.300
Variable Kosten/km	0,25	0,22
Jährliche Fahrleistung	20.000 km	20.000 km
Nutzungsdauer	10 Jahre	10 Jahre
Liquidationserlös	4.000	5.000
Kalkulationszinssatz	6 %	6 %

1. Ermitteln Sie die vorziehenswürdige Alternative mit Hilfe einer Kostenvergleichsrechnung! Wo liegen die Grenzen der Kostenvergleichsrechnung?

2. In der Diskussion ist die Erhebung von Transportgebühren. In diesem Fall belaufen sich die Gebühreneinzahlungen bei Typ A jährlich auf 14.000 GE, bei Typ B jährlich auf 15.000 GE. Ermitteln Sie die vorteilhafte Alternative mit Hilfe einer Rentabilitätsvergleichsrechnung!

3. Formulieren Sie die entscheidungsrelevanten Investitionszahlungsreihen für beide Alternativen!

4. Welche Alternative erscheint auf Basis der Kapitalwertmethode vorteilhaft? Berechnen Sie für beide Alternativen die kritischen Gebühreneinzahlungen!

5. Ermitteln Sie die vorteilhafte Alternative mit Hilfe der Annuitätenmethode! Berechnen Sie auch den finanzmathematisch exakten monatlichen durchschnittlichen Überschuss!

6. Interpretieren Sie Kapitalwert und Annuität ökonomisch!

7. Skizzieren Sie den Kapitalwertverlauf bezüglich Alternative A in Abhängigkeit vom Kalkulationszinssatz! (Der Interne Zinssatz der Alternative A beträgt 12,48 %)

8. Berechnen Sie die vorteilhafte Alternative auf Basis der Baldwin-Rentabilität!

9. Bezüglich der Gebühreneinzahlungen bestehe Unsicherheit. Mit einer Wahrscheinlichkeit von $w_2 = 0{,}4$ liegen diese bei den Werten aus Aufgabe b), mit einer Wahrscheinlichkeit von $w_1 = w_2 = 0{,}3$ jeweils 20 % unterhalb bzw. 30 % oberhalb der Werte aus Aufgabe b).

   a) Ermitteln Sie die Kapitalwertwahrscheinlichkeitsverteilung!

   b) Welche Alternative erscheint nach dem Erwartungswertverfahren vorteilhaft?

   c) Ermitteln Sie die vorteilhafte Alternative nach dem ($\mu\sigma$)-Prinzip bei schwacher Risikosympathie!

   d) Welche Alternative erscheint nach dem Bernoulli-Prinzip bei Gültigkeit der Nutzenfunktion $U = \ln(10.000 + C_0)$vorziehenswürdig!

   e) Berechnen Sie die Sicherheitsäquivalente und Risikoprämien für beide Alternativen!

Aufgabe 49

Folgende drei Kapitalwerte, Zinssätze und Nutzungsdauern sind gegeben!

	Kapitalwert	Nutzungsdauer	Zinssatz
Investition I	1.200.000	20 Jahre	10 %
Investition II	800.000	10 Jahre	12 %
Investition III	750.000	15 Jahre	7 %

Berechnen Sie die Annuitäten und entscheiden sich für eine Investitionsalternative!

Aufgabe 50

Folgende Tabelle ist gegeben:

C_0	i
12.000	1 %
8.000	5 %
4.000	10 %
0	15 %
–4.000	20 %
–8.000	25 %
–12.000	30 %

Zeigen Sie anhand einer geeigneten Skizze die Aussagekraft der obigen Daten und ermitteln so den „internen Zinsfuß"!

Aufgabe 51

Die Stadtwerke AG der Gemeinde Eisenrode investiert in regenerative Energiegewinnungsanlagen. Für ein technisch neuartiges Windrad, das als Prototyp am Rande der Lüneburger Heide errichtet werden soll, liegt bereits die Baugenehmigung der Gemeinde vor. Das Investitionsvolumen ist mit 1,8 Mio. € angesetzt, wobei die Stadtwerke über 1,3 Mio. € eigene Mittel verfügt, 0,2 Mio. € als Strukturhilfe des Bundes fließen, die nicht rückzahlungspflichtig sind und die restlichen Mittel zu einem festen Zinssatz von 7 % p. a. finanziert werden müssen. Tilgungen finden in den ersten fünf Jahren nicht statt und somit wird die Kreditauszahlung in $t = 0$ vernachlässigt. Abschreibungen, Instandhaltung und Reparatur betragen 22,5 % der Investitionssumme. Die Abschreibungen erfolgen linear und die Nutzungsdauer beläuft sich auf fünf Jahre. Der Kalkulationszinssatz der Stadtwerke AG liegt bei 8 %. Der geschätzte Energieertrag ist mit 3,8 Mio. kWh angesetzt und der Erlös je eine Kilowattstunde beträgt 0,14 €.

1. Prüfen Sie mit Hilfe der Kapitalwertmethode, ob die Investition wirtschaftlich sinnvoll ist!

2. Erläutern Sie detailliert drei Risiken, die in den obigen Annahmen der Stadtwerke AG enthalten sind.

Aufgabe 52

Im ÖPNV ist eine Erweiterungsinvestition zu tätigen. Im Zuge der Gewährleistung eines langfristigen Transportservice ist von einem sehr langfristigen Kalkül auszugehen, sodass aus Vereinfachungsgründen mit einem Planungshorizont von „unendlich" gerechnet wird. Der Kalkulationszinssatz betrage $i = 0{,}1$. Folgende weitere Daten liegen vor:

	Tausendräder (Typ I)	**Kettenfahrzeug (Typ II)**
Initialauszahlung	1.800	1.900
Jährlicher Grenzzahlungsüberschuss	190	?

a) Ermitteln Sie die vorteilhafte Alternative mit Hilfe der Kapitalwertmethode (Hinweis: Der interne Zinssatz der Alternative II beträgt $r_{II} = 0{,}11$)

b) Welche Alternative erscheint auf Basis der Annuitätenmethode vorteilhaft?

c) Berechnen Sie für Alternative I den internen Zinssatz!

Aufgabe 53

Im städtischen Freibad stehe eine Erweiterungsinvestition zur Disposition. Als Alternativen existieren ein Erlebnisbecken (I_A) sowie ein Spielplatz (I_B). Je nach Wetterlage ergeben sich folgende zustandsabhängigen Kapitalwerte:

Wetterlage	**„schlecht"** $p_1 = 0{,}25$	**„mittel"** $p_2 = 0{,}5$	**„gut"** $p_3 = 0{,}25$
C_{0A}	20	50	80
C_{0B}	–20	60	140

a) Berechnen Sie die Erwartungswerte und Standardabweichungen der Kapitalwerte der Alternativen!

b) Ermitteln Sie die vorziehenswürdige Alternative nach dem ($\mu\sigma$)-Kriterium bei Gültigkeit folgender Präferenzfunktion $\Phi = \mu - 0{,}25\,\sigma$

Aufgabe 54

In einem Eigenbetrieb stehe die Neuanschaffung eines Aggregates zur Disposition. Es werde mit $i = 0{,}1$ kalkuliert. Folgende Zahlungen fallen am Ende der jeweiligen Perioden an:

Zahlung	**-200**	**80**	**70**	**60**	**50**
Periode	0	1	2	3	4

Die jeweils am Periodenende realisierbaren Liquidationserlöse belaufen sich auf:

Liquidationserlös	**160**	**140**	**120**	**100**
Periode	1	2	3	4

Berechnen Sie die optimale Nutzungsdauer und die entsprechenden Kapitalwerte, wenn die Investition

a) nicht wiederholt wird,

b) einmal identisch wiederholt wird,

c) unendlich oft identisch wiederholt wird!

Aufgabe 55

Die Gemeinde Eisnermarkt an der Oker im niedersächsischen Landkreis Boffer plant den Bau einer eigenen Kläranlage. Aufgrund der sehr weitsichtig denkenden Ratsmitglieder soll eine strenge Wirtschaftlichkeitsberechnung vor drohenden ökonomischen Risiken schützen. Der Ratsvorsitzende K. Rath bittet den Bürgermeister eine dynamische Investitionsrechnung durchführen zu lassen.

Folgende Zahlen wurden bereits ermittelt: Einzahlungen für das 1. Jahr: 2,4 Mio. €, Auszahlungen für das 1. Jahr: 1,6 Mio. €. In den Jahren 2 bis 4 erhöhen sich die Einzahlungen um jeweils 10 %. In den Jahren 2 bis 4 erhöhen sich die Auszahlungen um jeweils 5 %. Der Kalkulationszinsfuß wird auf 6 von 100 festgelegt.

Aufgabe:

Berechnen Sie den maximalen Anschaffungswert, sodass der Rat der Gemeinde dem Bau der Kläranlage zustimmen wird.

Aufgabe 56

Der besondere Beamte Berthold B. hat in der Samtgemeinde Eisenbüttel Streit mit dem Bürgermeister und möchte vor dem Verwaltungsgericht klagen. Nach seinen Vorstellungen steht ihm und all seinen Nachfahren auf ewig eine jährliche Pensionszahlung in Höhe von 100.000 € zu. Die Zahlung dieser nie endenden Rate soll jeweils immer am Ende eines Jahres überwiesen werden.

Der streitsüchtige Bürgermeister hält das Angebot für ökonomisch unverantwortlich und möchte sich mit einer einmaligen Ablösezahlung des nervigen B. B. entledigen. Er schlägt dem Beamten vor, dass die Samtgemeinde eine einmalige Zahlung in Höhe von 2 Mio. € auszahlt und die Sache ist für immer vom Tisch.

Aufgabe:

Welche der beiden Alternativen bringt welcher Partei einen ökonomischen Vorteil, wenn ein Zinssatz von 5 % Gültigkeit hat?

Aufgabe 57

Gegeben ist folgende Übersicht sowie ein Zinssatz von 10 %:

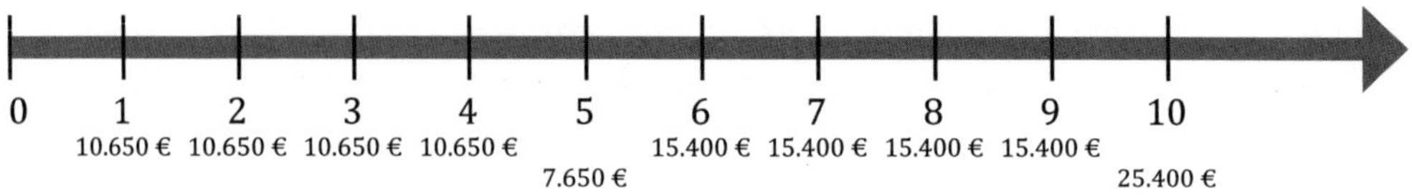

Aufgaben:

1. Berechnen Sie die Kapitalwert C(0).
2. Interpretieren Sie das Ergebnis.
3. Berechnen Sie die dazugehörige Annuität.

Aufgabe 58

Nachdem Ihr nicht geschätzter Kollege G. Nuss frühzeitig in den plötzlichen Ruhestand versetzt wurde, müssen Sie auf Basis der unten vorliegenden Daten dem Bürgermeister der Stadt Eisenhagen unverzüglich eine Entscheidungshilfe liefern. Der Zinssatz liege bei 10 %. Berechnen Sie den Kapitalwehrt und nehmen eine begründete Beurteilung vor.

Zeitpunkt	Ausgaben (-) / Einnahmen (+)		
0	Investitionsausgabe:	=	- 80.000 €
	Ausgaben:		
	fixe Ausgaben:	=	- 1.000 €
Ende 1. Jahr	variable Ausgaben		
bis	(70 + 50) ha · 40 €	=.	- 4.800 €
Ende 4. Jahr	**Einnahmen:**		
	70 ha · 135 € + 50 ha · 140 €	=	+ 16.450 €
	SALDO	**=**	**+ 10.650 €**
	wie Ende 1. bis 4. Jahr:	=	+ 10.650 €
	Generalüberholung:	=	- 3.000 €
Ende 5. Jahr	**SALDO**	**=**	**+ 7.650 €**
	Ausgaben		
	Fixe Ausgaben:	=	- 1.000 €
Ende 6. Jahr	Variable Ausgaben		
bis	(120 + 50) ha · 40 €	=	- 6.800 €
Ende 9. Jahr	**Einnahmen:**		
	120 ha · 135 € + 50 ha · 140 €	=	+ 23.200 €
	SALDO	**=**	**+ 15.400 €**
	wie Ende 6. bis 9. Jahr	=	+ 15.400 €
	Restwert	=	+ 10.000 €
Ende 10. Jahr	**SALDO**	**=**	**+ 25.400 €**

Aufgabe 59

Berechnen Sie den Kapitalwert folgender kommunaler Investitionen des Baubetriebshofes und beurteilen sowohl mit der relativen als auch mit der absoluten Entscheidungsregel.

(Kalkulationszinsfuß= 10 %)

	$t = 0$	$t = 1$	$t = 2$	$t = 3$	$t = 4$	$t = 5$
Maschine A						
Auszahlungen						
Anschaffung	-10.000					
Betrieb		-5.000	-5.000	-5.000	-5.000	-5.000
Wartung		-4.500	0	-4.500	0	-4.500
Zinsen		-10.000	-10.000	-10.000	0	0
Einzahlungen						
Umsatzerlöse		90.000	40.000	10.000	20.000	40.000
Maschine B						
Auszahlungen						
Anschaffung	-10.000					
Betrieb		-2.000	-1.500	-1.500	-1.500	-1.500
Wartung		-4.000	-5.500	-5.500	-5.500	-5.500
Zinsen		-10.000	0	-10.000	0	-10.000
Einzahlungen						
Umsatzerlöse		15.000	15.000	30.000	90.000	90.000

Aufgabe 60

Die Kommune Eisenbüttel mit 124.000 Einwohnern hat bei einem Wettbewerb mit seinem städtischen Entwicklungskonzept eine Förderung der „Schöne-Stadt-Stiftung“ erhalten.

Im Rahmen der Förderung durch die Stiftung kann Eisenbüttel aus zwei Optionen auswählen:

Option A

Entweder erhalten Sie ab heute für die nächsten 10 Jahre pro Jahr 100.000 €

oder

Option B

Sie bekommen sofort eine Einmalsumme von 960.000 € (Option B).

Für welche Variante sollten die städtischen Entscheidungsträgervotieren, wenn der aktuelle Zinssatz bei 3 % liegt.

Aufgabe 61

Die Stadt Boffenheim hat für die Begleichung einer Schuld drei Alternativen zur Auswahl:

a) Sie zahlt jetzt sofort 150.000 €.

b) Die Stadt zahlt über sechs Jahre hinweg eine gleichbleibende, nachschüssige Rate in Höhe von jeweils 20.500 €.

c) Die Stadt Boffenheim zahlt zum Ende des 6. Jahres 250.000 €.

Überprüfen Sie die Vorteilhaftigkeit der Alternativen, wenn als Zinssatz 10 % unterstellt wird und begründen Sie, für welche Alternative sich die Stadt entscheiden sollte.

Aufgabe 62

Die Nutzenfunktion von Herrn Meister sei in der folgenden Nutzentabelle gegeben:

Vermögen in Mio. €	1	2	3	4	5	6	7	8	9	10
Nutzen in U	10	30	48	60	70	78	84	90	96	100

Herr Bürger möchte mit Herrn Meister nun ein Spiel spielen und bietet ihm die folgenden zwei Alternativen A und B an:

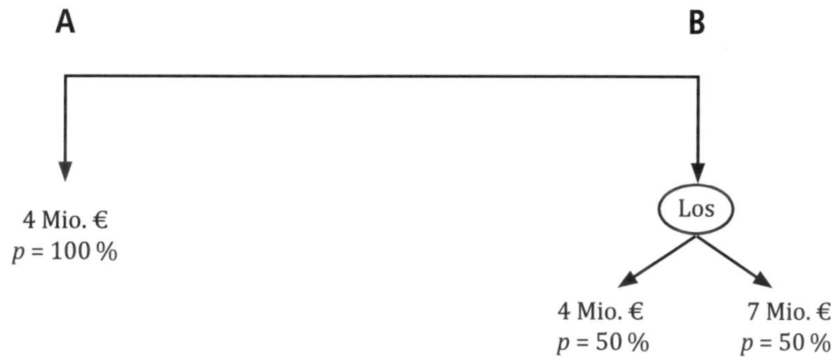

Herr Meister kann also die Alternative A wählen, bei der er 4 Mio. € mit einer Wahrscheinlichkeit von 100 % sicher bekommt oder er entscheidet sich für Alternative B, bei der er ein Los zieht und jeweils mit einer Wahrscheinlichkeit von 50 % entweder 1 Mio. € oder 7 Mio. € erhält.

a) Für welche Alternative sollte sich Herr Meister entscheiden, wenn er an einem möglichst hohen Nutzen interessiert ist?

b) Ermitteln Sie den Erwartungswert, das Sicherheitsäquivalent und die Risikoprämie für Alternative B!

c) Stellen Sie die in der Nutzentabelle abgebildete Funktion und Ihre Ergebnisse aus Teilaufgabe b grafisch dar!

Aufgabe 63

Die Straßenmeisterei des Landkreises Eisenmarkt möchte seine Maschinenausstattung erweitern und hat dazu zwei Angebote für Kehrmaschinen eingeholt. Dem zuständigen Mitarbeiter T. Licht liegen folgende Angaben zur Wirtschaftlichkeitsberechnung vor.

	Kehrmaschine Silent (KS)	Kehrmaschine Blow (KB)
Initialauszahlung in Mio. €	2,9	2,8
Nutzungsdauer in Jahren	5	4
$E_1 - A_1$	800.000	880.000
Jährliche Steigerung $E_t - A_t$ in %	8	12
Kalkulationszins in %	12	12
Garantie in Jahren	3	3
Kaufnebenkosten in €	100.000	200.000

Aufgaben:

1. Erläutern Sie die grundlegende Zielsetzung von Investitions- und Wirtschaftlichkeitsberechnungen.

2. Unterscheiden Sie Rationalisierungs- und Erweiterungsinvestition.

3. Treffen Sie eine Aussage zur Vorteilhaftigkeit mit Hilfe der Kapitalwertmethode.

Aufgabe 64

Kreuzen Sie nur die jeweils richtige Aussage an.

☐ Investitionsrechnung erfolgt auf Basis von Gesetzen

☐ Investitionsrechnung ist kommunale Pflichtaufgabe

☐ Investitionsrechnung kann die Wirtschaftlichkeit erhöhen

☐ Investitionsrechnung gehört zum Bereich des Kommunalrechts

☐ Investitionsrechnung behandelt nur „monetäre" Aspekte

☐ Die Kostenvergleichsrechnung (KVR) hat eine sehr sehr hohe Aussagekraft

☐ Die Gewinnvergleichsrechnung (GVR) hat die höchste Aussagekraft aller Rechnungen

☐ Die Rentabilitätsvergleichsrechnung (RVR) hat eine höhere Aussagekraft als die GVR

☐ Die RVR hat eine niedrigere Aussagekraft als die GVR

☐ Die Vergleichsrechnung (VG) hat eine höhere Aussagekraft als die VG

☐ Statische Investitionsrechnung (SI) geht immer von absoluten Brüchen aus

☐ Die SI bildet beliebige Werte zur Berechnung

☐ Die SI bildet fiktive Durchschnittswerte

☐ Die IR geht immer von geschätzten Planwerten aus

☐ Die IR geht immer von echten Werten aus

☐ Dynamische IR ordnet immer die Zahlen der Größe nach

☐ Dynamische IR bildet immer Durchschnittswerte

☐ Dynamische IR berücksichtigt den zeitlichen Anfall von Ein- und Auszahlungen

☐ Dynamische Werte bilden oft den Durchschnitt

☐ Dynamische IR berücksichtigt immer den Liquidationserlös in t_0

- [ ] Der Kapitalwert berechnet sich aus Barwerten, der Anschaffungsauszahlung und eventuell einem Liquidationserlös.
- [ ] Der Kapitalwert berechnet sich aus Werten, der Anschaffungsauszahlung und eventuell einem Liquidationserlös.
- [ ] Der Kapitalwert berechnet sich aus Nutzwerten, der Anschaffungsauszahlung und eventuell einem Liquidationserlös.
- [ ] Der Kapitalwert berechnet sich aus Barwerten, der Abschaffungsauszahlung und eventuell keinem Liquidationserlös.
- [ ] Der Kapitalwert berechnet sich aus Barwerten, der Anschaffungseinzahlung und eventuell einem Liquidationserlös.

Aufgabe 65

Im kommunalen Bauhof stehe die Entscheidung über eine Erweiterungsinvestition an. Als Investitionsalternativen kommen ein Schneeräumfahrzeug (I_A) oder eine Fahrzeughalle (I_B) in Frage. Je nach Wetterlage mit bestimmter Eintrittswahrscheinlichkeit P_i ergeben sich folgende zustandsabhängigen Kapitalwerte:

Wetterlage	**„schlecht"** **p_1 = 0,20**	**„mittel"** **p_2 = ?**	**„gut"** **p_3 = 0,30**
C_{0A}	25	50	100
C_{0B}	-15	70	160

a) Welche Alternative erscheint nach dem Erwartungswertverfahren vorteilhaft?

b) Ermitteln Sie die vorteilhafte Alternative auf Basis des Bernoulli-Prinzips bei Gültigkeit der Nutzenfunktion $u(C_0) = \sqrt{40 + C_0}$!

c) Berechnen Sie das Sicherheitsäquivalent und die Risikoprämie für Alternative A

Aufgabe 66

Eine Investitionsalternative mit der Anschaffungsauszahlung I0= –100 € ist durch die folgenden weiteren Einzahlungsüberschüsse gekennzeichnet:

c_1 =	34
c_2 =	35
c_3 =	36

Ein Restverkaufserlös am Ende der Periode 3 entsteht zunächst nicht.

a) Der Kalkulationszinssatz wird mit i = 0,1 angegeben. Bestimmen Sie den Kapitalwert für den Zeitpunkt t0 und beurteilen die wirtschaftliche Vorteilhaftigkeit.

b) Interpretieren Sie den Kapitalwert.

c) Wie groß müsste ein Liquidationswert (L_n) sein, damit die Investition insgesamt noch positiv wird?

Aufgabe 67

Die innovative Gemeinde „Okermarsch" möchte einen neuen Kopierer anschaffen. Dabei legen die Verantwortlichen einen sehr hohen Wert darauf, dass die Wirtschaftlichkeit des neuen Kopierers höher ist als die des alten Kopiergeräts. Zur Auswahl stehen das Modell „Druckschnell" zu einem Anschaffungspreis von 10.000,– € und das Modell „Druckfrisch" zu einem Anschaffungspreis von 15.000,– €. Die Beschaffungsabteilung geht davon aus, dass sowohl das Modell „Druckschnell" als auch das Modell „Druckfrisch" pro Jahr eine Anzahl von jeweils 150.000 Stück an Kopien machen werden. Der Zinssatz beträgt 10 %.

Folgende Kosten wurden bereits ermittelt:

	Druckfrisch	Druckschnell
Anschaffungspreis	10.000 €	15.000 €
Nutzungsdauer	4 Jahre	5 Jahre
Restwert (L_n)	500 €	1.500 €
Materialkosten pro Seite	0,03 €	0,025 €
Fixe Energiekosten	510 €	1.000 €
Variable Energiekosten pro Kopie	0,02 €	0,01 €
Kalkulationszinssatz i	10 %	10 %
Reparaturkosten pro Jahr	500 €	1.000 €

1. Berechnen Sie die Gesamtkosten für beide Kopierer (je 4 Punkte, Gesamt: 8 Punkte)

2. Beurteilen Sie die wirtschaftliche Vorteilhaftigkeit beider Geräte unter der Kenntnis, dass ein Budget von 12.000 € zur Verfügung steht. (2 Punkte)

3. Welcher Kopierer ist unter Kostengesichtspunkten anzuschaffen? (2 Punkte)

4. Welchen Kopierer sollte man auswählen, wenn nur 50.000 Stück Kopien pro Jahr gemacht werden? (5 Punkte)

5. Erläutern Sie den Begriff „Rationalisierungsinvestition" (3 Punkte)

Aufgabe 68

Die Vertretung der Stadt Klausthal hat in der Ratssitzung vom 21.April 2021 beschlossen, dass die städtische Verkehrsgesellschaft einen neuen Omnibus beschaffen soll, der den bestehenden Fuhrpark ergänzen soll und ausschließlich mit Strom angetrieben wird. Damit möchte man einen Betrag zur „grünen und sauberen Stadt" leisten. Die zwei verbliebenen Investitionsalternativen dieser Investition müssen nun ihm Rahmen der Ausschreibung auf Wirtschaftlichkeit überprüft werden. Insgesamt besteht die Vertretung darauf, dass ein Kostenvolumen für den Bus von insgesamt 300.000 € pro Haushaltsjahr nicht überschritten werden darf. Folgende Informationen des Fuhrparkmanagements liegen vor:

Informationen	Modell A	Modell B
Anschaffungskosten (€)	240.000	260.000
Nutzungsdauer in Jahren	10	10
Liquidationserlös/Restwert in (€)	100.000	120.000
Steuern (€/Jahr)	3.500	4.000
Versicherung (€/Jahr)	6500	7.000
Stromverbrauch (Kilowatt/100 km)	120	130
Strompreis pro Kilowatt (€)	0,50	0,60
Service-Intervall (km)	10.000	15.000
Servicekosten/Intervall (€)	500	1.000
Lebensdauer pro Reifensatz (km)	50.000	30.000
Kosten pro Reifensatz (€)	8.000	5.000
Verwaltungskosten pro Jahr (€)	12.000	13.000
Sonstige Kosten je km (€)	0,90	0,60

Das Fahrzeug wird pro Jahr durchschnittlich 150.000 km zurücklegen. Das Fuhrparkmanagement legt eine lineare Abschreibung zu Grunde und rechnet mit einem kalkulatorischen Zinssatz von 10 %. Pro Monat werden im Durchschnitt auf der wenig genutzten Route nur 30.000 € Ertrag kalkuliert und die Werbung auf einem Bus erwirtschaftet 10.000 € pro Jahr.

1. Was versteht man unter einer „Erweiterungsinvestition“?

2. Welchen Bus beschaffen Sie unter Kostenaspekten für die Stadt?

3. Beurteilen Sie die absolute (Akzeptanzkriterium) und relative (Selektionskriterium) Vorteilhaftigkeit mit Hilfe der Kostenvergleichsrechnung.

4. Nutzen Sie die Gewinnvergleichsrechnung als Entscheidungshilfe!

5. Beurteilen Sie die absolute (Akzeptanzkriterium) und relative (Selektionskriterium) Vorteilhaftigkeit mit Hilfe der Gewinnvergleichsrechnung.

6. Welche Faktoren werden bei dieser Art der Beurteilung durch das Fuhrparkmanagement nicht in Betracht gezogen?

7. Begründen Sie kurz, warum die Aussagekraft einer Gewinnvergleichsrechnung höher ist als bei einer Kostenvergleichsrechnung.

8. Um wieviel Prozent können die Erträge von Modell A bis zur Gewinnschwelle (G = 0) sinken?

Aufgabe 69

Die schöne Samtgemeinde Eisnerbüttel in Süd-Ost-Niedersachsen möchte die Identität stärken. Im Rahmen eines Wettbewerbes hat man sich dafür entschieden „T-Shirts“ mit dem Logo der Samtgemeinde drucken zu lassen. Dafür entstehen fixe Kosten in Höhe 50.000 €. Die variablen Kosten pro Shirt betragen 9,00 €. Als Bedingung für den T-Shirt Druck ist eine Absatzmenge von 9.000 Stück vorgeschrieben. Im Rahmen einer Kultur-Ausschusssitzung haben sich die Verantwortlichen darauf geeinigt, dass der Verkaufspreis je T-Shirt bei genau 20,00 € liegen soll.

1. Berechnen Sie den Gewinn, mit dem die Samtgemeinde rechnen kann.

2. Wie viele T-Shirt muss die Samtgemeinde mindestens verkaufen, damit kein Verlust entsteht? (BEP bzw. Gewinnschwelle)

3. Zeichnen Sie die obige Situation mit Hilfe eines Koordinatensystems.

LÖSUNGSSKIZZEN ZU DEN AUFGABEN

Lösung Aufgabe 1

1)

$K = K_{fix} + K_v$

I: $20.000 + 400 \cdot 30 = 32.000$

II: $10.000 + 400 \cdot 50 =$ **30.000** **kostengünstigstes Angebot**

III: $40.000 + 200 \cdot 70 = 54.000$

2)

I: $20.000 + 600 \cdot 30 =$ **38.000** **kostengünstigstes Angebot**

II: $10.000 + 600 \cdot 50 = 40.000$

III: $40.000 + 600 \cdot 70 = 82.000$

3)

Die kostengünstigsten Angebote gleichsetzen: I und II

$10.000 + 50 \cdot x = 20.000 + 30 \cdot x$

$\mathbf{x = 500}$

Bis 500 Besucher ist II das kostengünstigste Angebot, ab 500 I.

Lösung Aufgabe 2

Selbstregulierung:

$C(0) = -1.500$ unabhängig vom Zins , da nur der Schaden bezahlt werden muss!

Versicherungsregulierung:

$C(0) = -500 \cdot (1+i)^{-1} - 400 \cdot (1+i)^{-2} - 400 \cdot (1+i)^{-3} - 300 \cdot (1+i)^{-4} - 300 \cdot (1+i)^{-5} - 0 \cdot (1+i)^{-6}$

$C(0)_{i=0,08} =$ **$-1.548,12$**

$C(0)_{i=0,10} =$ **$-1.476,83$**

Vergleich:

- $-1.476,83 > -1.500 > -1.548,12$
- bei $i = 0,08$: Selbstregulierung günstiger
- bei $i = 0,10$: Versicherungsregulierung günstiger

Lösung Aufgabe 3

Bedingung für den internen Zinsfuß: C(0) = 0

$0 = C\,(0) = -2.500 + 1.500 \cdot (1+i)^{-1} + 1.600 \cdot (1+i)^{-2}$

Vereinfachung, setze (1+i) = q

$0 = -2.500 + 1.500 \cdot q^{-1} + 1.600 \cdot q^{-2} \quad | *q^2$

$0 = -2.500q^2 + 1.500 \cdot q^1 + 1.600 \quad | : (-2.500)$

$0 = q^2 - 0{,}6 \cdot q^1 - 0{,}64$

Berechnung von q mit Hilfe der Normalform der quadratischen Gleichung:

$q_1 = -0{,}5544$ und $q_2 = 1{,}1544$

Interpretation:

- Ein negativer interner Zinsfuß lässt sich nicht interpretieren, ist ökonomisch unsinnig und wird vernachlässigt.
- $1{,}1544 - 1 = 0{,}1544 \cdot 100 = 15{,}44\,\%$
- Aus $q_2 = 1{,}1544$ folgt ein interner Zinsfuß von 15,44 %. Solange der Kalkulationszinssatz kleiner als der interne Zinssatz ist lohnt sich die Realisierung der Investition. Dies ist hier mit 10 % < 15,44 % der Fall.

Lösung Aufgabe 4

Kreuzen Sie nur die *richtige(n) und sinnvolle(n)* Aussage(n) an!

X	Statische und dynamische Verfahren gehören zu den deterministischen Modellen.
	Der Annuitätenfaktor ist der Parallelwert zum aufgezinsten Barwert.
	Renten werden immer aufgezinst.
	Der Kehrwert des Annuitätenfaktors wird auch als Rentenfaktor bezeichnet.
	Der Annuitätenfaktor ist der Parallelwert zum abgezinsten Barwert.
	Der Zukunftserfolgsbarwert zeigt den Barwert aller Kapitalrückflüsse der Investition.
	Dynamische Verfahren unterliegen nicht den Regeln des vollständigen Kapitalmarktes.
X	Statische Verfahren gehören zu den deterministischen Modellen.
X	Dynamische Verfahren unterliegen den Regeln des vollständigen Kapitalmarktes.
	Der Kapitalwertbarfaktor zeigt den reziproken Wert des Annuitätenfaktors.

Lösung Aufgabe 5

1. Erläutern Sie, was man unter einer Erweiterungsinvestition versteht!

   Durch eine zusätzliche Anlage wird die technische Kapazität erhöht.

2. Berechnen Sie die Annuität für die drei Investitionsalternativen:

   A_A=1,019 Mio. € A_B=1,274 Mio. € A_C=1,030 Mio. €

   Berechnung des Annuitätenfaktors: **0,149**

3. Für welche Investition entscheiden Sie sich auf Grundlage Ihrer Rechnung?

   Investition B, da größte Annuität und größter Kapitalwert. In dieser Aufgabe müssen Annuitätenmethode und Kapitalwertmethode zum gleichen Ergebnis führen!

4. In welchen Fällen ist die Annuitätenmethode der Kapitalwertmethode vorzuziehen?

   Die Annuitätenmethode eignet sich insbesondere bei Alternativen mit unterschiedlichen Nutzungsdauern.

Lösung Aufgabe 6

1.

$K_A = KK + Bk + K_{fix} + K_v$

$$K_A = \frac{12.000-0}{5} + \frac{12.000+0}{2} \cdot 0,06 + \frac{2 \cdot 2 \cdot 250 + 3 \cdot 4 \cdot 400}{5} + \frac{120}{10.000} \cdot 500.000$$

$K_A = 2.400 + 360 + 1.160 + 6.000$

$\mathbf{K_A = 9.920}$

$K_B = KK + Bk + Kfix + Kv$

$K_B = + \cdot 0,06 + + \cdot 500.000$

$K_B = 2.500 + 300 + 1.120 + 6.250$

$\mathbf{K_B = 10.170}$

2.

$G_A = E - K_A$

$G_A = x \cdot p - K_A$

$G_A = 0,025 \cdot 500.000 - K_A$

$G_A = 12.500 - 9.920$

$\mathbf{G_A = 2.580}$

$G_B = E - K_B$

$G_B = x \cdot p - K_B$

$G_B = 0,03 \cdot 500.000 - K_B$

$G_B = 15.000 - 10.170$

$\mathbf{G_B = 4.830}$

Beurteilung: beide > 0, A < B, d. h. B ist auszuwählen

3.

$$G_B = \frac{2 \cdot 0{,}03 + 2 \cdot 0{,}01}{4} \cdot 500.000 - 10.170$$

$G_B = 10.000 - 10.170$

$G_B = -170 < 0$, d. h. unvorteilhaft, also A wählen

4.

$K_A = KK + Bk + K_{fix} + K_v$

$$K_A = \frac{12.000 - 4.000}{5} + \frac{12.000 + 4.000}{2} \cdot 0{,}06 + \frac{2 \cdot 2 \cdot 250 + 3 \cdot 4 \cdot 400}{5} + \frac{120}{10.000} \cdot 500.000$$

$K_A = 1.600 + 480 + 1.160 + 6.000$

$K_A = 9.240$

$G_A = E - K_A$

$G_A = x \cdot p - K_A$

$G_A = 0{,}025 \cdot 500.000 - K_A$

$G_A = 12.500 - 9.240$

$G_A = 3.260 > 0$ aber < B, d. h. weiterhin B auswählen

5.

$K_A = KK + Bk + K_{fix} + K_v$

$$K_A = \frac{12.000 - 0}{5} + \frac{12.000 + 0}{2} \cdot 0{,}06 + \frac{2 \cdot 2 \cdot 250 + 3 \cdot 4 \cdot 400}{5} + \left(\frac{120}{10.000} + \frac{5}{500}\right) \cdot 500.000$$

$K_A = 2.400 + 360 + 1.160 + 11.000$

$K_A = 14.920$

$G_A = E - K_A$

$G_A = x \cdot p - K_A$

$G_A = 0{,}025 \cdot 500.000 - K_A$

$G_A = 12.500 - 14.920$

$G_A = -2420 < 0$, unvorteilhaft

$K_B = KK + BK + K_{fix} + K_v$

$$K_B = \frac{10.000 - 0}{4} + \frac{10.000 + 0}{2} \cdot 0{,}06 + \frac{4 \cdot 4 \cdot 280}{4} + \frac{150}{12.000} + \frac{5}{500} \cdot 500.000$$

$K_B = 2.500 + 300 + 1.120 + 11.250$

$K_B = 15.170$

$G_B = E - K_B$

$G_B = x \cdot p - K_B$

$G_B = 0{,}03 \cdot 500.000 - K_B$

$G_B = 15.000 - 15.170$

$G_B = -170 < 0$, unvorteilhaft, aber besser als A

Lösung Aufgabe 7

1. Berechnung des Kapitalwertes mit $i = 8\,\%$

t = 0	t = 1	t = 2	t = 3	t = 4	t = 5	Jahr
–	20.000	24.000	28.800	34.560	41.472	Einzahlung
70.000	10.000	10.000	10.000	10.000	10.000	Auszahlung
–70.000	10.000	14.000	18.800	24.560	31.472	Saldo

C(0) = 5.668,67 €

Es ergibt sich ein positiver Kapitalwert bei einer Vergleichsverzinsung von 8 %, d. h. die Offerte des Finanzblattes erwirtschaftet eine höhere Rendite als die Wertpapiere mit 8 %.

2. Graphische Lösung zum internen Zinsfuß

$C(0)_{i=0,08} = 5.668,67$

Berechnung eines beliebigen zweiten Kapitalwertes z. B. mit $i = 12\,\%$: $C(0)_{i=0,12} = -3.063,27$

Renditedifferenz: 10,6 % – 8 % = **2,6 %**

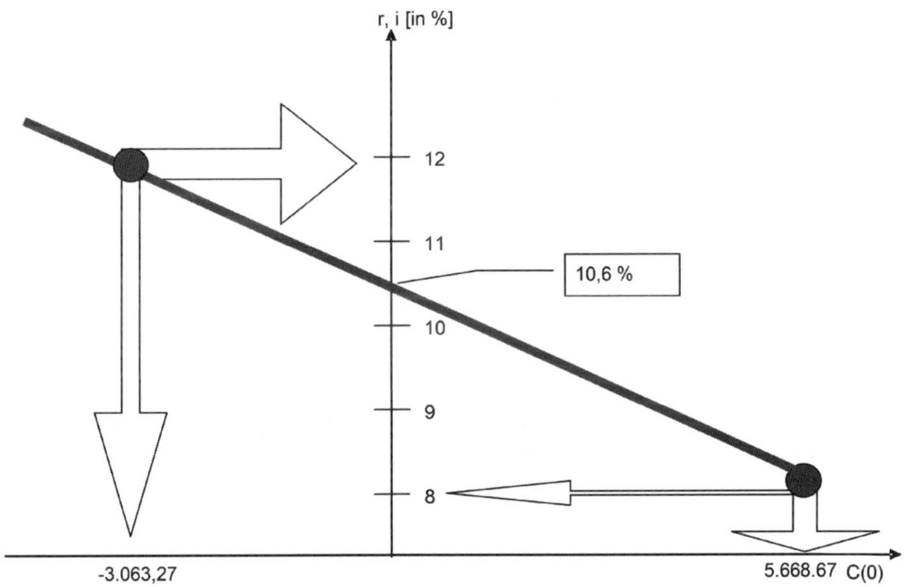

Lösung Aufgabe 8

1. Kostenfunktion ermitteln: $K = BK + KK + \text{sonstige } K_{fix} + \text{sonstige } k_v \cdot x$

$$K_A = \frac{9.000}{6} + \frac{17.000}{2} \cdot 0{,}1 + 50 - \frac{8}{100.000} \cdot x^2 + 1{,}7 \cdot x$$

$$K_A = 2400 - \frac{8}{100.000} \cdot x^2 + 1{,}7 \cdot x$$

$$K_B = \frac{10.000}{6} + \frac{14.000}{2} \cdot 0{,}1 + 600 + 0{,}8 \cdot x$$

$$K_B = 2.966{,}67 + 0{,}8 \cdot x$$

$$K_C = 1{,}5 \cdot x$$

2. Einsetzen der unterschiedlichen Mengen [x] in die jeweilige Kostenfunktion:

a)	$K_A = 7.920$	$K_B = 6.166{,}67$	$K_C = 6.000$
b)	$K_A = 10.880$	$K_B = 9366{,}67$	$K_C = 12.000$
c)	$K_A = 11.400$	$K_B = 12.366{,}67$**	$K_C = 15.000$

** 9.366,67 + 3.000

3. Kritische Menge berechnen: $K_C = K_B$

K_C	=	K_B	
$1{,}5 \cdot x$	=	$2.966{,}67 + 0{,}8 \cdot x$	$\mid -0{,}8 \cdot x$
$0{,}7 \cdot x$	=	$2.966{,}67$	$\mid : 0{,}7$
x	**=**	**4.238,1**	

4. Gründe für Fremdbezug

Sichere Kostengröße, d. h. kein Kalkulationsrisiko

Kein Problem bei nicht genutzten Fixkosten (Leerkosten), vor allem in wirtschaftlich schwierigen Zeiten, Spezialisiertes know how nutzen, etc.

Lösung Aufgabe 9

Antirutsch:

t = 0	t = 1	t = 2	t = 3	C(0)
-100	40	50	60	**22,75**

$C_A(0) > 0$, d. h. absolut vorteilhaft

Brisant:

t = 0	t = 1	t = 2	t = 3	C(0)
-40	58	93	123	**181,9**

$C_B(0) > 0$, d. h. absolut vorteilhaft

Relative Vorteilhaftigkeit:

$C_A(0) < C_B(0)$, d. h. **B ist auszuwählen**

Lösung Aufgabe 10

1. Die Zahlungsreihe ist gekennzeichnet durch: **–150, 60, 80, 90.**

2. $C(0) = -150 + 60 \cdot 1{,}1^{-1} + 80 \cdot 1{,}1^{-2} + 90 \cdot 1{,}1^{-3}$

   $C(0) = 38{,}28$

3. Ja, $C(0) > 0$

4. Das Investitionsobjekt bleibt solange absolut vorteilhaft, solange C(0) positiv ist.

5. $0 < -A(0) + 60 \cdot 1{,}1^{-1} + 80 \cdot 1{,}1^{-2} + 90 \cdot 1{,}1^{-3}$

   $A(0) < 60 \cdot 1{,}1^{-1} + 80 \cdot 1{,}1^{-2} + 90 \cdot 1{,}1^{-3}$

   $A(0) < 188{,}28$

Lösung Aufgabe 11

	Objekt A	**Objekt B**
Summe Kapitalkosten:	43.270,00	49.320,00
Kalkulatorische Abschreibungen:	37.000,00	42.000,00
I_0 =	197.000,00	227.000,00
L_n =	12.000,00	17.000,00
n =	5,00	5,00
FK bzw. kalkulatorische Zinsen:	6.270,00	7.320,00
Durchschnittlich gebundenes K:	104.500,00	122.000,00
I_0 =	197.000,00	227.000,00
L_n =	12.000,00	17.000,00
i =	6,00 %	6,00 %
Sonstige Fixkosten:	4.000,00	20.000,00
Sonstige variable Kosten:	18.000,00	22.800,00
Gesamtkosten:	**65.270,00**	**92.120,00**
Menge:	9.000,00	12.000,00
Preis pro Stück:	10,00	10,00
Umsatzerlöse:	90.000,00	120.000,00
Gewinn:	24.730,00	27.880,00
FK bzw. kalkulatorische Zinsen:	6.270,00	7.320,00
Korrigierter Gewinn	31.000,00	35.200,00
Durchschnittlich gebundenes K:	104.500,00	122.000,00
Rentabilität in %	**29,67 %**	**28,85 %**

Formel: $AD = \frac{Kapitaleinsatz}{Gewinn + Abschreibungen}$

$AD_A = \frac{197.000 - 12.000}{24.730 + 37.000} = \mathbf{2{,}99\ Jahre}$ $AD_B = \frac{227.000 - 17.000}{27.880 + 42.000} = \mathbf{3{,}01\ Jahre}$

Lösung Aufgabe 12

$$C(0) = -200.000 + 1500 \cdot \frac{\left(1+\frac{0,06}{12}\right)^{240} - 1}{\left(1+\frac{0,06}{12}\right)^{240} \cdot \frac{0,06}{12}} = 9.371,44$$

bzw. „Bandbreite aufgrund von Rundungsdifferenzen“ = 8.734,94 bis 9.538,25

Da der Kapitalwert positiv ist, sollte er das Angebot annehmen.

Lösung Aufgabe 13

1.

Fahrzeugtyp	**M**	**O**	**P**
Kfz-Steuer	1.900,–	1.800,–	2.100,–
Kfz-Versicherung	1.700,–	1.700,–	1.700,–
Kalk. Abschreibung	10.000,–	12.500,–	20.000,–
Kalk. Zinsen	2.400,–	2.000,–	3.200,–
Fixe Kosten K_f	16.000,–	18.000,–	27.000,–
Öl	10,–	10,–	10,–
Reparatur + Wartung	270,–	170,–	70,–
Reifen	20,–	20,–	20,–
Variable Kosten / 1.000 km	300	200	100
Variable Kosten / km k_v	0,30	0,20	0,10

Setzt man eine Ausbringungsmengeneinheit m mit einem gefahrenen Kilometer gleich und wählt man für die Gesamtkostenfunktion die Schreibweise $K = K_f + k_v \cdot m$, gelangt man für die drei Fahrzeugtypen zu folgenden Kostenfunktionen:

$K_M = 16.000 + 0{,}30m$

$K_O = 18.000 + 0{,}20m$

$K_P = 27.000 + 0{,}10m$

Typ M verursacht hohe variable Kosten kv und geringe Fixkosten Kf. Typ M kann nur bei geringer Jahreskilometerleistung vorteilhaft sein. Dagegen ist Typ P bei sehr hoher Laufleistung am kostengünstigsten, weil bei diesem Typ die variablen Kosten kv am geringsten sind.

2.

Rechnerische Lösung:

KM = KO

$16.000 + 0{,}30m = 18.000 + 0{,}20m$

$m = 20.000$ km/Jahr

KO = KP

18.000 + 0,20m = 27.000 + 0,10m

m = 90.000 km/Jahr

Graphische Lösung:

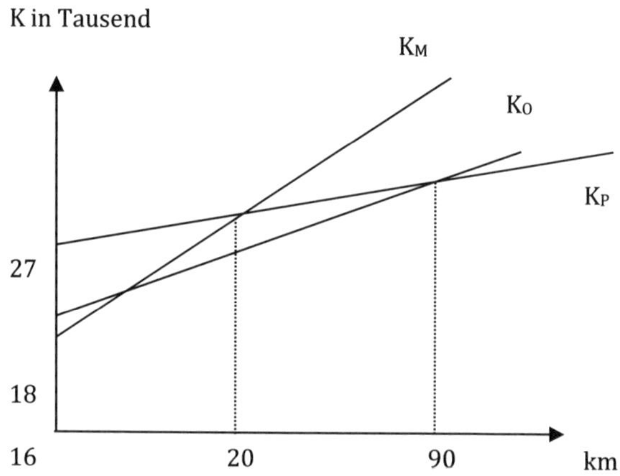

Gesamtlösung:

Kilometerleistung/Jahr			Fahrzeugtypen
0	bis	20.000	M
20.000	bis	90.000 km	O
	über	90.000 km	P

3.

Typ	Gesamtkosten K Kf + kv * 60.000 = K	Durchschnittskosten k
M	16.000 + 0,30 · 60.000 = 34.000	0,56
O	18.000 + 0,20 · 60.000 = 30.000	0,50
P	27.000 + 0,10 · 60.000	0,55

Lösung Aufgabe 14

	T1	T2
E_t	+20.000	+22.000
A_t	-60.000	-60.000
L_n	–	+30.000
Nettoeinzahlungen	-40.000	-8.000
Abzinsungsfaktor $1{,}10^{-t}$	0,9091	0,8264
Barwert	-36.364	-6.611

Zukunftserfolgswert: – 42.975 abzüglich Ao = – 142.975

Die Annuität a erhält man, wenn man den Kapitalwert C mit dem Annuitätenfaktor ANF multipliziert.

$a = -142.975 \cdot 0{,}57619$

$a = -82.381$

Ergebnis: Der Kämmerer muss jeden Arbeitsplatz in t_1 und t_2 mit 82.381 subventionieren.

Lösung Aufgabe 15

1. Formel: C_0 = Annuität · RBF – I_0

   A = – 1.069.718,–

   B = – 1.670.843,–

   C = – 1.264.890,–

   D = – 1.805.984,–

2. Formel: Annuität = $\frac{C_0}{RBF}$

   A = – 74.968,–

   B = – 117.096,–

   C = – 88.646,–

   D = – 126.567,–

3.

Da Kalkulationszinsfuß und jährliche Steigerungsrate identisch sind, braucht nur die Nettoeinnahme in t_1 abgezinst und mit der Laufzeit t_n multipliziert werden. Davon wird I_0 abgezogen und man erhält C_0.

A = +9.642.804

B = +11.255.327

C = +16.689.065

D = +18.694.766

4. Formel: Annuität = $\frac{C_0}{RBF}$

   A = +675.787

   B = +788.796

   C = +1.169.603

   D = +1.310.167

Lösung Aufgabe 16

Formel:

Nutzwert = $g_K \cdot g_{jK} \cdot$ Zielwert je Investitionsalternative

Investitionsalternative	Nutzwert	Rang
1	5,45	2
2	5,925	1
3	4,975	4
4	5,425	3

Lösung Aufgabe 17

Formel:

$$C_0 = \frac{C_5}{(1+i)^5}$$

$$C_0 = \frac{950.000}{(1+0{,}1)^5}$$

$\mathbf{C_0 = 589.875{,}26}$ **€**

Lösung Aufgabe 18

Kosten	Short	Daisy
Anschaffungskosten	10.000	20.000
Versicherung pro Jahr	510	1.000
Reparaturkosten pro Jahr	500	1.000
Ölkosten pro km	0,02	0,01
Gaskosten pro km	0,03	0,025
Liquidationserlös	1.000	4.000

1.

Jährliche Kosten	Short	Daisy
Kalkulatorische Abschreibungen	$\frac{10.000-1.000}{6}=1.500$	$\frac{20.000-4.000}{8}=2.000$
Kalkulatorische Zinsen	$\frac{10.000+1.000}{2}*0{,}07=385$	$\frac{20.000+4.000}{2}*0{,}07=840$
Reparaturkosten pro Jahr	500,–	1.000,–
Ölkosten pro km	$100.000 \cdot 0{,}02 = 2.000$	$100.000 \cdot 0{,}01 = 1.000$
Gaskosten pro km	$100.000 \cdot 0{,}03 = 3.000$	$100.000 \cdot 0{,}025 = 2.500$
Versicherungskosten pro Jahr	510,–	1.000,–
Jährliche Gesamtkosten:	**7.895,–**	**8.340,–**

Short hat niedrigere Gesamtkosten!

2.

Jährliche Kosten	Short – 100.000 km	Daisy – 150.000 km
Kalkulatorische Abschreibungen	$\frac{10.000 - 1.000}{6} = 1.500$	$\frac{20.000 - 4.000}{8} = 2.000$
Kalkulatorische Zinsen	$\frac{10.000 + 1.000}{2} * 0{,}07 = 385$	$\frac{20.000 + 4.000}{2} * 0{,}07 = 840$
Reparaturkosten pro Jahr	500,–	1.000,–
Ölkosten pro km	100.000 · 0,02 = 2.000	150.000 · 0,01 = 1.500
Gaskosten pro km	100.000 · 0,03 = 3.000	150.000 · 0,025 = 3.750
Versicherungskosten pro Jahr	510,–	1.000,–

Mengenabhängige Kosten:	5.000,–	5.250,– (3.500,– bei 100.000 km)
Mengenunabhängige Kosten:	2.895,–	4.840,–
Jährliche Gesamtkosten:	7.895,–	10.090,–
Jährliche Kosten pro km:	0,079	0,067

Daisy hat die niedrigeren Kosten pro km!

3.
a)

Berechnung der kritischen Menge in km:

$K_S = 2.895 + 0{,}05 \cdot x$

$K_D = 4.840 + 0{,}035 \cdot x$

$2.895 + 0{,}05 \cdot x = 4.840 + 0{,}035 \cdot x$

x = 129.667 km

b)

Kosten

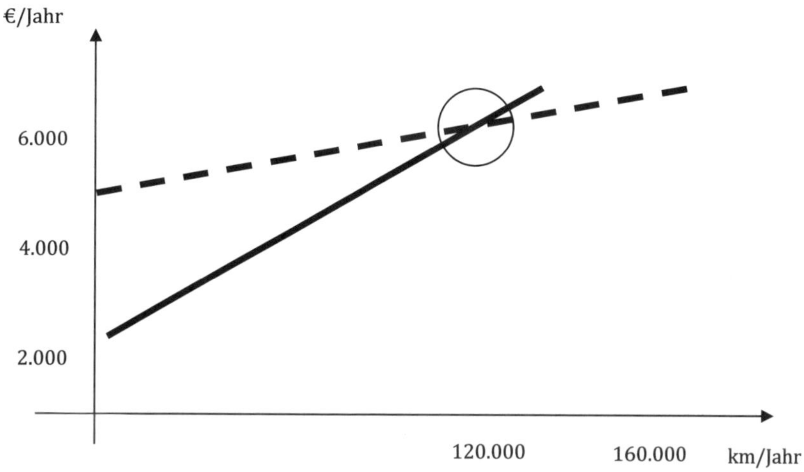

Lösung Aufgabe 19

1. $C(0) = -300.000 + 100.000 \cdot 1{,}1^{-1} + 147.000 \cdot 1{,}1^{-2} + 105.000 \cdot 1{,}1^{-3} + 55.000 \cdot 1{,}1^{-4}$

   C(0) = 28.850,50

2. Ja, $C(0) > 0$

3. Reinvermögenszuwachs der Investition

4. $0 < -A0 + 100.000 \cdot 1{,}1^{-1} + 147.000 \cdot 1{,}1^{-2} + 105.000 \cdot 1{,}1^{-3} + 55.000 \cdot 1{,}1^{-4}$

$A(0) < 60 \cdot 1{,}1^{-1} + 80 \cdot 1{,}1^{-2} + 90 \cdot 1{,}1^{-3}$

A(0) < 328.850,50

Lösung Aufgabe 20

1.

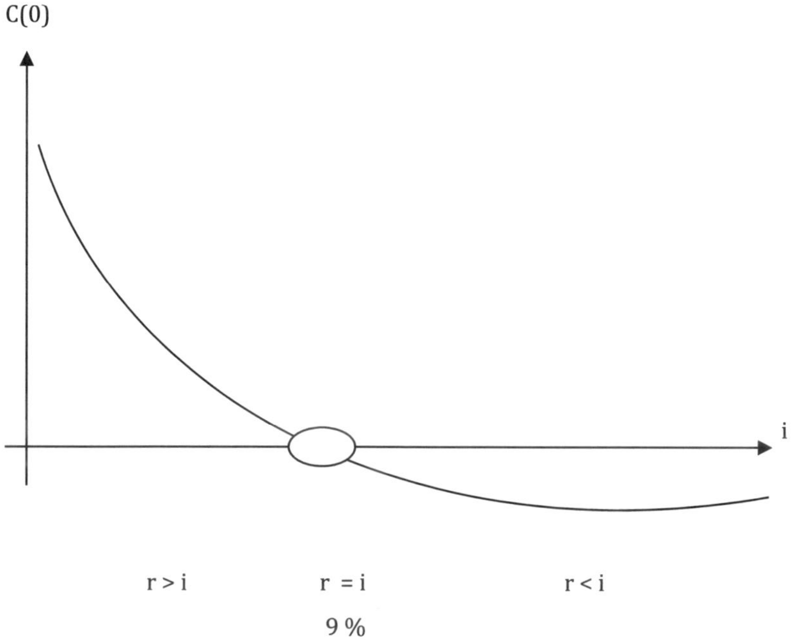

2.

i	C(0)
3 %	150
5 %	100
7 %	50
9 % = r	0
11 %	- 50
13 %	- 100
15 %	- 150

Lösung Aufgabe 21

1. Bei einer Ausbringungsmenge von 10.000 Stk. ist Alternative A unter Kostengesichtspunkten vorzuziehen.

2. Bei einer Ausbringungsmenge von 10.000 Stk. ist Alternative B unter Gewinngesichtspunkten vorzuziehen.

3. Die ermittelte kritische Ausbringungsmenge unter Kostengesichtspunkten liegt bei 26.200 Stück. Ab dieser Menge ist B vorzuziehen.

4. Die ermittelte kritische Ausbringungsmenge unter Gewinngesichtspunkten liegt bei 7.486 Stück. Ab dieser Menge ist B vorzuziehen.

	A	B
Kalkulierte Abschreibung	2.250,00	2.750,00
Kalkulierte Zinsen	880,00	1.120,00
Sonstige Fixkosten	10.500,00	15.000,00
K_{fix}	13.630,00	18.870,00
K_{var} bei 10.000 Stück	22.000,00	20.000,00
K_{ges} bei 10.000 Stück	**35.630,00**	**38.870,00**
Erlös bei 10.000 Stück	45000,00	50.000,00
Gewinn bei 10.000 Stück	**9.370,00**	**11.130,00**
Gewinn vor Zinsen	10.250,00 (9.370 + 880)	12.250,00 (11.130 + 1.120)
Durchschnittlich gebundenes Kapital	$11.000 \cdot \left(\frac{20.000 + 2.000}{2}\right)$	$14.000 \cdot \left(\frac{25.000 + 3.000}{2}\right)$
Rentabilität	**93,18 %**	**87,5 %**

5. Amortisation:

	A	B
Kapitaleinsatz	18.000 (=20.000–2.000)	22.000 (=25.000–3.000)
Rückflüsse	11.620 (=9.370+2.250)	13.880 (=11.130+2.750)
Amortisationszeit (Jahre)	1,55	1,585

6. Der Break-even für A liegt bei 5.926 Stück.

   Der Break-even für B liegt bei 6.290 Stück.

Lösung Aufgabe 22

1. Welches ist das kostengünstigste Kombifahrzeug?

hier: Nutzungsdauer errechnen:

Lebensdauer der Fahrzeuge: durchschnittliche jährliche Leistung (30.000 km)

Informationen	Modell A	Modell B	Modell C
Nutzungsdauer	ND = 4	ND = 4,3333	ND = 5,5
Abgaben (€/Jahr)	350,–	400,–	400,–
Abschreibungen	6.000,–	8.308,–	6.364,–
Zinsen	960,–	1.440,–	1.400,–
Benzin	4.620,–	3.960,–	4.290,–
Reifen	488,–	480,–	475,–
Service	1.500,–	1.300,–	900,–
Kosten	**13.918,–**	**15.888,–**	**13.829,–**

Das Modell C ist am kostengünstigsten!

2. Welche Faktoren werden bei der Berechnung durch das Fuhrparkmanagement nicht in Betracht gezogen?

   - Veränderung der Kosten
   - Reparaturanfälligkeit
   - ökologische Kriterien
   - Image der Fahrzeugmarke
   - unterschiedlicher Anfall der Kosten in zeitlicher Hinsicht
   - ...

3. Welche Nachteile schränken die Verwendung der Kostenvergleichsrechnung als geeignetes Investitionsrechenverfahren ein.

- Die Kostenvergleichsrechnung arbeitet mit Durchschnittswerten. Für die Ermittlung des Durchschnitts aus den voraussichtlichen Kosten während der Nutzungsdauer des Investitionsobjekts benötigt man umfangreiches Datenmaterial. Bei längeren Nutzungsdauern ist die Gefahr von Fehlprognosen hoch. Es werden deshalb oft die erwarteten Kosten des ersten Jahres als Durchschnittskosten verwendet. Bei dieser Methode werden Veränderungen der Kosten im Zeitablauf nicht berücksichtigt.

- Das Konzept der *kalkulatorischen Zinsen* beruht auf groben Annahmen und kann erheblich von den tatsächlichen Zinsen abweichen.

- Erlöse werden nicht berücksichtigt. Aussagen über die Rentabilität des eingesetzten Kapitals sind deshalb nicht möglich. Dem Unternehmen geht es jedoch letztlich nicht um eine Kostenminimierung, sondern um eine Gewinnmaximierung.

- Eine Auswahlentscheidung zwischen zwei Investitionsobjekten führt nur dann zum richtigen Ergebnis, wenn für beide die gleichen Erlöse unterstellt werden.

- Es sind nur Aussagen über die relative Vorteilhaftigkeit zweier Alternativen möglich, nicht jedoch über die absolute Vorteilhaftigkeit einer einzelnen Investition. Möglicherweise entscheidet sich das Unternehmen für eine Investition, die einen Verlust verursacht.

Lösung Aufgabe 23

	Grün	**Rot**	**Blau**
Betriebskosten Öl:	(780 + 2.550) : 8	2 · 500	Die Hälfte von Grün: 896,25 : 2
Betriebskosten Wartung:	12.000 : 2.000 · 80	12.000 : 500 · 200	
Summe Betriebskosten:	896,25	5.800,00	448,13
Summe Kapitalkosten:	1.145,00	780,00	2.060,00
Kalkulatorische Abschreibungen:	812,50	500,00	1.500,00
I_0 =	8.000,00	7.000,00	14.000,00
L_n =	1.500,00	1.000,00	2.000,00
n =	8,00	12,00	8,00
Kalkulatorische Zinsen:	332,50	280,00	560,00
I_0 =	8.000,00	7.000,00	14.000,00
L_n =	1.500,00	1.000,00	2.000,00
i =	7,00 %	7,00 %	7,00 %
Gesamtkosten:	**2.041,25**	**6.580,00**	**2.508,13**
Menge:	12.000	12.000	12.000
Preis pro Stück:	0,19	0,22	0,20
Umsatzerlöse:	2.280	2.640	2.400
Gewinn:	**238,75**	**–3.940,00**	**–108,13**

Lösung Aufgabe 24

Berechnen Sie den internen Zinsfuß für die fünf nachfolgenden Zahlungsreihen:

A1

r = 13,07 %

A2

r = 20,42 %

A3

r = 8,77 %

A4

Anschaffungsauszahlung ist höher als Einzahlungsüberschüsse, *r* existiert nicht

A5

Anschaffungsauszahlung ist höher als Einzahlungsüberschüsse, *r* existiert nicht

Lösung Aufgabe 25

1.

Zahlungsreihe

t_n	E_t	A_t	Et - A_t
-2		100.000	-100.000
-1		500.000	-500.000
0		400.000 + 1 Mio. + 1 Mio.	-2,4 Mio.
1		1,6 Mio. + 1 Mio. + 200.000	-2,8 Mio.
2	4 Mio..	1 Mio. + 2,2 Mio.	+800.000
3	5 Mio.	2,26 Mio.	+2,74 Mio.
4	5,2 Mio.	2,34 Mio.	+2,86 Mio.
5	**5,2 Mio.**	**2,4 Mio.**	**+2,8 Mio.**

2.

Berechnung des Kapitalwertes C(0)

C(0) = **795.303,2**

3.

Erweiterungsinvestition ist dadurch gekennzeichnet, dass durch eine zusätzliche Anlage die technische Kapazität erhöht wird.

Lösung Aufgabe 26

Summe Betriebskosten:	69.000,00
Summe Kapitalkosten:	72.000,00
Kalkulatorische Abschreibungen:	24.000,00
I_0 =	1.200.000,00
L_n =	0,00
n =	50,00
Kalkulatorische Zinsen:	48.000,00
I_0 =	1.200.000,00
L_n =	0,00
i =	8,00 %
Sonstige Fixkosten:	2.000,00
Sonstige variable Kosten:	3.000,00
Gesamtkosten:	**146.000,00**
Umsatzerlöse:	**148.000,00**
Gewinn:	**2.000,00**

G = 2.000, d .h. Kostendeckung ist erreicht!

2.

- Fachbereichsleiter G. Eizig sollte weitere Wirtschaftlichkeitsberechnungen durchführen, z. B. die Rentabilität berechnen (8,33 %), oder die Amortisationszeit (46,15 Jahre)* ermitteln!
- Außerdem gelten die Kritikpunkte an der statischen Verfahrensweise.

* 1.200.000,00/(2.000,00+24.000,00)

Lösung Aufgabe 27

	Wärmeschutz	Wärmeerzeugung
Summe Betriebskosten:	0,00	200.000,00
Summe Kapitalkosten:	102.666,67	106.000,00
Kalkulatorische Abschreibungen:	46.666,67	50.000,00
I_0 =	1.400.000,00	1.200.000,00
L_n =	0,00	200.000,00
n =	30,00	20,00
FK bzw. kalkulatorische Zinsen:	56.000,00	56.000,00
Durchschnittlich gebundenes K:	700.000,00	700.000,00
I_0 =	1.400.000,00	1.200.000,00
L_n =	0,00	200.000,00
i =	8,00 %	8,00 %
Sonstige Fixkosten:	6.000,00	12.000,00
Sonstige variable Kosten:	**8.000,00**	**20.000,00**
Gesamtkosten:	116.666,67	338.000,00
Umsatzerlöse:	100.000,00	300.000,00
Gewinn:	–16.666,67	–38.000,00
FK bzw. kalkulatorische Zinsen:	56.000,00	56.000,00
Korrigierter Gewinn	39.333,33	18.000,00
Durchschnittlich gebundenes Kapital:	700.000,00	700.000,00
Rentabilität in %	5,62 %	2,57 %
Rentabilität in %	**29,67 %**	**28,85 %**

Lösung Aufgabe 28

Zahlungsreihe:

$t = 0$	$t = 1$	$t = 2$	$t = 3$	$t = 4$	$t = 5$
-63	11	13	12	13	15

Kapitalwertberechnung:

$C(0) = -63 + 11 \cdot (1{,}08)^{-1} + 13 \cdot (1{,}08)^{-2} + 12 \cdot (1{,}08)^{-3} + 13 \cdot (1{,}08)^{-4} + 15 \cdot (1{,}08)^{-5}$

C(0) = –12,38 Mio €

C(0) < 0, d. h. wirtschaftlich unvorteilhaft

Lösung Aufgabe 29

Kreuzen Sie alle falschen Aussagen an:

- ☐ Investition lässt sich als „Bindung des betrieblichen Kapitals in betriebliche Vermögensgegenstände" definieren.
- ☑ Der korrigierte Gewinn bei der Rentabilitätsrechnung ergibt sich durch die Addition aller Aufwendungen und den Zinsen.
- ☐ Bei Erweiterungsinvestitionen wird die technische Kapazität durch eine zusätzliche Anlage erhöht.
- ☐ Kalkulatorische Zinsen sind auf das Kapital zu beziehen, das durchschnittlich während der Nutzungsdauer in der Investition gebunden ist.
- ☐ Da die Gewinnvergleichsrechnung den Gewinn nicht in Relation zur Höhe des eingesetzten Kapitals setzt, ist keine Aussage über die Verzinsung des Kapitals möglich.
- ☐ Nutzen-Kosten-Methoden berücksichtigen auch nicht-monetäre Entscheidungskriterien.
- ☐ Die Amortisationsdauer einer Investition ist die kritische Nutzungsdauer eines Investitionsobjektes, die mindestens erreicht werden muss, damit ein Überschuss erzielt werden kann.
- ☐ Investitionsrechenverfahren wollen grundsätzlich Aussagen über die Vorteilhaftigkeit von Investitionsentscheidungen treffen.
- ☑ Zieht man von der Anschaffungsauszahlung den Zukunftserfolgswert ab, erhält man den Kapitalwert.
- ☐ Der Annuitätenfaktor ist der Kehrwert des Rentenbarwertfaktors.

Lösung Aufgabe 30

	ohne L_n		mit L_n	
	K	N	K	N
Summe Betriebskosten:	22.000,00	39.500,00	22.000,00	39.500,00
Summe Kapitalkosten:	94.500,00	61.533,33	93.850,00	52.283,33
Kalkulatorische Abschreibungen:	70.000,00	43.333,00	69.000,00	41.666,67
I_0 =	700.000,00	520.000,00	700.000,00	520.000,00
L_n =	0,00	0,00	10.000,00	20.000,00
n =	10,00	12,00	10,00	10,00
FK bzw. kalkulatorische Zinsen:	24.500,00	18.200,00	24.850,00	18.900,00
Durchschnittlich gebundenes K:	350.000,00	260.000,00	355.000,00	270.000,00
I_0 =	700.000,00	520.000,00	700.000,00	520.000,00
L_n =	0,00	0,00	10.000,00	20.000,00
i =	7,00 %	7,00 %	7,00 %	7,00 %
Gesamtkosten:	**116.500,00**	**101.033,33**	**115.850,00**	**100.066,67**
Umsatzerlöse:	90.000,00	80.000,00	90.000,00	80.000,00
Gewinn:	–26.500,00	–21.033,33	–25.850,00	–20.066,67
FK bzw. kalkulatorische Zinsen:	24.500,00	18.200,00	24.850,00	18.900,00
Korrigierter Gewinn	–2.000,00	–2.833,33	–1.000,00	–1.166,67
Durchschnittlich gebundenes K:	350.000,00	260.000,00	355.000,00	270.000,00
Rentabilität in %	**–0,57 %**	**–1,09 %**	**–0,28 %**	**–0,43 %**

Lösung Aufgabe 31

Investitionsalternative I

Umsatzerlöse	20	22	21	20	22	21,0
Kosten	16	20	22	26	18	20,4
Jahr	1	2	3	4	5	ø

Gewinnvergleichsrechnung: $G_{II} = E - K$

$G_{II} = 21{,}0 - 20{,}4$

$\mathbf{G_{II} = 0{,}6 > 0}$

=> absolut vorteilhaft

Investitionsalternative II

Umsatzerlöse	60	65	58	60	55	59,6
Kosten	70	62	55	48	55	58,0
Jahr	1	2	3	4	5	ø

Gewinnvergleichsrechnung: $G_{I} = E - K$

$G_{I} = 59{,}6 - 58{,}0$

$\mathbf{G_{I} = 1{,}6 > 0}$

=> absolut vorteilhaft

Gesamtergebnis:

$G_I = 1{,}6 > G_{II} = 0{,}6$

G_I ist auszuwählen (relative Beurteilung)

Lösung Aufgabe 32

1.

	„ice“	„nice“
Summe Kapitalkosten:	29.166,67	30.000,00
Kalkulatorische Abschreibungen:	16.666,67	15.000,00
I_0 =	250.000,00	300.000,00
L_n =	0,00	0,00
n =	15,00	20,00
Kalkulatorische Zinsen:	12.500,00	15.000,00
I_0 =	250.000,00	300.000,00
L_n =	0,00	0,00
i =	10,00 %	10,00 %
Fixkosten:	24.000,00	21.000,00
Variable Kosten:	6.000,00	7.500,00
Gesamtkosten:	**59.166,67**	**58.500,00**

2.

$$51.000 + 1{,}5 \cdot 0{,}25 \cdot x = 53.166{,}67 + 1{,}5 \cdot 0{,}20 \cdot x$$

$$51.000 + 1{,}5 \cdot 0{,}25 \cdot x = 53.166{,}67 + 1{,}5 \cdot 0{,}20 \cdot x$$

$$51.000 + 0{,}375 \cdot x = 53.166{,}67 + 0{,}3 \cdot x \qquad | -51.000$$

$$0{,}375 \cdot x = 2.166{,}67 + 0{,}3 \cdot x \qquad | - 0{,}3 \cdot x$$

$$0{,}075 \cdot x = 2.166{,}67 \qquad | : 0{,}075$$

$$\mathbf{x = 28.888{,}92}$$

3.

$$16.667{,}67 + 125.000 \cdot i + 30.000 = 15.000 + 150.000 \cdot i + 28.500$$

$$125.000 \cdot i + 46.666{,}67 = 150.000 \cdot i + 43.500$$

$$3.166{,}67 = 25.000 \cdot \mathrm{i}$$

$$\mathbf{12{,}66668 = i}$$

4.

$$51.000 + 20.000 \cdot 0{,}25 \cdot x = 53.166{,}67 + 20.000 \cdot 0{,}20 \cdot x$$

$$51.000 + 5.000 \cdot x = 53.166{,}67 + 4.000 \cdot x \quad | -51.000$$

$$5.000 \cdot x = 2.166{,}67 + 4.000 \cdot x \quad | - 4.000 \cdot x$$

$$1.000 \cdot x = 2.166{,}67 \quad | : 1.000$$

$$\mathbf{x = 2{,}17}$$

Lösung Aufgabe 33

Kapitalwertberechnung:

$C(0) = -8.000 + 2.000 \cdot (1{,}1)^{-1} + 2.000 \cdot (1{,}1)^{-2} + 3.000 \cdot (1{,}1)^{-3} + 2.000 \cdot (1{,}1)^{-4} + 2.000 \cdot (1{,}1)^{-5}$

$C(0) = 332{,}89$

C(0) = 332,89 > 0, d. h. die Investition ist absolut vorteilhaft

Lösung Aufgabe 34

a)

$$K_A = 1/10(500.000 - 50.000) + 1/2(500.000 + 50.000)0{,}06 + 20.000 + 0{,}8 \cdot 50.000 = 121.500$$

$$K_B = 1/10(600.000 - 60.000) + 1/2(600.000 + 60.000)0{,}06 + 20.000 + 0{,}7 \cdot 50.000 = 128.800$$

A erscheint gegenüber B vorziehenswürdig.

b)

$$K_A(x) = K_B(x) \leftrightarrow 81.500 + 0{,}8x = 93.800 + 0{,}7x \leftrightarrow \hat{x} = 123.000$$

c)

$$G_A = 160.000 - 121.500 = 38.500$$

$$G_B = 180.000 - 128.800 = 51.200; \quad B \succ A$$

d)

$$\hat{x}_A = \frac{81.500}{3{,}20 - 0{,}80} = 33.958{,}33; \quad \hat{x}_B = \frac{93.800}{3{,}60 - 0{,}70} = 32.344{,}83$$

e)

$$SK_A = \frac{50.000 - 33.958{,}33}{50.000} = 0{,}3208 = 32{,}08\ \%; \quad SK_B = \frac{50.000 - 32.344{,}83}{50.000} = 0{,}3531 = 35{,}31\ \%$$

Der Sicherheitskoeffizient gibt an, um wieviel Prozent die Planmenge bis zum Erreichen der Break-even-Menge sinken darf.

f)

$$r_{IA} = \frac{38.500 + 16.500}{275.000} = 0{,}2000; \quad r_{IB} = \frac{51.200 + 19.800}{330.000} = 0{,}2152$$

$$r_{IA+E} = \frac{38.500 + 16.500 + 55.000 \cdot 0{,}06}{275.000 + 55.000} = 0{,}1767; \quad B \succ A$$

g)

$$I_A : \{-500.000_{(0)}, 100.000_{(1)}, ..., 100.000_{(9)}, (100.000 + 50.000)_{10}\}$$

$$I_A : \{-500.000_{(0)}, 100.000_{(1)}, ..., 100.000_{(9)}, (100.000 + 50.000)_{10}\}$$

h)

$$V_{0A} = -500.000 + 100.000 \frac{1 - 1{,}06^{-10}}{0{,}06} + 50.000(1{,}06)^{-10} = 263.928{,}44$$

$$V_{0B} = -600.000 + 125.000 \frac{1 - 1{,}06^{-10}}{0{,}06} + 60.000(1{,}06)^{-10} = 353.514{,}57$$

i)

Es handelt sich um den Kapitalwert der Investition.

j)

$$\bar{c}_A(10) = 263.928{,}44 \frac{0{,}06}{1 - 1{,}06^{-10}} = 35.859{,}42$$

$$\bar{c}_B(10) = 353.514{,}57 \frac{0{,}06}{1 - 1{,}06^{-10}} = 48.031{,}30$$

B erscheint gegenüber A vorziehenswürdig.

k)

$$C_0(r_A) = -500.000 + 100.000 \frac{1 - (1 + r_A)^{-10}}{r_A} + 50.000(1 + r_A)^{-10} = 0$$

$$C_0(r_B) = -600.000 + 125.000 \frac{1 - (1 + r_B)^{-10}}{r_B} + 50.000(1 + r_B)^{-10} = 0$$

l)

Implizite Reinvestitionsprämisse

m)

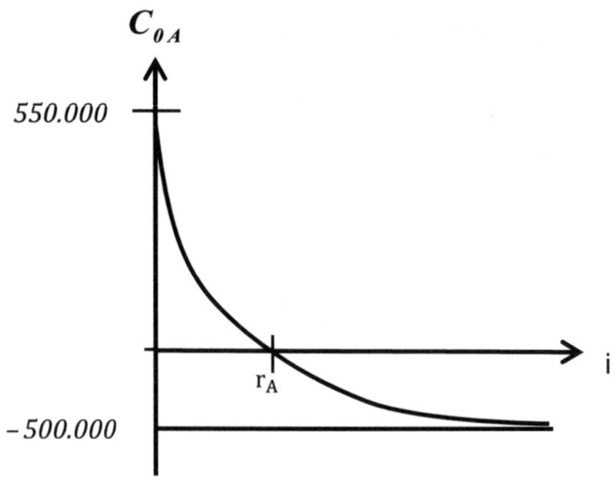

Lösung Aufgabe 35

I. Gruppe

$C(0) = -2 + 1{,}7 \cdot (1{,}05)^{-1} + 1{,}7 \cdot (1{,}05)^{-2} + 1{,}7 \cdot (1{,}05)^{-3}$
$+ 1{,}7 \cdot (1{,}05)^{-4} + 1{,}7 \cdot (1{,}05)^{-5} - 2{,}3 \cdot (1{,}05)^{-6}$

C(0) = 3,644 MIO < 6, D. H. REIN RECHNERISCH VERKAUFEN

Aber: sehr begrenzte Perspektive aufgrund der kurzen Laufzeit von sechs Jahren

II. Gruppe

$C(0) = 6{,}9 \cdot (1{,}05)^{-1} + 6{,}9 \cdot (1{,}05)^{-2} + 5{,}9 \cdot (1{,}05)^{-3}$
$+ 6{,}9 \cdot (1{,}05)^{-4} + 6{,}9 \cdot (1{,}05)^{-5} + 6{,}9 \cdot (1{,}05)^{-6}$

C(0) = 34,158 Mio > 30, d. h. rein rechnerisch nicht verkaufen

Aber: sehr begrenzte Perspektive aufgrund der kurzen Laufzeit von sechs Jahren

III. Gruppe

$C(0) = -2 + 1 \cdot (1{,}05)^{-1} - 7 \cdot (1{,}05)^{-2} + 1 \cdot (1{,}05)^{-3}$
$- 7 \cdot (1{,}05)^{-4} + 1 \cdot (1{,}05)^{-5} + 1 \cdot (1{,}05)^{-6}$

C(0) = –10,762 Mio < 0 < 1,5 d. h. definitiv verkaufen

Lösung Aufgabe 36

1. Geeignetes Investitionsrechenverfahren: **Kostenvergleichsrechnung**

	NOSW	**R.S**	**P&P**
Summe Betriebskosten:	45.200	18.300	15.200
Summe Kapitalkosten:	381.333,30	16.000	108.000
Kalkulatorische Abschreibungen:	29.3333,30	8.000	80.000
I_0 =	4.400.000	200.000	800.000
L_n =	0	0	0
n =	15	25	10
Kalkulatorische Zinsen:	88.000	8.000	28.000
I_0 =	4.400.000	200.000	800.000
L_n =	0	0	0
i =	0,04	0,08	0,07
Sonstige Fixkosten:	48.000	4.000	6.000
Sonstige variable Kosten:	520	48	144
Gesamtkosten:	**475.053,30**	**38.348**	**129.344**

Unter **ökonomischen** Gesichtspunkten ist **R.S.** am vorteilhaftesten, da er die geringsten durchschnittlichen Gesamtkosten aufweist. Die höchsten Gesamtkosten muss P&P tragen.

Da die Stadt vier Kindergärten betreibt müssen die Gesamtkosten von 475.053,03 zur besseren Vergleichbarkeit noch durch vier geteilt werden:

$$\frac{475.053{,}30}{4} = 118.763{,}33.$$

2.

Es verändern sich nur die sonstigen variablen Kosten, da die anderen Großen unabhängig von der Anzahl der Kinder sind. Durch die Verdopplung der Anzahl, verdoppelt sich auch der Wert der variablen Kosten und muss nur noch zu den Gesamtkosten aus 1. addiert werden. Das Ergebnis bleibt in der Reihenfolge unverändert.

	NOSW	R.S	P&P
Sonstige variable Kosten:	1.040	96	288
Gesamtkosten:	**475.573,30**	**38.396**	**129.488**

Lösung Aufgabe 37

Berechnung der Kapitalwerte:

1. Alternative:

C(0) =–5 Mio. – 2,5 Mio. $(1,1)^{-1}$ – 2,5 Mio. $(1,1)^{-2}$ – 2,5 Mio. $(1,1)^{-3}$ – 2,5 Mio. $(1,1)^{-4}$

C(0) = –13. 861.000 bis –9.103.356,2 (je nach Rundung)

2. Alternative:

C(0) =–2 Mio.–1 Mio. $(1,1)^{-1}$ –1 Mio. $(1,1)^{-2}$ –1 Mio. $(1,1)^{-3}$ –1 Mio. $(1,1)^{-4}$ ... – 1 Mio. $(1,1)^{-13}$

C(0) = –7.103.356,2 bis –6,331 (je nach Rundung) + –2 Mio.

C(0) = –9.103.356,2

RBF = +7.103.356,2 · –1 Mio.

= –7.103.356,2 + –2 Mio

= –9.103.356,2

3. Alternative:

C(0) = – 15 Mio

4. Alternative:

C(0) = – 6 Mio. $(1,1)^{-1}$ – 5 Mio. $(1,1)^{-2}$ – 2 Mio. $(1,1)^{-3}$ – 2 Mio. $(1,1)^{-5}$

C(0) = –13. 541.000 bis –9.103.356,2 (je nach Rundung)

Die Alternative 2 hat den höchsten Kapitalwert und ist auszuwählen!

Lösung Aufgabe 38

Berechnen Sie den Rückkaufpreis, damit der Rat der Stadt Eisental zustimmt!

C(0) = – 1.999.289,99

C(0) = 0 !

Der Rückkauf fällt in der letzten Periode, hier also in $t = 5$ an und wird dann auf $t = 0$ abgezinst. Unter der Bedingung der Kostendeckung darf der Rückkaufpreis maximal bei 1.999.289,99 liegen, allerdings als Barwert. Daraus folgt, dass er zunächst aufgezinst werden muss.

$L_n = 1.999.289{,}99 \cdot (1+i)^n$

$L_n = 1.999.289{,}99 \cdot (1+0{,}0536)^5$

$L_n = 1.999.289{,}99 \cdot 1{,}29831122$

$\mathbf{L_n = 2.595.700{,}62}$

Lösung Aufgabe 39

	I 1	I 2
Summe Betriebskosten:	0	0
Summe Kapitalkosten:	42.490	37.938
Kalkulatorische Abschreibungen:	28.000	25.000
I_0 =	252.000	225.000
L_n =	0	0
n =	9	9
Kalkulatorische Zinsen:	14.490	12.938
I_0 =	252.000	225.000
L_n =	0	0
i =	0,115	0,115
Sonstige Fixkosten:	3.260	3.360
Sonstige variable Kosten:	52.200	60.900
Gesamtkosten:	**97.950**	**102.198**

I 1 hat die niedrigeren Gesamtkosten und ist zu bevorzugen.

2.

$$I\,1 = \frac{52.200}{23.000}\alpha + 42.490 + 3260 = \mathbf{2{,}27\,\alpha + 45.750}$$

$$I\,2 = \frac{60.900}{23.000}\alpha + 37.938 + 3360 = \mathbf{2{,}65\,\alpha + 41.298}$$

I 1 und I2 gleichsetzten und a als kritische Menge berechnen.

$$I1 = I2$$

$$2{,}27\,\alpha + 45.750 = 2{,}65\,\alpha + 41.298$$

$$\alpha = \mathbf{11.715{,}79}$$

Bis 11.715 Stück ist I2 vorteilhaft ab 11.716 I1.

3.

Gewinn I1 : 23.000 x 5 – 97.950 = 17.050

Gewinn I2 : 23.000 x 5 – 102.198 = 12.802

Amortisationsdauer I1 : 252.000 : (17.050 + 28.000) = **5,59 Jahre**

Amortisationsdauer I2 : 225.000 : (12.802 + 25.000) = **5,95 Jahre**

I1 hat eine kürzere Amortisationsdauer und ist zu bevorzugen.

Gleiches Ergebnis wie unter 1.

Lösung Aufgabe 40

Irrtum, da sich die Rentabilität aus einem korrigierten Gewinn bezogen auf das gebundene Kapital ergibt. Das gebundene Kapital ist eine zinsunabhängige Größe. Der Gewinn wird durch die zu leistenden Fremdkapital- bzw. kalkulatorischen Zinsen beeinflusst. Da die Korrektur aber mit genau dieser Größe passiert, ergibt sich am Ende eine exakte Aufhebung der Zinsen.

Korrigierter Gewinn = Fremdkapitalzinsen bzw. kalkulatorische Zinsen + Gewinn

Die Formel lässt sehr schnell erkennen, dass wenn die FK-Zinsen steigen, sinkt der Gewinn um genau diese Höhe, da FK-Zinsen als Aufwand den Gewinn mindern.

Lösung Aufgabe 41

1. Ist die Anwendung eines N-M-I hier sinnvoll? Begründen Sie Ihre These!

Ja, weil ...

- die monetären Verfahren primär den betrieblichen Bereich berücksichtigen
- N-K-Methoden darüber hinaus den allgemeinen Bereich einbeziehen
- N-K-Methoden umfassender sind als andere Wirtschaftlichkeitsrechnungen
- Sie außerbetriebliche, gesellschaftliche Aspekte erfassen
- ihre Zielsetzung lautet: Maximierung des gesamtgesellschaftlichen Nutzens
- sie daher eine günstige Methode bei öffentlichen Investitionen darstellen
- sich bei öffentlichen Investitionen zahlreiche Außenwirkungen nicht mit Hilfe von Marktpreisen beurteilen lassen
- N-K-Methoden auch nicht-monetäre Entscheidungskriterien zulassen

2. Stellen Sie kurz ein Nicht-Monetäres Investitionsrechenverfahren in Grundzügen dar.

Die Nutzwertanalyse ...

- ist eine Entscheidungshilfe für komplexe Investitionen
- ist eine Wirtschaftlichkeitsrechnung unter Berücksichtigung nicht-monetärer Aspekte
- ist leicht manipulierbar
- legt Entscheidungsprozesse offen

3. Nennen Sie stichwortartig die schrittweise Vorgehensweise des Verfahrens!

- Festlegung von Entscheidungskriterien
- Gewichtung der Kriterien
- Offenlegung der zu erreichenden Zielerfüllungsgrade
- Bewertung der Kriterien mit Hilfe der Zielerfüllungsgrade
- Ermittlung der Teilnutzenwerte
- Ermittlung des Gesamtnutzens je Alternative

Lösung Aufgabe 42

1.

w	0,3	0,4	0,3
C_0	-10.287,01	12.403,92	19.569,48

$\mu_I = 0{,}3 \cdot (-10.287{,}01) + 0{,}4 \cdot 12.403{,}92 + 0{,}3 \cdot 19.569{,}48 = 7.746{,}31$

$\mu_{II} = 0{,}2 \cdot (-4.000) + 0{,}4 \cdot 6.000 + 0{,}4 \cdot 12.000 = 6.400$

$\mu_I > \mu_{II} \rightarrow I \succ II$

2. Eine reine Erwartungswertmaximierung berücksichtigt nicht das Risiko der Alternativen

3. $\sigma_I = \{0{,}3 \cdot (-10.287{,}01)^2 + 0{,}4 \cdot 12.403{,}92^2 + 0{,}3 \cdot 52{,}35^2 - 7.746{,}31^2\}^{\frac{1}{2}} = 12.172{,}66$

$\sigma_{II} = \{0{,}2 \cdot (-4.000)^2 + 0{,}4 \cdot 6.000^2 + 0{,}4 \cdot 12.000^2 - 6.400^2\}^{\frac{1}{2}} = 5.851{,}50$

4. d_1) Es liegt Risikoaversion vor, da die Nutzenfunktion streng konkav gekrümmt ist. Dieses kann mit der Negativität der zweiten Ableitung gezeigt werden.

$U'=0{,}5\ (11.000 + C_0{}^{-0{,}5} > 0$ und $U'' = -0{,}25\ (11.000 + C_0\ )^{-1{,}5} < 0$

d_2)

Die Nutzenmatrix lautet:

w	0,3	0,4	0,3
$U(C_{0I})$	26,70	152,98	174,84
$U(C_{0II})$	83,67	130,38	151,66

$\mu[U(\tilde{C}_{0I})] = 0{,}3 \cdot 26{,}70 + 0{,}4 \cdot 150{,}98 + 0{,}3 \cdot 174{,}84 = 121{,}65$

$\mu[U(\tilde{C}_{0II})] = 0{,}3 \cdot 83{,}67 + 0{,}4 \cdot 130{,}98 + 0{,}3 \cdot 151{,}66 = 122{,}75$

Alternative I_{II} weist den größeren Erwartungsnutzen auf und ist daher vorzuziehen.

Lösung Aufgabe 43

1. c = (p – k_v)x-WK=2,5·12.000-7.500=22.500

I_1:

-125	**25**	**...**	**...**	**25**
t_0	t_1	...	...	t_{10}

I_2:

-100	**22**	**...**	**...**	**22**
t_0	t_1	...	...	t10

2. $C_{01} = -125 + 25 \cdot \frac{1-1{,}07^{-10}}{0{,}07} = 50{,}59$

$$C_{02} = -100 + 22 \cdot \frac{1 - 1{,}07^{-10}}{0{,}07} = 54{,}52$$

3

a)

	$w_1 = 0{,}25$	**$w_2 = 0{,}45$**	**$w_3 = 0{,}3$**
I_1	$C_{011} = 15{,}47$	$C_{012} = 50{,}59$	$C_{013} = 85{,}71$
I_2	$C_{021} = 5{,}35$	$C_{022} = 54{,}52$	$C_{023} = 131{,}78$

b) $\mu_1 = 0{,}25 \cdot 15{,}47 + 0{,}45 \cdot 50{,}59 + 0{,}3 \cdot 85{,}71 = 52{,}35$

$$\mu_2 = 0{,}25 \cdot 5{,}35 + 0{,}45 \cdot 54{,}52 + 0{,}3 \cdot 131{,}78 = 65{,}41$$

c) $\sigma_1 = \{0{,}25 \cdot 15{,}47^2 + 0{,}45 \cdot 50{,}59^2 + 0{,}3 \cdot 85{,}71^2 - 52{,}35^2\}^{\frac{1}{2}} = 25{,}98$

$$\sigma_2 = \{0{,}25 \cdot 5{,}35^2 + 0{,}45 \cdot 54{,}52^2 + 0{,}3 \cdot 131{,}78^2 - 65{,}41^2\}^{\frac{1}{2}} = 47{,}71$$

d)

	$w_1 = 0{,}25$	$w_2 = 0{,}45$	$w_3 = 0{,}3$
I_1	$C_{011} = 3{,}93$	$C_{012} = 7{,}11$	$C_{013} = 9{,}26$
I_2	$C_{021} = 2{,}31$	$C_{022} = 7{,}38$	$C_{023} = 11{,}48$

$$\mu[U(\tilde{C}_{01})] = 0{,}25 \cdot 3{,}93 + 0{,}45 \cdot 7{,}11 + 0{,}3 \cdot 9{,}26 = 6{,}96$$

$$\mu[U(\tilde{C}_{02})] = 0{,}25 \cdot 2{,}31 + 0{,}45 \cdot 7{,}38 + 0{,}3 \cdot 11{,}48 = 7{,}34$$

Bernoulli-Prinzip: $\mu[U(\tilde{C}_{02})] > \mu[U(\tilde{C}_{01})] \rightarrow I_2 \succ I_1$

Sicherheitsäquivalent:

1. Schritt: Inverse der Nutzungsfunktion $C_0 = U^2$
2. Schritt: Einsetzen des Nutzenerwartungswertes

I_1: $C_{01}^S = 6{,}96^2 = 48{,}44 \sim$

I_2: $C_{02}^S = 7{,}34^2 = 53{,}88 \sim$

	$w_1 = 0{,}25$	$w_2 = 0{,}45$	$w_3 = 0{,}3$
C_{01i}	15,47	50,59	85,71
C_{02i}	5,35	54,52	131,78

Risikoprämie:

I_1: $\pi_1 = \mu_1 - C_{01}^S = 52{,}35 - 48{,}44 = 3{,}91$

I_2: $\pi_2 = \mu_2 - C_{02}^S = 65{,}41 - 53{,}88 = 11{,}53$

Lösung Aufgabe 44

1. Vor Realisierung

$p(x) = 6 - 0{,}0005x$
$E(x) = p(x)x = 6x - 0{,}0005x^2$
$E'(x) = 6 - 0{,}001x$
$E'(x) = K'(x) \Rightarrow 6 - 0{,}001x = 0{,}1 \Rightarrow x_1^C = 5.900$ und $p_1^C = 3{,}05$
$G(x_1^C) = 17.405$

Nach Realisierung

$p(x) = 8 - 0{,}0005x$
$E(x) = p(x)x = 8x - 0{,}0005x^2$
$E'(x) = 8 - 0{,}001x$
$E'(x) = K'(x) \Rightarrow 8 - 0{,}001x = 0{,}1 \Rightarrow x_2^C = 7.900$ und $p_2^C = 4{,}05$
$G(x_2^C) = 31.205$

Überschuss = $G(x_2^C)$-$G(x_1^C)$-Wartungskosten = 31.205 – 17.405 – 800 = 13.000

I_j:

-70.000	**13.000**	**...**	**...**	**13.000**
t_0	t_1	...	...	t_8

2. $$C_{0j} = -70.000 + 13.000 \cdot \frac{1-1{,}07^{-8}}{0{,}07} = 7.626{,}88$$

3. $$C_{0i} = -100.000 + 20.000 \cdot \frac{1-1{,}07^{-8}}{0{,}07} = 19.425{,}97$$

$$\bar{c}_j(8) = 7.626{,}88 \frac{0{,}07}{1 - 1{,}07^{-8}} = 1.277{,}26$$

$$\bar{c}_i(8) = 19.425{,}97 \frac{0{,}07}{1 - 1{,}07^{-8}} = 3.253{,}22 \; I_i \succ I_j$$

4. $$C_{0i} = -100.000 + \hat{c} \cdot \frac{1-1{,}07^{-8}}{0{,}07} = 0 \Rightarrow \hat{c} = 16.746{,}78$$

5. $$\hat{r}_i = \sqrt[8]{\frac{20.000\frac{1{,}07^8-1}{0{,}07}}{100.000}} - 1 = 0{,}0940$$

$$\hat{r}_j = \sqrt[8]{\frac{13.000\frac{1{,}07^8-1}{0{,}07} + 30.000(1{,}07)^8}{70.000 + 30.000}} - 1 = 0{,}0799$$

6. Die Demontagekosten sind als Teil des Investitionsvolumens zu interpretieren. Sie sind um acht Jahre abzuzinsen und zur Initialauszahlung zu addieren.

$$\hat{r}_j = \sqrt[8]{\frac{13.000\,\frac{1{,}07^8 - 1}{0{,}07}}{70.000 + 10.000(1{,}07)^{-8}}} - 1 = 0{,}0732$$

Lösung Aufgabe 45

1. Überschuss: $c = (p - k_v)x - WK = 2{,}5 \cdot 12.000 - 7.500 = 22.500$

I_j:

-80.000	22.500	...	...	22.500
t_0	t_1	...	...	t_6

$$C_{0j} = -80.000 + 22.500 \cdot \frac{1-1{,}07^{-6}}{0{,}07} = 27.247{,}14 > 0 \rightarrow I_j \succ I_U$$

2. Preiskorrektur:

$$C_{0j} = -80.000 + [(4{,}5 - 2{,}5) \cdot 12.000 - 7.500] \cdot \frac{1 - 1{,}07^{-6}}{0{,}07} = -1.352{,}10 < 0$$
$$\rightarrow I_j \prec I_U$$

Kostenkorrektur:

$$C_{0j} = -80.000 + [(5 - 2{,}75) \cdot 12.000 - 7.500] \cdot \frac{1 - 1{,}07^{-6}}{0{,}07} = 12.947{,}52 > 0 \rightarrow I_j \succ I_U$$

3.

a) $C_{0j} = -80.000 + [(5 - 2{,}5) \cdot \hat{x} - 7.500] \cdot \frac{1-1{,}07^{-6}}{0{,}07} = 0 \leftrightarrow \hat{x} = 9.713{,}47$

b) $C_{0j} = -80.000 + [(\hat{p} - 2{,}5) \cdot 12.000 - 7.500] \cdot \frac{1-1{,}07^{-6}}{0{,}07} = 0 \leftrightarrow \hat{p} = 4{,}5236$

c) $C_{0j} = -80.000 + [\hat{d} \cdot 12.000 - 7.500] \cdot \frac{1-1{,}07^{-6}}{0{,}07} = 0 \leftrightarrow \hat{d} = 2{,}0236$

4.

a) $C_{0j}(x = 11.400) = 20.097{,}33$, $\varepsilon_{C_{0jx}} = \frac{\Delta C_{0j}}{C_{0j}} : \frac{\Delta x}{x} = \frac{-7.149{,}81}{27.247{,}14} : \frac{-600}{12.000} = 5{,}2481$

b) $C_{0j}(p = 5{,}25) = 41.546{,}76$, $\varepsilon_{C_{0jp}} = \frac{\Delta C_{0j}}{C_{0j}} : \frac{\Delta p}{p} = \frac{14.299{,}62}{27.247{,}14} : \frac{0{,}25}{5} = 10{,}4962$

c) $C_{0j}(i = 0{,}1) = 17.993{,}37$, $\varepsilon_{C_{0ji}} = \frac{\Delta C_{0j}}{C_{0j}} : \frac{\Delta i}{i} = \frac{-9.253{,}77}{27.247{,}14} : \frac{0{,}03}{0{,}07} = -0{,}7925$

5.

a)

w	0,4	0,5	0,1
C_{oj}	3.414,44	27.247,14	62.996,19

b) $\mu(\tilde{C}_{0j}) = \mu_j = 0{,}4 \cdot 3.414{,}44 + 0{,}5 \cdot 27.247{,}14 + 0{,}1 \cdot 62.996{,}19 = 21.288{,}97$

c) $\sigma(\tilde{C}_{0j}) = \sigma_j = \{0{,}4 \cdot 3.414{,}44^2 + 0{,}5 \cdot 27.247{,}14^2 + 0{,}1 \cdot 62.996{,}19^2 - 21.288{,}97^2\}^{\frac{1}{2}} = 17.874{,}52$

Lösung Aufgabe 46

1.

a_1:

w	0,7	0,3
HHÜ	40	-50

a_2:

w	0,9	0,1
HHÜ	10	0

$\mu(a_1) = 0{,}7 \cdot 40 + 0{,}3 \cdot (-50) = 13$

$\mu(a_2) = 0{,}9 \cdot 10 + 0{,}1 \cdot 0 = 9$

2.

$\sigma(a_1) = \{0{,}7 \cdot 40^2 + 0{,}3 \cdot (-50)^2 - 13^2\}^{\frac{1}{2}} = 41{,}24$

$\sigma(a_2) = \{0{,}9 \cdot 10^2 + 0{,}1 \cdot 0^2 - 9^2\}^{\frac{1}{2}} = 3$

3.

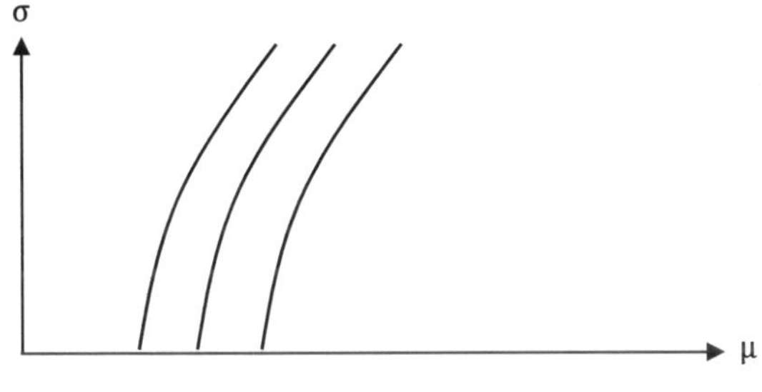

Risikoaversion

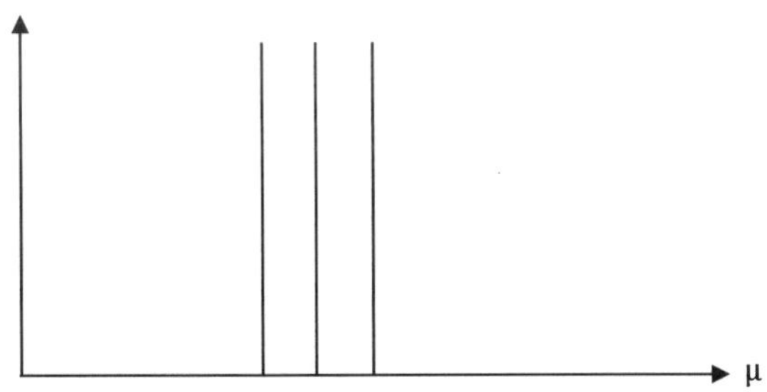

Risikoneutralität

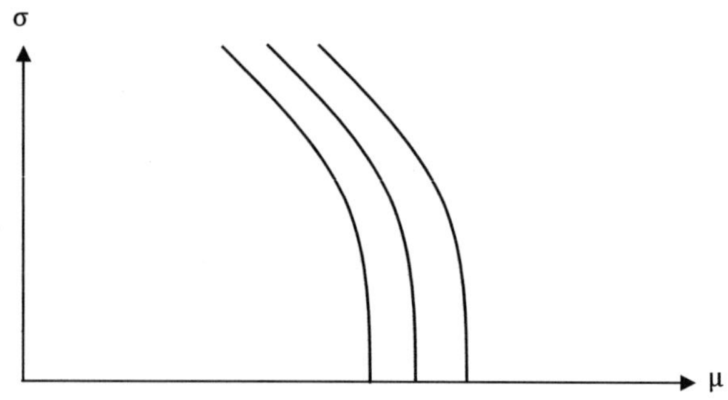

Risikosympathie

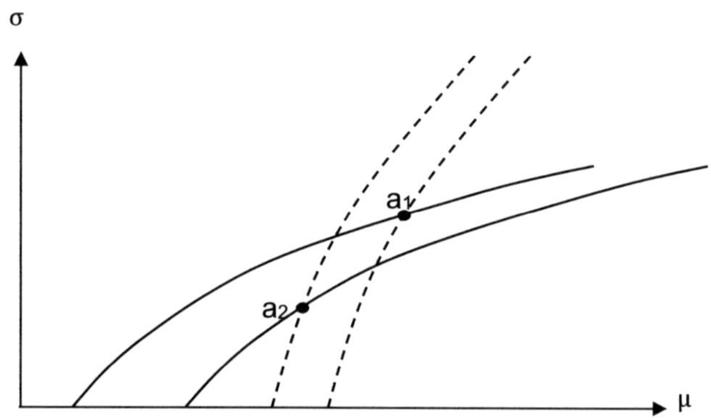

- - - - - - - - - schwache Risikoaversion: $a_1 \succ a_2$

——— starke Risikoaversion: $a_2 \succ a_1$

Lösung Aufgabe 47

1.

	b_1 (0,3)	b_2 (0,4)	b_3 (0,3)
C_{0A}	100	400	700
C_{0B}	-600	800	1.200

2. $\mu_A = 0{,}3 \cdot 100 + 0{,}4 \cdot 400 + 0{,}3 \cdot 700 = 400$

$\mu_B = 0{,}3 \cdot (-600) + 0{,}4 \cdot 800 + 0{,}3 \cdot 1.200 = 500$

3. $\sigma_A = \{0{,}3 \cdot 100^2 + 0{,}4 \cdot 400^2 + 0{,}3 \cdot 700^2 - 400^2\}^{\frac{1}{2}} = 232{,}38$

$\sigma_B = \{0{,}3 \cdot (-600)^2 + 0{,}4 \cdot 800^2 + 0{,}3 \cdot 1.200^2 - 500^2\}^{\frac{1}{2}} = 738{,}92$

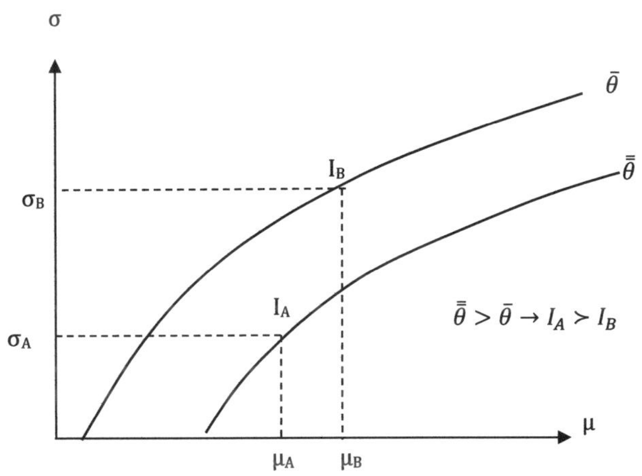

4. In diesem Fall erscheint die Alternative I_A vorziehenswürdig.

5. Nutzenmatrix:

	b_1 (0,3)	**b_2 (0,4)**	**b_3 (0,3)**
$U(C_{0A})$	33,17	37,42	41,23
$U(C_{0B})$	20	42,43	46,90

$$\mu[U(\tilde{C}_{0A})] = 0{,}3 \cdot 33{,}17 + 0{,}4 \cdot 37{,}42 + 0{,}3 \cdot 41{,}23 = 37{,}29$$

$$\mu[U(\tilde{C}_{0B})] = 0{,}3 \cdot 20 + 0{,}4 \cdot 42{,}43 + 0{,}3 \cdot 46{,}90 = 37{,}04$$

$$\mu[U(\tilde{C}_{0A})] > \mu[U(\tilde{C}_{0B})] \rightarrow I_A \succ I_B$$

6. $U = \sqrt{1.000 + C_0}$, die inverse Nutzenfunktion lautet: $C_0 = U^2 - 1.000$

Einsetzen des jeweiligen Erwartungsnutzens ergibt die Sicherheitsäquivalente:

$$C_{0A}^S = 37{,}29^2 - 1.000 = 390{,}54$$

$$C_{0B}^S = 37{,}04^2 - 1.000 = 371{,}96$$

Die Risikoprämien ergeben sich aus der Differenz zwischen Erwartungswert und Sicherheitsäquivalent.

$$\pi_A = \mu_A - C_{0A}^S = 400 - 390{,}54 = 9{,}46$$

$$\pi_B = \mu_B - C_{0B}^S = 500 - 371{,}96 = 128{,}04$$

Lösung Aufgabe 48

1. $K_A = \frac{1}{10}(50.000 - 4.000) + \frac{1}{2}(50.000 + 4.000)0{,}06 + 1.200 + 0{,}25 \cdot 20.000 = 12.420$

$$K_B = \frac{1}{10}(55.000 - 5.000) + \frac{1}{2}(55.000 + 5.000)0{,}06 + 1.300 + 0{,}22 \cdot 20.000 = 12.500$$

$K_A < K_B \rightarrow A \succ B$

Bei der Kostenvergleichsrechnung handelt es sich um ein statisches Verfahren, das nur die negativen Investitionskonsequenzen berücksichtigt.

2. Zunächst werden die Gewinne ermittelt:

G_A = 14.000-12.420 = 1.580 und G_B = 15.000–12.500 = 2.500

$$r_{IA} = \frac{1.580 + 1.620}{27.000} = 0{,}1185$$

$$r_{IB} = \frac{2.500 + 1.800}{30.000} = 0{,}1433$$

I_A *muss ergänzt werden:* $r_{IA+E} = \frac{1.580 + 1.620 + 3.000 \cdot 0{,}06}{27.000 + 3.000} = 0{,}1127$

I_B erscheint als vorteilhafte Alternative

3.

I_A:

-50.000	**7.800**	**...**	**...**	**7.800 + 4.000**
t_0	t_1	...	...	t_{10}

I_B:

-55.000	**9.300**	**...**	**...**	**9.300 + 5.000**
t_0	t_1	...	...	t_{10}

4. $C_{0A} = -50.000 + 7.800 \cdot \frac{1-1,06^{-10}}{0,06} + 4.000(1,06)^{-10} = 9.642,26$

$$C_{0B} = -55.000 + 9.300 \cdot \frac{1 - 1,06^{-10}}{0,06} + 5.000(1,06)^{-10} = 16.240,78$$

$C_{0B} > C_{0A} \rightarrow B \succ A$

Die kritischen Gegühreneinzahlungen betragen:

$\hat{c}_A = 6.489,93 \; und \; \hat{c}_B = 7.093,40$

5. $\bar{c}_A(10) = 9.642,29 \cdot \frac{0,06}{1-1,06^{-10}} = 1.310,07$

$$\bar{c}_B(10) = 16.240,78 \cdot \frac{0,06}{1 - 1,06^{-10}} = 2.206,60$$

$$\bar{c}_{Amon}(120) = 9.642,29 \cdot \frac{0,06/_{12}}{1-\left(1+\frac{1,06}{12}\right)^{-12\cdot 10}} = 107,05$$

$$\bar{c}_{Bmon}(120) = 16.240,78 \cdot \frac{0,06/_{12}}{1-\left(1+\frac{1,06}{12}\right)^{-12\cdot 10}} = 180,31$$

6. Der Kapitalwert beschreibt eine Vermögensmehrung zum Zeitpunkt der Durchführung der Investition. Die Annuität gibt den finanzmathematisch korrekt berechneten durchschnittlichen jährlichen entnahmefähigen Überschuss der Investition an.

7.

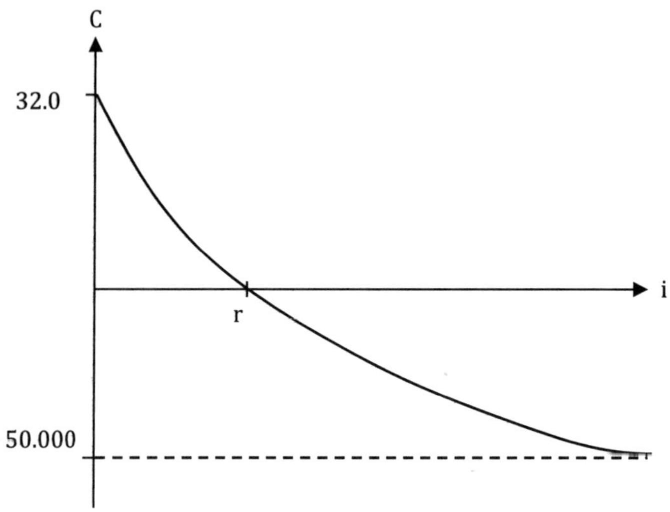

8. $Initialkapital\ I^{K}{}_{0A} = 50.000 - 4.000(1{,}06)^{-10} = 47.766{,}42$

$Initialkapital\ I^{K}{}_{0B} = 55.000 - 5.000(1{,}06)^{-10} = 52.208{,}03$

$$\hat{r}_B = \sqrt[10]{\frac{9.300\frac{1{,}06^{10}-1}{0{,}06}}{52.208{,}03}} - 1 = 0{,}0891$$

$$\hat{r}_{A+E} = \sqrt[10]{\frac{7.800\frac{1{,}06^{10}-1}{0{,}06} + 4.441{,}61(1{,}06)^{10}}{52.208{,}03}} - 1 = 0{,}0781$$

9.

a)

	w₁ (0,3)	**w₂ (0,4)**	**w₃ (0,3)**
C_{0A}	-1.839,48	9.642,26	26.864,86
C_{0B}	2.551,02	16.240,78	36.775,43

b)

$$\mu_A = 0{,}3 \cdot (-1.839{,}48) + 0{,}4 \cdot 9.642{,}26 + 0{,}3 \cdot 26.864{,}86 = 11.364{,}52$$

$$\mu_B = 0{,}3 \cdot 2.551{,}02 + 0{,}4 \cdot 16.240{,}78 + 0{,}3 \cdot 36.775{,}43 = 18.294{,}25$$

c)

$$\sigma_A = \{0{,}3 \cdot (-1.839{,}48)^2 + 0{,}4 \cdot 9.642{,}26^2 + 0{,}3 \cdot 26.864{,}86^2 - 11.364{,}52^2\}^{\frac{1}{2}} = 11.205{,}72$$

$$\sigma_B = \{0{,}3 \cdot 2.551{,}02^2 + 0{,}4 \cdot 16.240{,}78^2 + 0{,}3 \cdot 36.775{,}43^2 - 18.294{,}25^2\}^{\frac{1}{2}} = 13.360{,}67$$

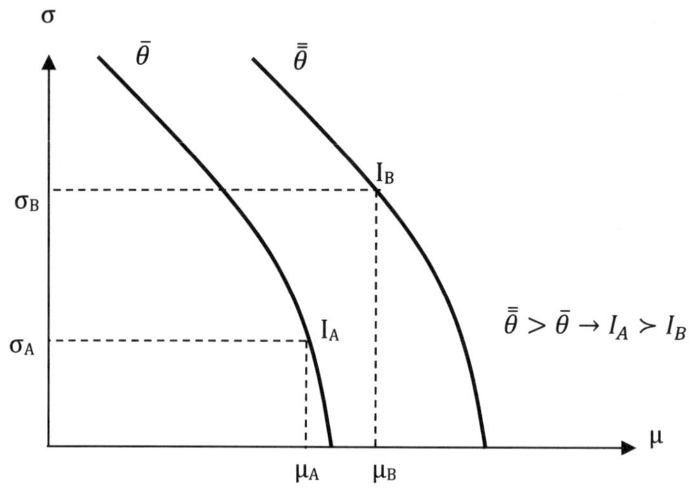

d) Nutzenmatrix:

	w₁ (0,3)	**w₂ (0,4)**	**w₃ (0,3)**
$U(C_{0A})$	9,01	9,89	10,52
$U(C_{0B})$	9,44	10,18	10,75

$\mu[U(\tilde{C}_{0A})] = 0{,}3 \cdot 9{,}01 + 0{,}4 \cdot 9{,}89 + 0{,}3 \cdot 10{,}52 = 9{,}82$

$\mu[U(\tilde{C}_{0B})] = 0{,}3 \cdot 9{,}44 + 0{,}4 \cdot 10{,}18 + 0{,}3 \cdot 10{,}75 = 10{,}13$

$\mu[U(\tilde{C}_{0B})] > \mu[U(\tilde{C}_{0A})] \rightarrow I_B \succ I_A$

$U = \ln(10.000 + C_0)$, die inverse Nutzenfunktion lautet: $C_0 = e^U - 10.000$

$C_{0A}^S = e^{9{,}82} - 10.000 = 8.398{,}05$

$C_{0B}^S = e^{10{,}13} - 10.000 = 15.084{,}36$

Für die Risikoprämien gilt:

$\pi_A = \mu_A - C_{0A}^S = 11.364{,}52 - 8.398{,}05 = 2.966{,}47$

$\pi_B = \mu_B - C_{0B}^S = 18.294{,}25 - 15.084{,}36 = 3.209{,}89$

Lösung Aufgabe 49

Formel:

$$\bar{c} = C_0 \cdot \frac{1}{RBF}$$

wobei der Kehrwert des RBF auch als Annuitätenfaktor ANF bezeichnet wird, also

$$ANF = \frac{1}{RBF} \quad \text{daraus folgt:} \quad \frac{i \times (1+i)^n}{(1+i)^n - 1} = \text{ANF}$$

also $\bar{c} = C_0 \cdot \text{ANF}$

	Kapitalwert	**Nutzungsdauer**	**Zinssatz**	**Annuität**
Investition I	1.200.000	20 Jahre	10 %	140.951,5
Investition II	800.000	10 Jahre	12 %	141.587,3
Investition III	750.000	15 Jahre	7 %	82.345,97

Entscheidung:

Absolute Beurteilung: Alle drei Investitionen haben eine positive Annuität und sind somit absolut gesehen vorteilhaft.

Relative Beurteilung: Die Investition II hat die höchste Annuität, ist relativ vorteilhaft und somit auszuwählen.

Lösung Aufgabe 50

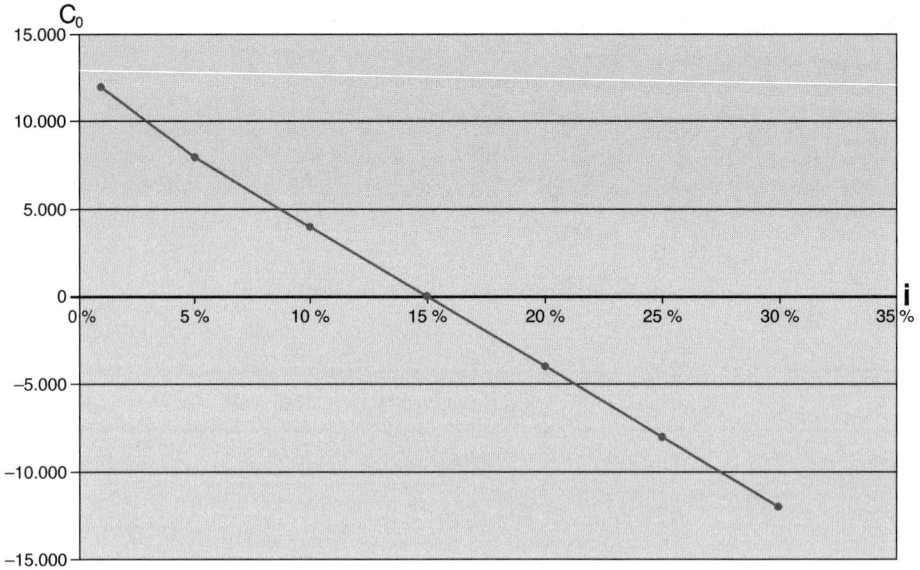

- Mit steigendem Zinssatz verringert sich der Kapitalwert
- Schnittpunkt mit der x-Achse bei 15 %, d. h. $C_0 = 0$, $r = 15\ \%$

Lösung Aufgabe 51

Anschaffungsauszahlung: – (1,8 Mio – 0,2 Mio) = 1,6 Mio für t_0

Einzahlungen: 3,8 Mio kWh · 0,14 €/kWh = 532.000 für t_1–t_5

Auszahlungen: (405.000 – 320.000 + 21.000) = 106.000 für t_1–t_5

- 22,5 % von 1,8 Mio € = 405.000
- davon Abschreibungen 20 % von 1,6 Mio = 320.000
- 7 % Zinsen von 0,3 Mio € = 21.000

Einzahlungsüberschuss p. a. = 426.000 für t_1–t_5

C_0 = **100.894,481**

Ein- und Auszahlungen sind mit Risiken behaftet, umso mehr, je länger die Nutzungsdauer ist:

- Entwicklung der Strompreis ist unsicher
- Instandhaltungs- und Reparaturkosten schwanken und werden von Lohn- und Nebenkosten beeinflusst
- Steuervorteile oder Zuschüsse des Staates sind ungewiss
- Inwieweit die erwirtschafteten Einzahlungsüberschüsse zu dem erwarteten Zinssatz auch wieder angelegt werden können

Lösung Aufgabe 52

a) Berechnung des Zahlungsüberschusses von Typ II

$$C_{0II} = -I_{0II} + c\frac{1}{r_{II}} = 0 \leftrightarrow c_{II} = r_{II} I_0 = 0{,}11 \cdot 1.900 = 209$$

Dann folgt für die Kapitalwerte

$$C_{0I} = -1.800 + 190\frac{1}{0{,}1} = 100$$

$$C_{0II} = -1.900 + 209\frac{1}{0{,}1} = 190; \quad II \succ I$$

b)

$$\boldsymbol{c_I(\infty) = 100 \cdot 0{,}1 = 10}$$

$$\boldsymbol{c_{II}(\infty) = 190 \cdot 0{,}1 = 19; \quad II \succ I}$$

c)

$$C_{0I} = -1.800 + 190\frac{1}{r_I} = 0 \leftrightarrow r_I = \frac{190}{1.800} = 0{,}1056$$

Lösung Aufgabe 53

a)

$$\mu_A = 0{,}25 \cdot 20 + 0{,}5 \cdot 50 + 0{,}25 \cdot 80 = 50$$
$$\mu_B = 0{,}25(-20) + 0{,}5 \cdot 60 + 0{,}25 \cdot 140 = 60$$
$$\sigma_A = \left\{0{,}25 \cdot 20^2 + 0{,}5 \cdot 50^2 + 0{,}25 \cdot 80^2 - 50^2\right\}^{1/2} = 21{,}21$$
$$\sigma_B = \left\{0{,}25(-20)^2 + 0{,}5 \cdot 60^2 + 0{,}25 \cdot 140^2 - 60^2\right\}^{1/2} = 56{,}57$$

b)

$$\Phi(I_A) = 50 - 0{,}25 \cdot 21{,}21 = 44{,}70$$
$$\Phi(I_B) = 60 - 0{,}25 \cdot 56{,}57 = 45{,}86; \quad I_B \succ I_A$$

Lösung Aufgabe 54

n	L_n	c_n	$L_n - L_{n-1}$	iL_{n-1}
0	200			
1	160	80	-40	20
2	140	70	-20	16
3	120	60	-20	14
4	100	50	-20	12

n	c'_n	$C_0(n)$	$C_0^{K(2)}(n_1,n_2)$	$C_0^{K(n)}(n)$
0				
1	20	18,18	89,19	199,98
2	34	46,28	110,83	266,66
3	26	65,81	124,50	264,63
4	18	78,11	131,46	246,41

a)

$n^* = 4; \quad C_0(n^*) = 78{,}11$

b)

$n_1^* = 4; n_2^* = 4; \quad C_0^{K(2)}(n_1^*, n_2^*) = 131{,}46$

c)

$n^* = 2; \quad C_0^{K(\infty)}(n^*) = 266{,}66$

Lösung Aufgabe 55

	1	2	3	4	C(0)
Einzahlungen	2,4 Mio	2,64 Mio	2,904 Mio	3,1944 Mio	
Auszahlungen	1,6 Mio	1,68 Mio	1,764 Mio	1,8522 Mio	
Et – At	0,8 Mio	0,96 Mio	1,14 Mio	1,3422 Mio	**3,6294273 Mio**

Lösung Aufgabe 56

Bei einem angenommenen Kalkulationszinssatz von 5 % beträgt der Barwert der ewigen Rente:

Barwert der ewigen Rente = 100.000 €/0,05 = 2.000.000 €.

Das Ergebnis ist unmittelbar einleuchtend:

Legt der Bürgermeister oder der Beamte die 2 Mio. € zu 5 % fest an, erhält er jährlich 100.000 € (2 Mio. € × 5 %), ohne dass das Kapital von 2 Mio. € verbraucht wird.

Beide Alternativen sind demnach ökonomisch identisch.

Lösung Aufgabe 57

1. Berechnen Sie die Kapitalwert C(0): – 1.387,29

2. Interpretieren Sie das Ergebnis: Reinvermögensverzehr in Höhe von – 1.387,29

3. Berechnen Sie die dazugehörige Annuität: – 225,77 (ANF = 0,16275)

Lösung Aufgabe 58

Bei der Kapitalwertmethode werden alle Zahlungen auf den Beginn des 1. Jahres abgezinst (Zeitpunkt t 0). Ausgaben erhalten ein negatives Vorzeichen, Einnahmen bzw. Einnahmenüberschüsse ein positives Vorzeichen.

C =	t_0	- 80.000,00		- 80.000,00 €
	t_1–t_4	+ 10.650 · 3,16987 [1)]		+ 33.759,12 €
	t_5	+ 7.650 · 0,620292 [2)]		+ 4.750,04 €
	t_6–t_9	+ 15.400 · 3,16987 [1)] · 0,62092 [2)]		+ 30.310,83 €
	t_{10}	+ 25.400 · 0,38554 [3)]		+ 9.792,72 €
		Kapitalwert (C)	=	**- 1.387,29 €**

1) Rentenbarwertfaktor für n = 4 Jahre

2) Abzinsungsfaktor für n = 5 Jahre

3) Abzinsungsfaktor für n = 10 Jahre

Lösung Aufgabe 59

A

Cashflow	-100.000	70.500	25.000	-9.500	15.000	30.500
Diskontiert	-100.000	64.091	20.661	-7.137	10.245	18.938
Kapitalwert	**6.798**					

B

Cashflow	-100.000	-1.000	8.000	13.000	83.000	73.000
Diskontiert	-100.000	-909	6.612	9.767	56.690	45.327
Kapitalwert	**17.487**					

- A und A absolut vorteilhaft, da > 0
- B ist vorteilhafter, da KW(B) > KW(A)

Lösung Aufgabe 60

Jahr	Betrag	Barwert
0	100.000	100.000
1	100.000	97.087
2	100.000	94.259
3	100.000	91.514
4	100.000	88.849
5	100.000	86.261
6	100.000	83.748
7	100.000	81.309
8	100.000	78.941
9	100.000	76.642
10	100.000	74.409

Summe der Barwerte: 953.021

Option B ist vorteilhafter, da eine Einmalsumme von 960.000 € größer ist 953.021 € per sofort.

Lösung Aufgabe 61

a) $C_0 = -150.000$

b) $n = 6 \quad i = 0,1 \quad \text{RBF} = \frac{(1+i)^n - 1}{i \cdot (1+i)^n} = \frac{0,771561}{0,1771561} = 4,3552$

$C_0 = 4,3552 \cdot - 25.000 = -108880,28$

c) $C_0 = -250.000 \cdot (1,1)^{-6} = -141118,5$

Ergebnis: Es ist die Investition mit dem höchsten Kapitalwert auszuwählen, also Alternative b.

Lösung Aufgabe 62

1a)

$\bar{u}_A = 60$

$\bar{u}_B = 0{,}5 \cdot 10 + 0{,}5 \cdot 84 = 47$; $\bar{u}_A > \bar{u}_B \rightarrow$ *Wahl für Alternative A*

1b)

Erwartungswert: $\mu_B = 0{,}5 \cdot 1 + 0{,}5 \cdot 7 = 4$

Sicherheitsäquivalent:

Der Wert, der den gleichen Nutzen stiftet, wie die unsichere Zahlung von Alternative B
$\bar{u}_B = 47 \rightarrow C_B^S = 2{,}94$ *(aus Tabelle über Dreisatz ermitteln)*

Risikoprämie: $\pi_B = 4 - 2{,}94 = 1{,}06$

1c)

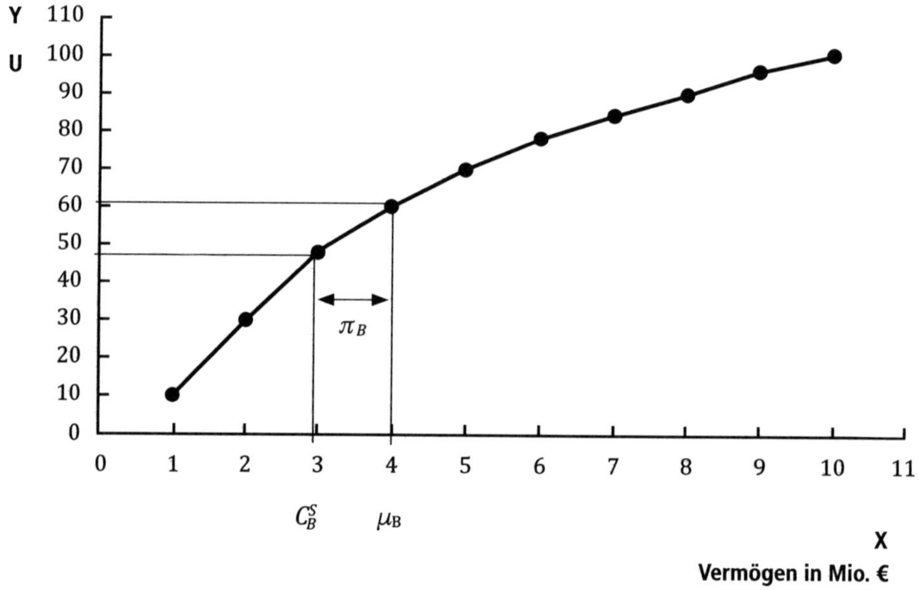

Lösung Aufgabe 63

1.

- Rationale Entscheidungsgrundlage
- Entscheidungshilfe für Verantwortliche
- Grundsatz der Sparsamkeit und Wirtschaftlichkeit
- ...

2.

- Rationalisierung: höhere Wirtschaftlichkeit
- Erweiterung: höhere Kapazität

3.

- KS

0	1	2	3	4	5
-3.000.000	800.000	864.000	933.120	1.007.769,6	1.088.390,12

C(0) = 325.275,8

- KB

0	1	2	3	4	5
-3.000.000	880.000	985.600	1.103.872,0	1.236.336,6	

C(0) = 142.857,2

KS > KB

Lösung Aufgabe 64

- [ ] Investitionsrechnung erfolgt auf Basis von Gesetzen
- [ ] Investitionsrechnung ist kommunale Pflichtaufgabe
- [x] Investitionsrechnung kann die Wirtschaftlichkeit erhöhen
- [ ] Investitionsrechnung gehört zum Bereich des Kommunalrechts
- [ ] Investitionsrechnung behandelt nur „Monetäre" Aspekte

- [ ] Die Kostenvergleichsrechnung (KVR) hat eine sehr sehr hohe Aussagekraft
- [ ] Die Gewinnvergleichsrechnung (GVR) hat die höchste Aussagekraft aller Rechnungen
- [x] Die Rentabilitätsvergleichsrechnung (RVR) hat eine höhere Aussagekraft als die GVR
- [ ] Die RVR hat eine niedrigere Aussagekraft als die GVR
- [ ] Die Vergleichsrechnung (VG) hat eine höhere Aussagekraft als die VG

- [ ] Statische Investitionsrechnung (SI) geht immer von absoluten Brüchen aus
- [ ] Die SI bildet beliebige Werte zur Berechnung
- [x] Die SI bildet fiktive Durchschnittswerte
- [ ] Die IR geht immer von geschätzten Planwerten aus
- [ ] Die IR geht immer von echten Werten aus

- [ ] Dynamische IR ordnet immer die Zahlen der Größe nach
- [ ] Dynamische IR bildet immer Durchschnittswerte
- [x] Dynamische IR berücksichtigt den zeitlichen Anfall von Ein- und Auszahlungen
- [ ] Dynamische Werte bilden oft den Durchschnitt
- [ ] Dynamische IR berücksichtigt immer den Liquidationserlös in t0

- [x] Der Kapitalwert berechnet sich aus Barwerten, der Anschaffungsauszahlung und eventuell einem Liquidationserlös.
- [ ] Der Kapitalwert berechnet sich aus Werten, der Anschaffungsauszahlung und eventuell einem Liquidationserlös.
- [ ] Der Kapitalwert berechnet sich aus Nutzwerten, der Anschaffungsauszahlung und eventuell einem Liquidationserlös.
- [ ] Der Kapitalwert berechnet sich aus Barwerten, der Abschaffungsauszahlung und eventuell keinem Liquidationserlös.
- [ ] Der Kapitalwert berechnet sich aus Barwerten, der Anschaffungseinzahlung und eventuell einem Liquidationserlös.

Lösung Aufgabe 65

2a)

$\mu_A = 0{,}20 \cdot 25 + 0{,}50 \cdot 50 + 0{,}30 \cdot 100 = 60$

$\mu_B = 0{,}20 \cdot (-15) + 0{,}50 \cdot 70 + 0{,}30 \cdot 160 = 80$; $\mu_B > \mu_A \rightarrow I_B \succ I_A$

2b)

$\bar{u}_A = 0{,}20\sqrt{65} + 0{,}5\sqrt{90} + 0{,}30\sqrt{140} = 9{,}91$

$\bar{u}_B = 0{,}20\sqrt{25} + 0{,}5\sqrt{110} + 0{,}30\sqrt{200} = 10{,}49$, $B \succ A$

2c)

$C^S_{0A} = \bar{u}_A^2 - 40 = 9{,}91^2 - 40 = 58{,}21$; $\pi_A = 60 - 58{,}21 = 1{,}79$

Lösung Aufgabe 66

a) Der Kalkulationszinssatz wird mit $i = 0{,}1$ angegeben. Bestimmen Sie den Kapitalwert für den Zeitpunkt t_0 und beurteilen die wirtschaftliche Vorteilhaftigkeit.

$C_0 = -100 + 84{,}39 = -15{,}61$

b) Interpretieren Sie den Kapitalwert.

Reinvermögensverzehr zu t_0, d. h. hier von –15,61

c) Wie groß müsste ein Liquidationswert (L_n) sein, damit die Investition insgesamt noch positiv wird?

$C_0 = 0$!

$C_0 = -100 + 84{,}39 + L_n = 0$ (wie groß muss nun L_n sein?)

- *L_n fällt in der Periode n (hier n = 3) an*
- $L_n = +15{,}61 \times (1+i)^n$
- $L_n = +15{,}62 \times (1{,}1)^3 =$ **20,8**
- *Kontrolle:* $C_0 = -100 + 84{,}39 + 20{,}8 \times (1{,}1)^{-3} = 0$

c_1=	34
c_2=	35
c_3=	36
L_n =	20,8

Lösung:

Der L_n müsste bei mindestens 20,8 liegen, damit der Kapitalwert gerade noch 0 wird und somit akzeptanzwürdig ist.

Lösung Aufgabe 67

1.

Modell Druckfrisch	
Kalkulatorische Abschreibungen: (10.000,– – 500,–) / 4	2.375,–
Kalkulatorische Zinsen (10.000,– + 500,–)/2 · 10 %	525,–
Materialkosten 150.000 · 0,03	4.500,–
Energiekosten fix	510,–
Energiekosten variabel 150.000 · 0,02	3.000,–
Reparaturkosten	500,–
Gesamtkosten	**11.410,–**

Modell Druckschnell	
Kalkulatorische Abschreibungen: (15.000,– – 1.500,–) / 5	2.700,–
Kalkulatorische Zinsen (15.000,– + 1.500,–)/2 · 10 %	825,–
Materialkosten 150.000 · 0,025	3.750,–
Energiekosten fix	1.000,–
Energiekosten variabel 150.000 · 0,01	1.500,–
Reparaturkosten	1.000,–
Gesamtkosten	**10.775,–**

2.

Gesamtkosten von beiden Alternativen kleiner als 12.000,– € (Budget), d. h. **beide wirtschaftlich vorteilhaft**/akzeptanzwürdig.

3.

Gesamtkosten von **Druckschnell** kleiner als Gesamtkosten von Druckfrisch, d. h. Druckschnell vorteilhafter.

4.

Modell Druckfrisch	
Kalkulatorische Abschreibungen: (10.000,– – 500,–) / 4	2.375,–
Kalkulatorische Zinsen (10.000,– + 500,–)/2 · 10 %	525,–
Materialkosten 50.000 · 0,03	1.500,–
Energiekosten fix	510,–
Energiekosten variabel 50.000 · 0,02	1.000,–
Reparaturkosten	500,–
Gesamtkosten	**6.410,–**

Modell Druckschnell	
Kalkulatorische Abschreibungen: (15.000,– – 1.500,–) / 5	2.700,–
Kalkulatorische Zinsen (15.000,– + 1.500,–)/2 · 10 %	825,–
Materialkosten 50.000 · 0,025	1.250,–
Energiekosten fix	1.000,–
Energiekosten variabel 50.000 · 0,01	500,–
Reparaturkosten	1.000,–
Gesamtkosten	**7.275,–**

Gesamtkosten von **Druckfrisch** nun kleiner als Gesamtkosten von Druckschnellfrisch, d. h. Druckfrisch vorteilhafter.

5.

Rationalisierungsinvestition: Die neue Investition weist eine **höhere Wirtschaftlichkeit** auf, als die alte Investition.

Lösung Aufgabe 68

1. Erhöhung der Nutzungskapazität

2. $K_A = \frac{240.000 - 100.000}{10} + \frac{240.000 + 100.000}{2} \cdot 0{,}1 + 3.500 + 6.500$

$+ \frac{120}{100} \cdot 0{,}5 \cdot 150.000 + 15 \cdot 500 + 3 \cdot 8.000 + 12.000 + 0{,}9 \cdot 150.000$

$K_A = 14.000 + 17.000 + 10.000 + 90.000 + 7.500 + 24.000 + 12.000 + 135.000 = \mathbf{309.500}$

$K_B = \frac{240.000 - 120.000}{10} + \frac{240.000 + 120.000}{2} \cdot 0{,}1 + 4.000 + 7.000$

$+ \frac{130}{100} \cdot 0{,}6 \cdot 150.000 + 10 \cdot 1000 + 5 \cdot 5.000 + 13.000 + 0{,}6 \cdot 150.000$

$K_B = 14.000 + 19.000 + 11.000 + 117.000 + 10.000 + 25.000 + 13.000 + 90.000 = \mathbf{299.000}$

3. $K_A > 300.000$, d. h. unvorteilhaft und nicht akzeptanzwürdig

$K_B < 300.000$, d. h. vorteilhaft und somit akzeptanzwürdig

$K_A > K_B$, d. h. KB wirtschaftlich vorteilhafter als K_A

4. $G_A = (12 \cdot 30.000 + 10.000) - 309.500 = \mathbf{60.500}$

$G_B = (12 \cdot 30.000 + 10.000) - 299.000 = \mathbf{71.000}$

5. G_A und $G_B > 0$, d. h. beide vorteilhaft und akzeptanzwürdig

$G_B > G_A$, d. h. G_B wirtschaftlich vorteilhafter als G_A

6. Nicht-monetäre Faktoren, wie z. B. Image der Marke, Komfort, Design, Liefersicherheit, usw.

7. Umsatzerlöse werden bei der GVR zusätzlich berücksichtigt

8. $U_A = (12 \cdot 30.000 + 10.000) = 370.000$, $60.500 : 370.000 = 0{,}1635 \cdot 100 = \mathbf{16{,}35\ \%}$

Lösung Aufgabe 69

1.

K = 50.000 € + (9 € · 9000 Stück) = 131.000 €

U = p · x = 20,00 € · 9000 Stück = 180.000

G = U – K = 180.000 – 131.000 = 49.000 €

2.

U = K

$$BEP = \frac{Kf}{(p - kv)} => \frac{50.000}{(20 - 9)} = 4.546 \text{ Stück}$$

3.

Umsatz/Kosten in €

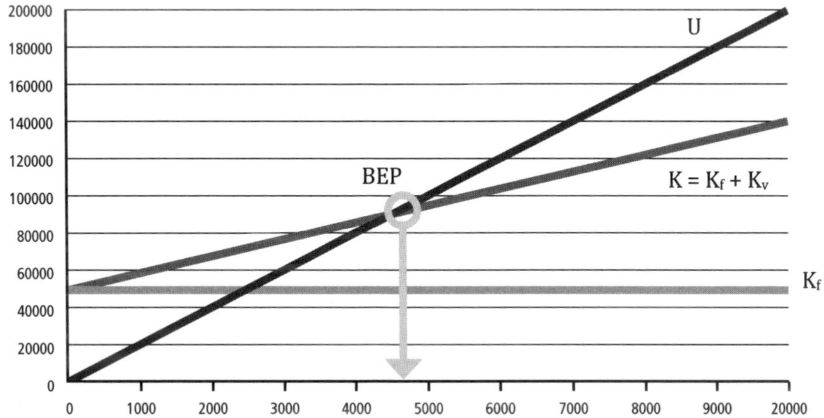

Absatzmenge in Stück

LITERATUR

Albrecht, P./Maurer, R.: Investment- und Risikomanagement, neueste Auflage

Adelmeyer, M./Warmuth, E.: Finanzmathematik für Einsteiger, neueste Auflage

Beichelt, F. E./Montgomery, D. C.: Taschenbuch der Stochastik, neueste Auflage

Betsch, O./Groh, A./Lohmann, L.: Corporate Finance, neueste Auflage

Bieg, H./Kußmaul, H./Waschbusch, G.: Investition in Übungen, neueste Auflage

Bieg, H./Kußmaul, H.: Investition, neueste Auflage

Blohm, H./Lüder, K./Schaefer, C.: Investition, neueste Auflage

Busse von Colbe, W./Laßmann, G.: Betriebswirtschaftstheorie Bd. III: Investition, neueste Auflage

Dahmen, A.: Investition, neueste Auflage

Däumler, K.-D.: Grundlagen der Investitions- und Wirtschaftlichkeitsrechnung, neueste Auflage

Drukarczyk, J.: Finanzierung, neueste Auflage

Ewert, R./Wagenhofer, A.: Interne Unternehmensrechnung, neueste Auflage

Gerke, W./Bank, M.: Finanzierung, neueste Auflage

Gerlach, S./Engler, S.: Investitionsrechnung Arbeitsbuch, neueste Auflage

Golas, H.: Fälle und Lösungen zu Investitionsrechnung und Finanzierung, neueste Auflage

Götze, U.: Investitionsrechnung, neueste Auflage

Grundmann, W./Luderer, B.: Formelsammlung Finanzmathematik, Versicherungsmathematik, Wertpapieranalyse, neueste Auflage

Hausmann, K./Diener, K./Käsler, J.: Derivate, Arbitrage und Portfolio-Selection, neueste Auflage

Hax, H.: Investitionstheorie, neueste Auflage

Hering, T.: Investitionstheorie, neueste Auflage

Klümper, B./Möllers, H./Zimmermann, E.: Kommunale Kosten- und Wirtschaftlichkeitsrechnung, neueste Auflage

Kruschwitz, L.: Finanzierung und Investition, neueste Auflage

Kruschwitz, L.: Investitionsrechnung, neueste Auflage

Laux, H.: Entscheidungstheorie, neueste Auflage

Lücke, W.: Investitionslexikon, neueste Auflage

Olfert, K.: Investition, neueste Auflage

Olfert, K./Reichel, C.: Finanzierung, neueste Auflage

Perridon, L./Steiner, M.: Finanzwirtschaft der Unternehmung, neueste Auflage

Pflaumer, P.: Investitionsrechnung, neueste Auflage

Putnoki, H./Schwadorf, H./Then Bergh, F.: Investition und Finanzierung, neueste Auflage

Rau, T.: Betriebswirtschaftslehre für Städte und Gemeinden, neueste Auflage

Reitz, S.: Mathematik in der modernen Finanzwelt, neueste Auflage

Rommelfanger, H. J./Eickemeier, S. H.: Entscheidungstheorie, neueste Auflage

Sandmann, K.: Einführung in die Stochastik der Finanzmärkte, neueste Auflage

Schmidt, R. H./Terberger, E.: Grundzüge der Investitions- und Finanzierungstheorie, neueste Auflage

Schneider, D.: Investition, Finanzierung, Besteuerung, neueste Auflage

Steiner, M./Bruns, C.: Wertpapiermanagement, neueste Auflage

Steiner, P./Uhlir, H.: Wertpapieranalyse, neueste Auflage

Tietze, J.: Einführung in die Finanzmathematik, neueste Auflage

Troßmann, E.: Investition, neueste Auflage

Wöhe, G./Bilstein, J./Ernst, D./Häcker, J.: Grundzüge der Unternehmensfinanzierung, neueste Auflage

Wöhe, G.: Einführung in die Allgemeine Betriebswirtschaftslehre, neueste Auflage

Zwehl, W./Schmidt-Ewig, W.: Wirtschaftlichkeitsberechnungen bei öffentlichen Investitionen, neueste Auflage